中等职业教育机电类专业改革创新示范教材

数控车床操作与加工工作过程系统化教程

主　编　李国东
副主编　陈俊文　封　漭　黄　语　侯玉韬
参　编　卢绍平　梁伟东　杨世龙　林良颖
张　斌　张锡标　宋少健　侯汉初
谢　旭　骆永城

机械工业出版社

本书是根据广东省中等职业学校数控技术应用专业教学指导方案及相关教学大纲编写而成的，是广东省中等职业教育课程改革的系列理论研究和实践成果之一。本书以就业为导向，以国家职业标准中级数控车工考核要求为基本依据，有利于学生理解和记忆，提高学习效率。本书按照由简到难的顺序，设计了一系列项目，使学生在任务引领下学习数控车床编程与操作的相关理论和技能，实现了理论与实践的一体化。在内容上，本书将目前使用广泛的华中数控、FANUC 系统和广数系统同时对比介绍。全书共分四个项目，包括数控车床概述、数控车床加工轴类零件、数控车床加工套类零件、典型企业零件的数控车削加工，书后附有五套数控车削编程与操作考证实训题例（中级）。在形式上，本书通过【知识目标】、【相关知识】、【技能训练】、【资料链接】、【操作注意事项】等形式，引导学生明确各任务的学习目标，学习与任务相关的知识和技能，并适当拓展相关知识，强调在操作过程中应注意的问题。

本书适合作为数控和模具专业全日制或半工半读的中专、技校、职高学生的实训教材，也可作为数控铣床操作人员以及从事数控加工技术人员的培训资料。

图书在版编目（CIP）数据

数控车床操作与加工工作过程系统化教程/李国东主编．—北京：机械工业出版社，2013.5

中等职业教育机电类专业改革创新示范教材

ISBN 978-7-111-42213-6

Ⅰ.①数…　Ⅱ.①李…　Ⅲ.①数控机床—车床—操作—中等专业学校—教材②数控机床—车床—加工—中等专业学校—教材

Ⅳ.①TG519.1

中国版本图书馆 CIP 数据核字（2013）第 079484 号

机械工业出版社（北京市百万庄大街 22 号　邮政编码 100037）
策划编辑：汪光灿　责任编辑：汪光灿　王丹凤
版式设计：霍永明　责任校对：刘雅娜　肖　琳
封面设计：陈　沛　责任印制：张　楠
北京诚信伟业印刷有限公司印刷
2013 年 7 月第 1 版第 1 次印刷
184mm×260mm · 17.75 印张 · 440 千字
0001—3000 册
标准书号：ISBN 978-7-111-42213-6
定价：35.00 元

凡购本书，如有缺页、倒页、脱页，由本社发行部调换

电话服务	网络服务
社服务中心：(010)88361066	教材网：http://www.cmpedu.com
销售一部：(010)68326294	机工官网：http://www.cmpbook.com
销售二部：(010)88379649	机工官博：http://weibo.com/cmp1952
读者购书热线：(010)88379203	**封面无防伪标均为盗版**

出版说明

为了适应广东省社会发展和经济建设的需求，提高学生的职业能力和职业素养，结合广东省劳动力市场对数控、模具人才的需求状况，广东省教育厅从2006年开始组织研究相关专业教学指导方案，构建与产业和行业发展相适应的、能体现广东省职教特色的课程体系。2008年，广东省中等职业学校数控技术应用专业教学指导方案（试行）正式颁布执行。该教学指导方案对中等职业学校数控技术应用专业课程体系和课程教学提出了新的要求。

专业课程改革亟待改变以学科理论知识为主线的课程模式，教学改革必须结合职业学校学生的认知水平，根据学校的教学条件，采取灵活多样的、实用高效的教学模式和教学方法。数控专业组本着科学严谨、务实创新的原则，对数控加工企业的人才结构、专业发展、人才需求、职业岗位等方面进行了系统的调研，经过认真分析总结，确立了采用“大专业、小专门化”的课程模式，以专业职业能力结构中通用的基础部分构筑能力平台，根据专业技术发展方向和职业岗位的不同要求，设置不同的专业技能专门化方向，用灵活的学分管理制度，构建开放的课程体系，满足学生的不同要求，适应学生个性化发展的需要。新的专业教学指导方案以行动为导向，开展专业教学和技能训练，坚持专业教学与职业资格标准相衔接，技能训练与职业资格考证相结合，树立理论为实践服务的思想，专业理论以实用、够用为度，采取理论与实践相结合的一体化教学方式，以项目式、案例式教学模式提高教学效果的中等职业教育课程改革新思路。

为了进一步推动广东省中等职业教育数控技术应用专业的教学改革与教材建设，把教学改革形成的课程理念及专业课程新模式贯穿于教学中，2011年，由机械工业出版社牵头，组织召开了广东省中等职业学校数控技术应用专业教材建设工作研讨会。会议确定编写广东省中等职业学校数控技术应用专业三个专门化方向（数控编程加工技术方向、CAD/CAM一体化技术方向、模具数控加工技术方向）的教材，以适应新的教学要求。

在广东省各中职学校的大力支持下，广东省中等职业学校一批专业骨干教师参加了教材编写。书稿几经论证、修改，现终于付梓成书了。新的教材并不是职业技术教育课程改革与教材建设的全部，而只是典型的示范性教材。但是，这些教材代表着新的思想、新的教法和学法。希望通过这些教材给大家一些启迪，同时也希望广大专家、读者对新的教材提出宝贵意见。

在编写教材的过程中，得到了各方面的大力支持，特别是参与教材编写的老师为此付出了辛勤的劳动。在此，向他们表示诚挚的感谢！

前　言

本书为中等职业教育机电类专业改革创新示范教材，是根据广东省中等职业学校数控技术应用专业教学指导方案及相关教学大纲要求编写的。在编写过程中，编者本着科学严谨、务实创新的原则，对相关企业的人才结构、专业发展、人才需求、职业岗位等方面进行了系统调研，确立了以行动为导向，专业教学和技能训练、专业教学与职业资格标准相衔接，技能训练与职业资格考证相结合的编写思路。

本书在编写模式方面进行了创新，采用了项目式编写模式，反映了当前教学改革的经验以及科技进步、生产实际对教学内容提出的新要求，将数控理论与技能有机地结合起来，既有数控车床的操作与保养维护，又有大量的数控车削技能训练实用案例。本书主要特点如下：

1. 突出以能力为本位，基础知识以“必需、够用”为原则，设计一系列教学任务，使学生在任务引领下学习数控车床编程与操作的相关理论和技能，避免理论教学与实践相脱节。

2. 在内容上，将目前广泛使用的华中系统、FANUC 系统、广数系统同时对比介绍，学校可以根据设备情况选择学习系统，有利于学生理解与比较，提高学习效率。

3. 在形式上，通过【知识目标】、【技能目标】、【相关知识】、【技能训练】、【操作注意事项】等形式，引导学生明确各任务的学习目标，学习与任务相关的知识和技能，并适当拓展相关知识，强调在操作过程中应注意的问题。

4. 将数控车削入门、中级技术工人等级考核标准引入教学实训，满足上岗前培训和就业的需要。

本书由广东省华侨职业技术学校李国东任主编，广东省华侨职业技术学校陈俊文、佛山市顺德区郑敬诒职业技术学校封漭、湛江机电学校黄语、肇庆市工业贸易学校侯玉韬任副主编，其他兄弟学校卢绍平、梁伟东、杨世龙、林良颖、张斌、张锡标、宋少健、侯汉初、谢旭和骆永城等骨干老师参加了编写工作。

由于编者水平有限，书中难免存在错误或错漏之处，敬请广大读者批评指正。

编　者

目　　录

项目一

数控车床概述

数控车床的自动化程度很高，具有高精度、高效率和高适应性的特点，但其运行效率的高低、设备的故障率、使用寿命的长短等，在很大程度上取决于用户。正确操作数控车床能保证设备长期、稳定、可靠地运行，提高加工效率和经济效益，延长机床的寿命。

通过本项目学习（训练），学会操作三种不同系统（华中、FANUC、广数系统）的数控车床，能够正确地操作机床面板，并且熟练掌握三种数控系统的编程方法，对机床做好日常保养的工作。

建议课时分配表

名　称	课时（节）
任务一　数控车床的基础知识	6
任务二　数控车削的基础知识	12
任务三　数控车床的面板操作	12
任务四　数控车床的编程指令	12
合　计	42

任务一　数控车床的基础知识

【知识目标】

1）了解数控车床的结构。

2）了解数控车床的型号标记、种类及组成。

3）了解数控车床的加工特点。

4）了解数控车床的加工范围。

【相关知识】

知识一　数控车床的结构

数控车床又称为 CNC 车床，是利用计算机数字控制（Computer Numerical Control，CNC）的车床。操作时，将编好的加工程序输入到机床专用的计算机中，再由计算机控制机床各坐标轴的伺服电动机去控制车床各部件运动的先后顺序、速度和移动量，并与选定的主轴转速相配合，车削出形状不同的工件。数控车床的加工过程如图 1-1 所示。

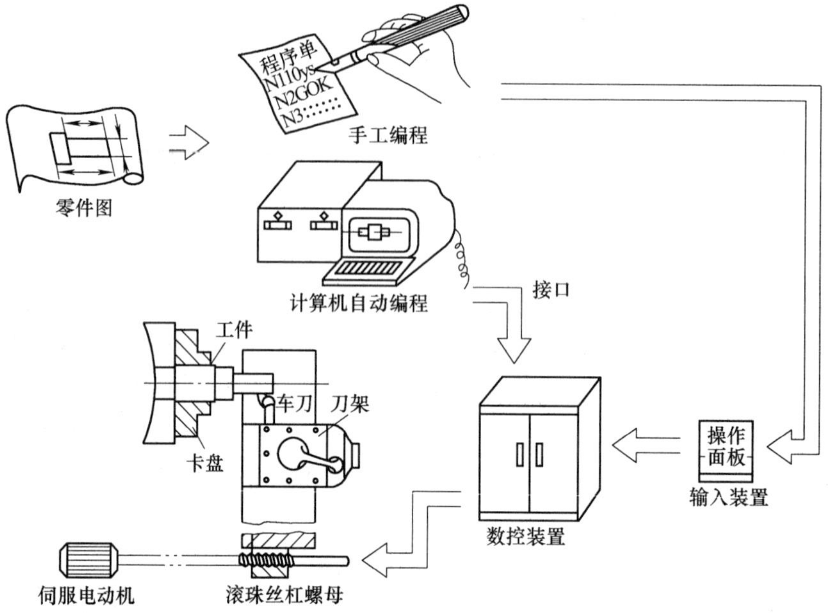

图 1-1　数控车床的加工过程

图 1-2 所示为典型数控车床的机械结构系统组成，包括主轴传动机构、进给传动机构、刀架、床身、辅助装置（刀具自动交换机构、润滑与切削液装置、排屑、过载限位）等部分。

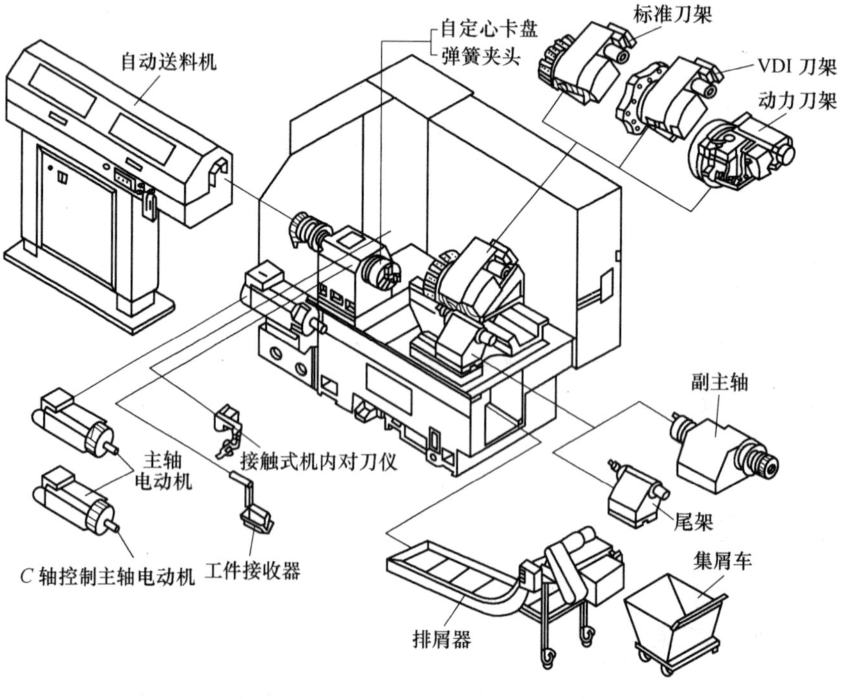

图 1-2　典型数控车床的机械结构系统组成

知识二　数控车床的型号标记

数控车床采用与卧式车床相类似的型号表示方法，由字母及一组数字组成。例如，数控车床 CKA6140 各代号含义：

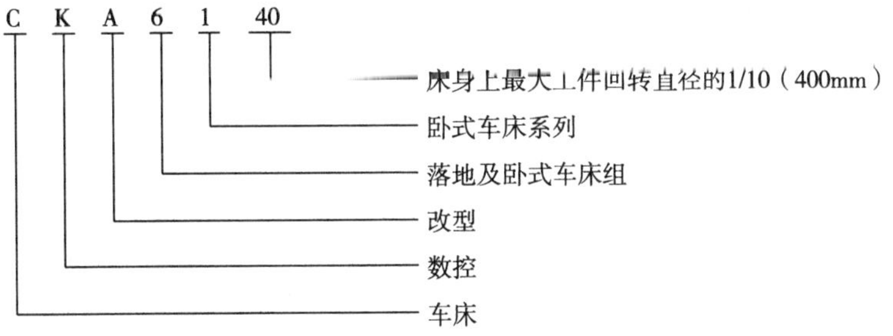

知识三　数控车床的种类

数控车床按不同方式分有不同的种类。现按所配置的数控系统、数控车床功能、车床主轴配置形式、控制方式分别介绍。

1. 按数控系统分类

目前工厂常用数控系统有 FANUC（发那科）数控系统、SIEMENS（西门子）数控系统、广州数控系统、华中数控系统、三菱数控系统、飞阳数控系统等。每一种数控系统又有多种型号。

2. 按数控车床功能分类

按数控车床的功能分类，可分为经济型数控车床、普通数控车床和车削加工中心三大类。

（1）经济型数控车床　经济型数控车床是采用步进电动机和单片机对普通车床的进给系统进行改造后形成的简易型数控车床，成本较低，但自动化程度和功能都比较差，切削加工精度也不高，适用于要求不高的回转类零件的切削加工。

（2）普通数控车床　根据切削加工要求在结构上进行专门设计并配备通用数控系统而形成的数控车床，数控系统功能强，自动化程度和加工精度也比较高，适用于一般回转类零件的切削加工。这种数控车床可同时控制两个坐标轴，即 X 轴和 Z 轴。

（3）切削加工中心　在普通数控车床的基础上，增加了 C 轴和动力头，更高级的数控车床带有刀库，可控制 X、Z 和 C 三个坐标轴，联动控制轴可以是 X 和 Z、X 和 C 或 Z 和 C。由于增加了 C 轴和动力头，这种数控车床的加工功能大大增强，除可以进行一般切削外，还可以进行径向和轴向车削、曲面车削、中心线不在零件回转中心的孔和径向孔的钻削等加工。

3. 按车床主轴配置形式分类

按车床主轴配置形式分类，有立式数控车床和卧式数控车床两种。

（1）立式数控车床　立式数控车床简称为数控立车，其车床主轴轴线垂直于水平面，一个直径很大的圆形工作台，用来装夹工件。这类机床主要用于加工径向尺寸大、轴向尺寸相对较小的大型复杂零件，如图 1-3 所示。

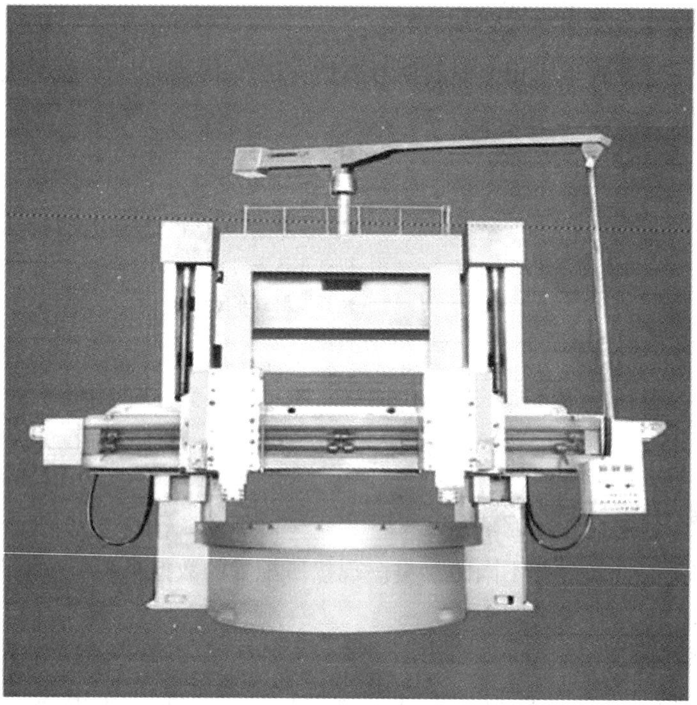

图 1-3　立式数控车床

（2）卧式数控车床　卧式数控车床主轴轴线处于水平位置，生产中使用较多，常用于加工径向尺寸较小的轴类、盘类、套类复杂零件。它的导轨有水平导轨式和倾斜导轨式两种。水平导轨式结构用于普通数控车床、经济型数控车床。水平导轨式数控车床的外形如图 1-4 所示。倾斜导轨式结构可以使车床具有更大的刚性，并易于排除切屑，用于档次较高的数控车床及数控车削中心。倾斜导轨式数控车床的外形如图 1-5 所示。

图 1-4　水平导轨式数控车床的外形

4. 按控制方式分类

按控制方式分类，数控车床可分为开环控制系统、半闭环控制系统和闭环控制系统的数控车床。

图 1-5　倾斜导轨式数控车床的外形

（1）开环控制系统的数控车床　开环控制系统的数控车床是指不带反馈装置的数控车床。进给伺服系统采用步进电动机，数控系统每发出一个指令脉冲，经驱动电路功率放大后，驱动步进电动机旋转一个角度，然后经过减速齿轮和丝杠螺母机构，转换为刀架的直线移动。系统信息流是单向的。图 1-6 所示为开环控制系统框图。

开环控制系统的数控车床不具有反馈装置，对移动部件实际位移量的测量不能与原指令值进行比较，也不能进行误差校正，因此系统精度低。但因其结构简单、成本低、技术容易掌握，故在中、小型控制系统的经济型数控车床中得到应用，尤其适用于旧机床改造的简易数控车床。

（2）半闭环控制系统的数控车床　半闭环控制系统的数控车床在伺服机构中装有角度位移检测装置，通过检测伺服机构的滚珠丝杠转角间接测量移动部件的位移，然后反馈到数控装置中，与输入原指令位移值进行比较，用比较后的差值进行控制，以弥补移动部件位移，直至差值消除为止。由于丝杠螺母机构不包括在闭环之内，所以丝杠螺母机构的误差仍然会影响移动部件的位移精度。图 1-7 所示为半闭环控制系统框图。

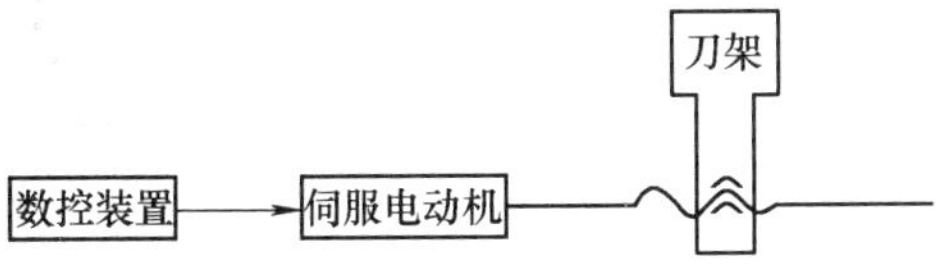

图 1-6　开环控制系统框图

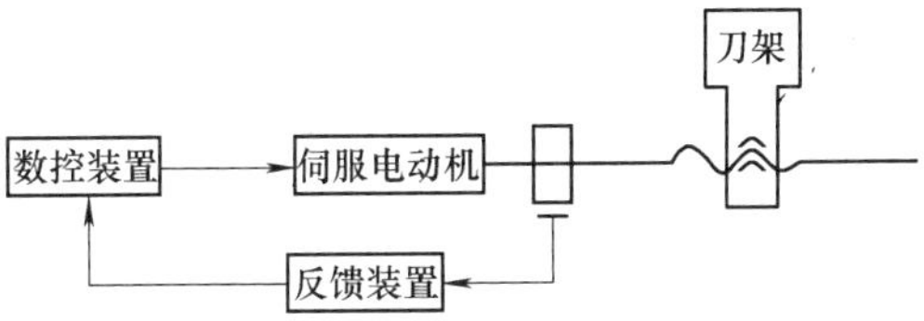

图 1-7　半闭环控制系统框图

半闭环控制系统的数控车床采用伺服电动机，结构简单，工作稳定，使用维修方便，目前应用比较广泛。

（3）闭环控制系统的数控车床　闭环控制系统的数控车床在位移部件位置上直接装有直线位移检测装置，将检测到的实际位移反馈到数控装置中，与输入的原指令位移值进行比较，用比较后的差值控制移动部件作补充位移，直至差值消除为止，达到精度要求。图1-8所示为闭环控制系统框图。

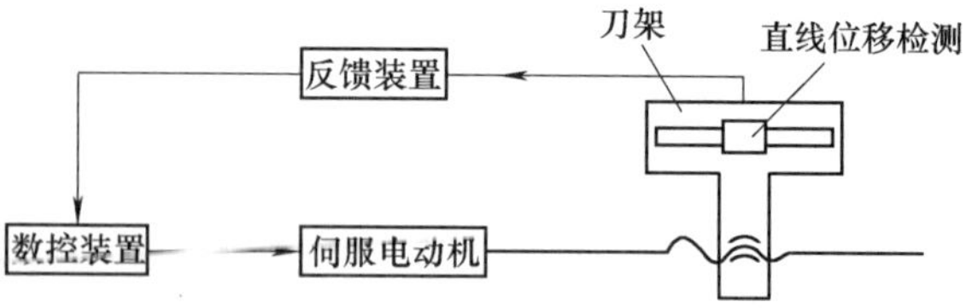

图1-8　闭环控制系统框图

闭环控制系统的数控车床加工精度高（一般可达0.01mm，最高可达0.001mm），但结构复杂，维修困难，成本高。用于加工精度要求很高的场合。

除此之外，数控车床还可按刀架数量分为单刀架数控车床和双刀架数控车床；按加工零件基本类型分为卡盘式夹紧数控车床和顶尖式夹紧数控车床；按控制轴数可分为两轴控制的数控车床、四轴控制的数控车床等。

知识四　数控车床的组成

数控车床由车床主体、控制部分、驱动部分、辅助部分等组成，见表1-1。

表1-1　数控车床的组成

序　号	组成部分	说　明	图　例
1	车床主体	目前大部分数控车床均已专门设计并定型生产，包括主轴箱、床身、导轨、刀架、尾座、进给机构等	
2	控制部分	它是数控车床的控制核心，由各种数控系统完成对数控车床的控制	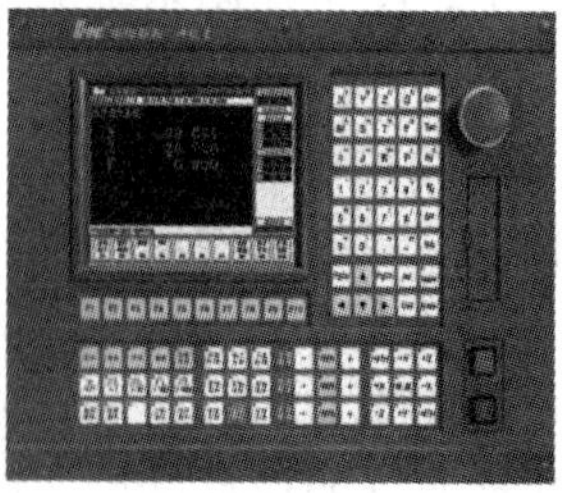 数控系统
3	驱动部分	它是数控车床执行机构的驱动部件，包括主轴变频电动机和进给伺服电动机	 主轴变频电动机  进给伺服电动机

（续）

序　号	组成部分	说　明	图　例
4	辅助部分	它是数控车床的一些配套部件，包括液压装置、气动装置、冷却系统、润滑系统、自动清屑器等	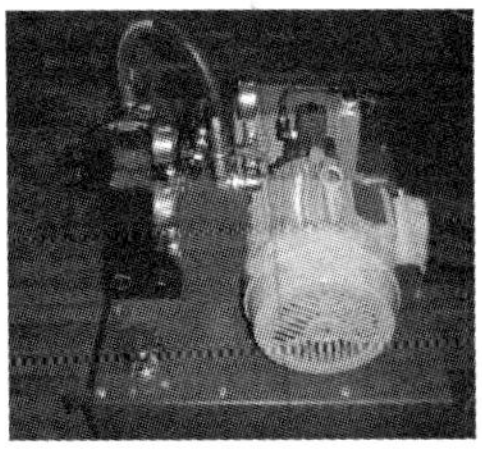 冷却系统  润滑系统

知识五　数控车床的加工特点（表 1-2）

表 1-2　数控车床的加工特点

序　号	特　点	说　明
1	能加工复杂表面	数控车床因能实现两坐标轴联动，所以容易实现许多卧式机床难以完成或无法加工的曲线、曲面构成的回转体加工及非标准螺距螺纹、变螺距螺纹加工
2	具有高度柔性	使用数控车床，当加工的零件改变时，只需重新编写（或修改）数控加工程序即可实现对新零件的加工，不需要重新设计模具、夹具等工艺装备，对多种、小批量零件的生产适应性强
3	加工精度高、质量稳定	数控车床按照预定的加工程序自动加工工件，加工过程中消除了操作者人为的操作误差，能保证零件质量的一致性，而且还可以利用反馈系统进行校正及补偿加工精度。因此，可以获得比机床本身精度还要高的加工精度及重复精度
4	自动化程度高、工人劳动强度低	数控车床加工零件时，操作者除了输入程序、装卸工件、对刀、关键工序的中间检测等，不需要进行其他复杂手工操作，劳动强度和紧张强度均大为减轻。此外，机床上一般都具有较好的安全防护、自动排屑、自动冷却等装置，操作者的劳动条件也大为改善
5	生产效率高	数控车床结构刚性好，主轴转速高，可以进行大切削用量的强力切削。此外机床移动部件的空行程运动速度快，加工时所需的切削时间和辅助时间均比普通机床少，生产效率比普通机床高 2～3 倍；加工形状复杂的零件，生产效率可提高十几倍到几十倍
6	经济效益高	单件、小批量生产情况下，使用数控车床可以减少划线、调整、检验时间而减少生产费用。节省工艺装备，减少装备费用等而获得良好的经济效益。此外，加工精度稳定减少了废品率。数控机床还可以实现一机多用，节省厂房、节省建厂投资等
7	有利于生产管理的现代化	用数控车床加工零件，能准确地计算零件的加工工时，有效地简化了检验和工夹具、半成品的管理工作。其加工及操作均使用数字信息与标准代码输入，最适于与计算机联系，目前已成为计算机辅助设计、制造及管理一体化的基础

知识六　数控车床的加工范围

数控车床与卧式车床一样，主要用于轴类、盘类等回转体零件的加工，如完成各种内圆柱面、外圆柱面、圆锥面、圆柱螺纹、圆锥螺纹、切槽、钻扩孔、铰孔等工序的加工；还可以完成卧式车床上不能完成的圆弧、非圆曲面构成的回转面、非标准螺纹、变螺距螺纹等表面加工。数控车床特别适合于复杂形状的零件或中、小批量零件的加工。

【资料链接】

全功能型数控车床：目前市场上还有全功能型数控车床说法，它属于普通数控车床中功能配置较完善的一种数控车床，一般采用闭环或半闭环控制系统，倾斜导轨式，配置有伺服刀塔或液压刀塔；采用液压卡盘自动夹紧工件；主轴电动机为变频电动机，有的配置有液压变速机构，有的配置有液压尾座等。

【思考与练习】

1）数控车床由哪几部分组成？

2）目前工厂中常用的数控系统有哪些？

3）数控车床有哪些加工特点？

任务二　数控车削的基础知识

【知识目标】

1）掌握数控车床加工工艺的路线。
2）掌握工件的定位与装夹方式。
3）掌握刀具材料知识并合理的选用刀具。
4）掌握数控车床切削用量的选择。

【技能目标】

1）数控车床装夹工件的方式。
2）合理选用刀具材料和切削用量。
3）确定工件的加工路线。

【相关知识】

知识一　加工路线的确定

在数控加工中，刀具（严格说是刀位点）相对于工件的运动轨迹和方向称为加工路线，即刀具从对刀点开始运动起，直至加工结束所经过的路径，包括切削加工的路径及刀具引入、返回等非切削的空行程。加工路线的确定首先必须保持被加工零件的尺寸精度和表面质量，其次考虑数值计算简单、走刀路线尽量短、效率较高等。

因精加工的加工路线基本上都是沿其零件轮廓顺序进行的，因此确定加工路线的工作重点是确定粗加工及空行程的加工路线。下面举例分析数控车削加工零件时常用的加工路线。

（1）车圆锥的加工路线分析　在车床上车外圆锥时，可以分为车正锥和车倒锥两种情况，而每一种情况又有两种加工路线。图1-9所示为车正锥的两种加工路线。按图1-9a车正锥时，需要计算终刀距S。假设圆锥大径为D，小径为d，锥长为L，背吃刀量为a_p，则由相似三角形可得

$$\frac{(D-d)}{2L}=\frac{a_p}{S} \tag{1-1}$$

则$S=a_p2L/(D-d)$，按此种加工路线，刀具切削运动的距离较短。

当按图1-9b的走刀路线车正锥时，则不需要计算终刀距S，只要确定背吃刀量a_p，即可车出圆锥轮廓，编程方便。但在每次切削中，背吃刀量是变化的，而且切削运动的路线较长。

图1-10所示为车倒锥的两种加工路线，分别与图1-9相对应，其车倒锥原理与正锥相同。

（2）车圆弧的加工路线分析　应用G02（或G03）指令车圆弧，若用一刀就把圆弧加

工出来，这样背吃刀量太大，容易损坏刀具。所以，实际切削时，需要多刀加工，先将大部分余量切除，最后车得所需圆弧。

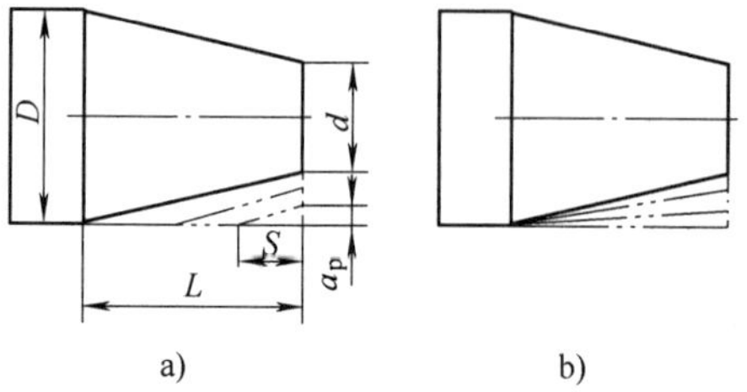

图 1-9　车正锥的两种加工路线

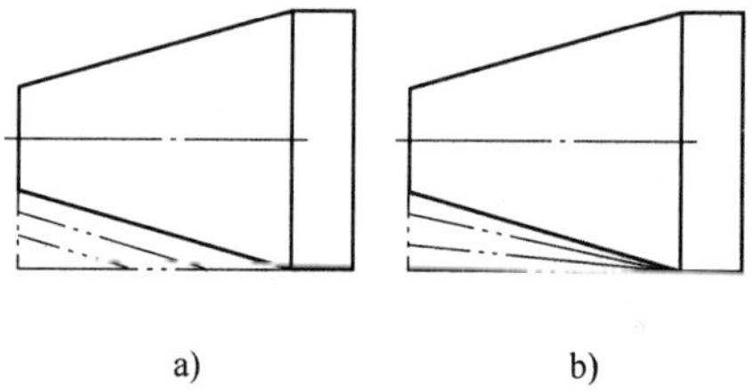

图 1-10　车倒锥的两种加工路线

图 1-11 所示为车圆弧的车圆法切削路线，即用不同半径的圆来车削，最后将所需圆弧加工出来。此方法在确定了每次背吃刀量后，对 90°圆弧的起点、终点坐标较易确定。图 1-11a 所示的走刀路线较短，但图 1-11b 所示的加工空行程的时间较长。此方法数值计算简单，编程方便，常被采用，可适合于加工较复杂的圆弧。

图 1-12 所示为车圆弧的车锥法切削路线，即先车一个圆锥，再车圆弧。但要注意车锥时起点和终点的确定。若选取不当，则可能损坏圆弧表面，也可能将余量留得过大。确定方法是连接 OB 交圆弧于 D，过 D 点作圆弧的切线 AC。由几何关系得

$$BD = OB - OD = \sqrt{2}R - R = 0.414R \tag{1-2}$$

此为车锥时的最大切削余量，即车锥时，加工路线不能超过 AC 线。由 BD 与 $\triangle ABC$ 的关系，可得

$$AB = CB = \sqrt{2}BD = 0.586R \tag{1-3}$$

这样可以确定车锥时的起点和终点。当 R 不太大时，可取 $AB = CB = 0.5R$。此法数值计算较繁，但其刀具切削加工路线较短。

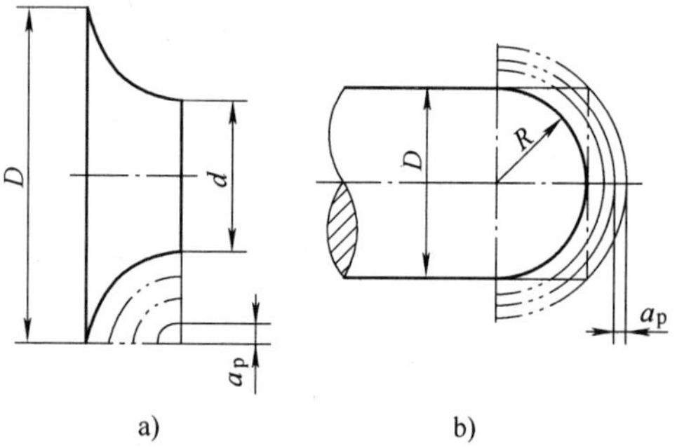

图 1-11　车圆弧的车圆法切削路线

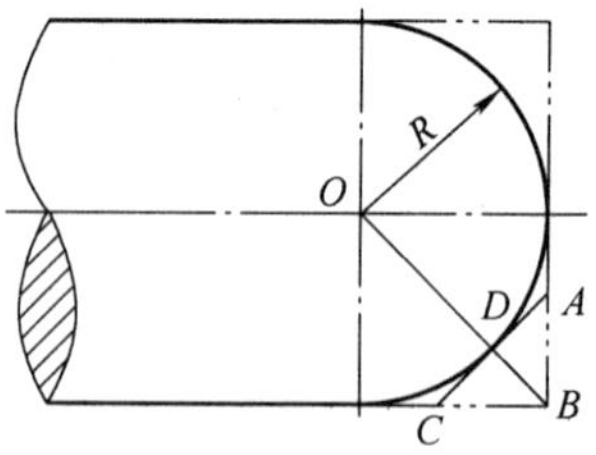

图 1-12　车圆弧的车锥法切削路线

（3）轮廓粗车加工路线分析　切削进给路线最短，可有效提高生产效率，降低刀具损耗。安排最短切削进给路线时，应同时兼顾工件的刚性和加工工艺性等要求，不要顾此失彼。

图 1-13 所示为三种不同的轮廓粗车切削进给路线，其中图 1-13a 所示为利用数控系统具有的封闭式复合循环功能控制车刀沿着工件轮廓线进行进给的路线；图 1-13b 所示为三角形循环进给路线；图 1-13c 所示为矩形循环进给路线，其路线总长最短，因此在同等切削条件

下的切削时间最短，刀具损耗最少。

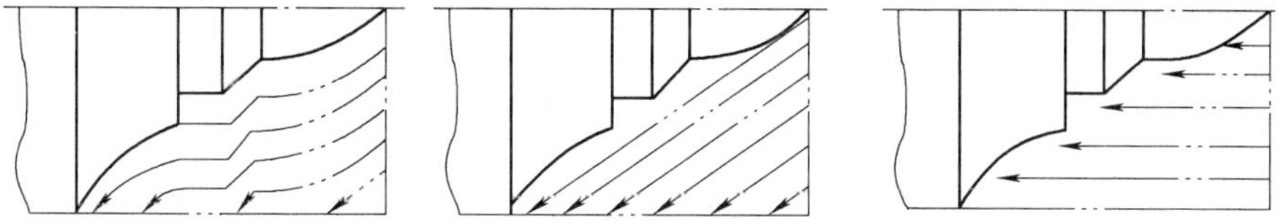

a) b) c)

图 1-13 三种不同轮廓粗车切削进给路线

（4）车螺纹时的轴向进给距离分析 在数控车床上车螺纹时，沿螺距方向的 Z 向进给量和车床主轴的旋转保持严格的速比关系，因此应避免在进给机构加速或减速的过程中切削，为此要有引入距离 δ_1 和超越距离 δ_2，如图 1-14 所示。δ_1 和 δ_2 的数值与车床拖动系统的动态特性、螺纹的螺距和精度有关。一般 δ_1 为 2～5mm，对大螺距和高精度的螺纹取大值，δ_2 为 1～2mm。这样在切削螺纹时，能保证在升速后使刀具接触工件，刀具离开工件后再降速。

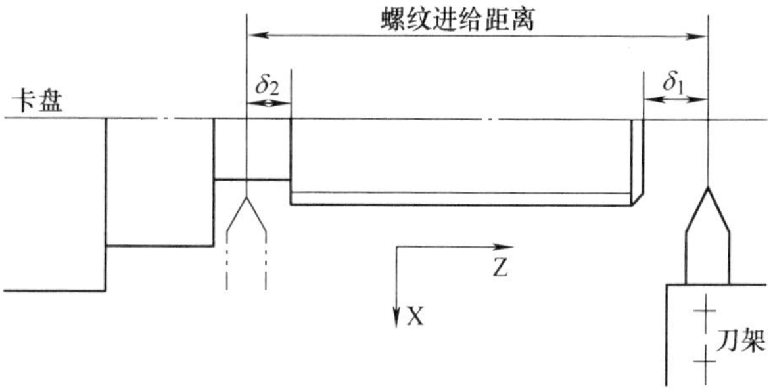

图 1-14 车螺纹时的引入距离和超越距离

制订零件车削加工顺序一般遵循下列原则。

（1）先粗后精 按照粗车—半精车—精车的顺序进行，逐步提高加工精度。粗车将在较短的时间内将工件表面上的大部分加工余量（图 1-15 中的双点画线内所示部分）切掉，一方面提高金属切除率，另一方面满足精车的余量均匀性要求。若粗车后所留余量的均匀性满足不了精加工的要求时，则要安排半精车，以此为精车作准备。精车要保证加工精度，按图样尺寸一刀切出零件轮廓。

（2）先近后远 在一般情况下，离对刀点近的部位先加工，离对刀点远的部位后加工，以便缩短刀具移动距离，减少空行程时间。对于车削而言，先近后远还有利于保持坯件或半成品的刚度，改善其切削条件。例如，加工如图 1-16 所示零件时，若第一刀的背吃刀量未超限，则应该按 ϕ34mm—ϕ36mm—ϕ38mm 的次序先近后远地安排车削顺序。

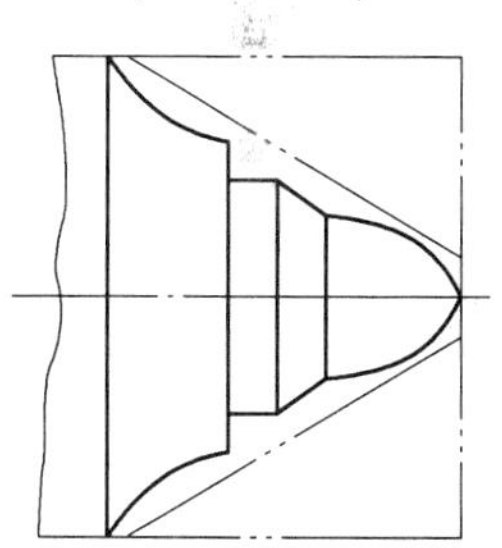

图 1-15 先粗后精

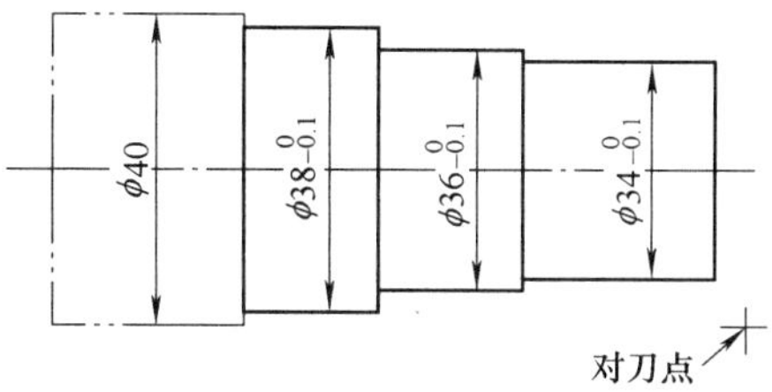

图 1-16 先近后远

（3）内外交叉 对既有内表面（内型腔），又有外表面需加工的零件，安排加工顺序时，应先进行内外表面粗加工，后进行内外表面精加工。切不可将零件上一部分表面（外表面或内表面）加工完毕后，再加工其他表面（内表面或外表面）。

（4）基面先行原则　用作精基准的表面应优先加工出来，因为定位基准的表面越精确，装夹误差就越小。例如，轴类零件加工时，总是先加工中心孔，再以中心孔为精基准加工外圆表面和端面。

知识二　数控车床常用的工装夹具

数控车床主要用于加工工件的内外圆柱面、圆锥面、回转成形面、螺纹及端平面等，这些表面都是绕机床主轴的旋转轴心而形成的。根据这一加工特点和夹具在车床上安装的位置，将车床夹具分为两种基本类型：一类是安装在车床主轴上的夹具，这类夹具和车床主轴相连接并带动工件一起随主轴旋转，除了各种卡盘（自定心卡盘、单动卡盘）、顶尖等通用夹具或其他机床附件外，往往根据加工的需要设计出各种心轴或其他专用夹具；另一类是安装在滑板或床身上的夹具，对于某些形状不规则和尺寸较大的工件，常把夹具安装在车床滑板上，刀具则安装在车床主轴上作旋转运动，夹具作进给运动。下面介绍除自定心卡盘、单动卡盘以外的其他数控车床的装夹方法以及复杂畸形、精密工件的装夹。

1. 数控车床常用的装夹

数控车床上除自定心卡盘、单动卡盘以外，一般工件常用的装夹方法如图 1-17 所示。

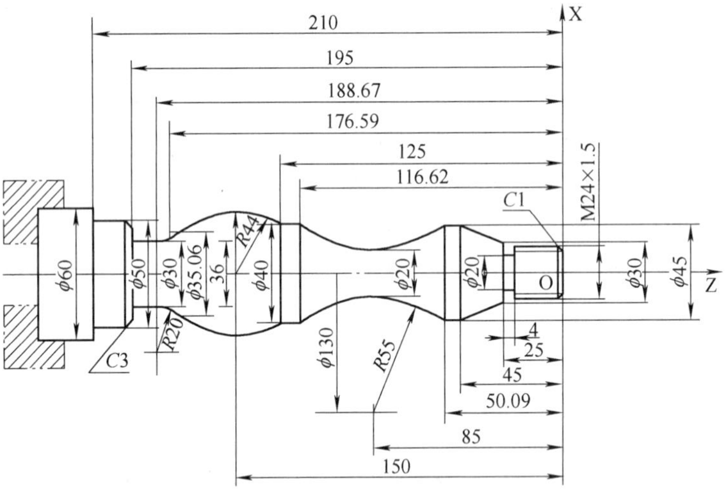

图 1-17　一般工件常用的装夹方法

2. 复杂畸形、精密工件的装夹

车削过程主要是加工有回转表面的、比较规则的工件。但也经常遇到一些外形复杂、不规则的异形工件。例如，图 1-18 所示的对开轴承座、十字孔工件、双孔连杆、环首螺栓、偏心工件、齿轮油泵体等。这些工件均不宜用自定心卡盘、单动卡盘装夹。

（1）花盘、角铁和常用附件　对于一些外形复杂、不规则的异形工件，必须使用花盘、角铁或装夹在专用夹具上加工。

1）花盘（图 1-19）。其材料为铸铁，用螺纹或定位孔形式直接装夹在车床主轴上。它的工作平面与主轴轴线垂直，平面度误差小，表面粗糙度 $Ra < 1.6\mu m$。平面上开有长短不

等的 T 形槽（或通槽），用于安装螺栓紧固工件和其他附件。为了适应大小工件的要求，花盘也有各种规格，常用的有 ϕ250mm、ϕ300mm、ϕ420mm 等。

2）角铁（图 1-20a）。又称为弯板，是铸铁材料。它有两个相互垂直的平面，表面粗糙度 $Ra<1.6\mu m$，并有较高的垂直度精度。

3）V 形块（图 1-20b）。V 形块的工作表面是 V 形面，一般做成 90°或 120°，它的两个面之间都有较高的几何精度，主要用作工件以圆弧面为基准的定位。

4）平垫铁（图 1-20c）。它装在花盘或角铁上，作为工件定位的基准平面或导向平面。

5）平衡铁（图 1-20d）。其材料一般是钢或铸铁，有时为了减小体积，也可用铅制作。

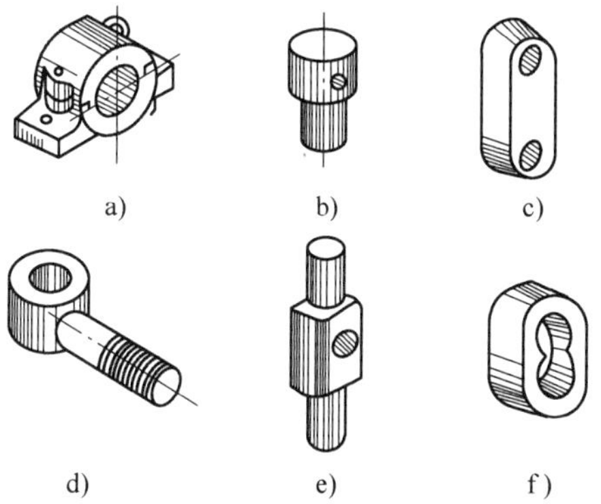

图 1-18　复杂工件的种类

a）对开轴承座　b）十字孔工件　c）双孔连杆　d）环首螺栓　e）偏心工件　f）齿轮油泵体

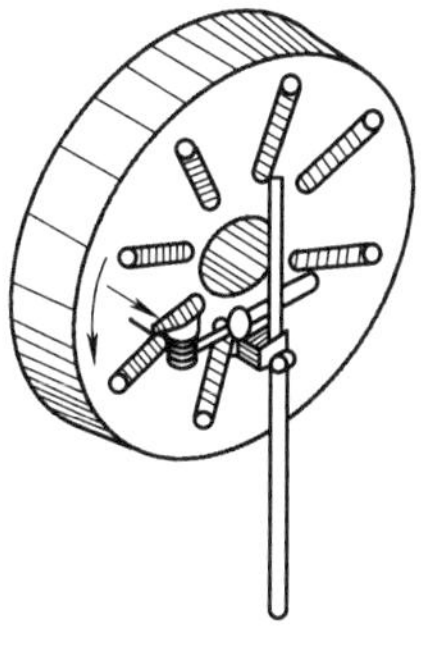

图 1-19　用百分表检查花盘平面

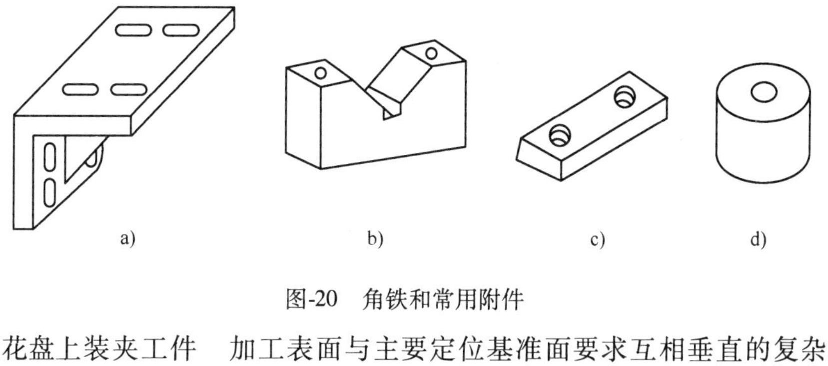

图-20　角铁和常用附件

（2）在花盘上装夹工件　加工表面与主要定位基准面要求互相垂直的复杂工件（图 1-21），可以装夹在花盘上加工，双孔连杆的加工步骤如下。

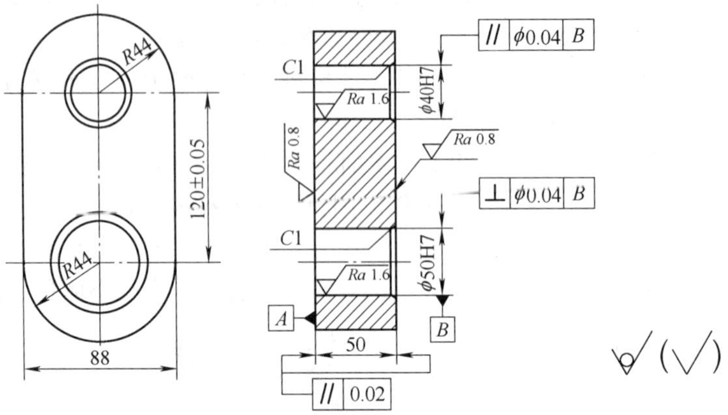

图 1-21　双孔连杆

1）检查花盘精度（图 1-19）。用百分表检查花盘平面的平面度误差和车床主轴的垂直度误差的方法为：用手转动花盘，百分表在花盘边缘的跳动量要求在 0. 02mm 以内。

检查平面度误差是将百分表装在刀架上，移动中溜板，观察花盘表面凸凹情况，在半径全长上公差为 0. 02mm，但只允许盘面中间凹。如果达不到要求，可先把花盘卸下，清除主轴与花盘装配接触面上的脏物和毛刺，再装上检查。若仍不符合要求，可把盘面精车一刀，精车时注意把床鞍紧固螺钉锁紧，同时最好采用低转速、大进给、宽修光刃的车刀进行加工。盘面车削后要求有较高的平面度，避免盘面出现大的凹凸不平，表面粗糙度应达到 $Ra \leqslant 3.2\mu m$。

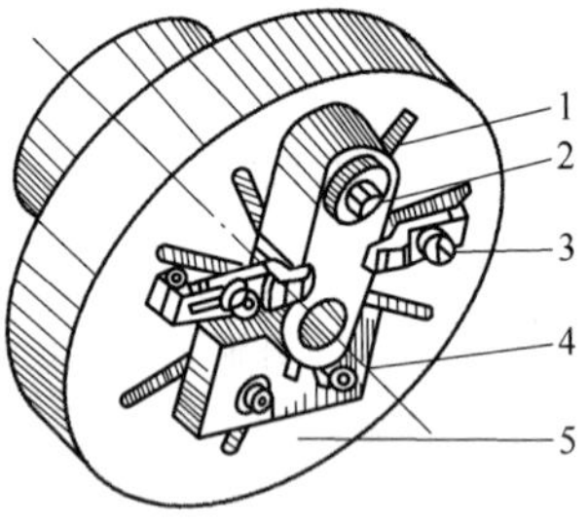

图 1-22　在花盘上装夹连杆
1—连杆　2—圆形压板
3—压板　4—V 形块　5—花盘

2）在花盘上装夹工件。双孔连杆及其在花盘上的装夹分别如图 1-21 和图 1-22 所示。

先按划线找正连杆第一孔，并用 V 形块靠紧圆弧面，作为第二件工件定位基准，紧固板螺钉，然后用手转动花盘，如果转动不碰，表明平衡恰当，即可车孔。在装夹和加工中要注意：花盘本身的几何公差要求比工件要求高 1 倍以上，才能保证工件的几何公差要求；工件的装夹基准面一定要进行精加工，保证与花盘平面贴平。垫压板的垫块面要平行，高度要合适，最好只垫一块；压板压工件的受力点，要选实处压，不要压在空当处，压点牢靠、对称、压紧力一致，以防工件变形或工件松动发生事故；工件压紧后，要进行静平衡，根据具体情况增减平衡铁。车床上静平衡就是将主轴箱转速手柄放在空挡位置用手转动花盘，如果花盘能在任何位置上停下，就说明已平衡，否则就要重新调整平衡铁的位置或增减平衡铁的重量。进行静平衡很重要，是保证加工质量和安全操作的重要环节；加工时切削用量不能选择过大，特别是主轴转速，当其值过高时，会因离心力过大，使工件松动造成事故。

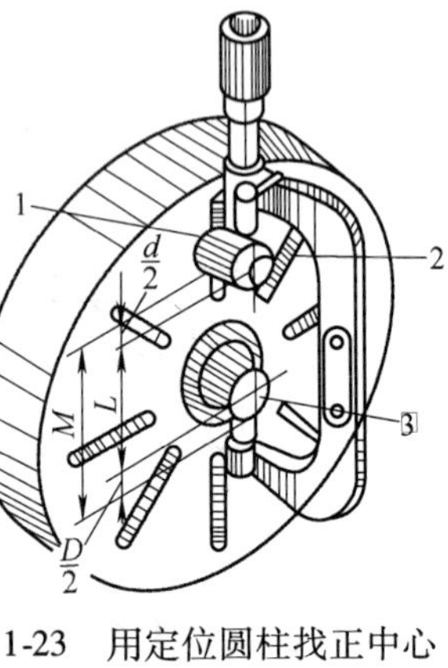

图 1-23　用定位圆柱找正中心
1—定位柱　2—螺母　3—心轴

加工双孔连杆第二孔时，可用如图 1-23 所示的方法装夹工件。先在花盘上安装一个定位柱，它的直径与第一孔具有较小间隙配合。再调整好定位柱中心到主轴中心的距离 M，使其重合双孔连杆的两孔中心距 L。装夹上工件，便可加工第二孔。

3）在角铁上装夹工件。例如，图 1-18a 所示的对开轴承座，当工件的主要定位基准面与加工表面平行时，可在花盘上加角铁来加工（图 1-24）。这种加工方法，也是代替卧镗的方法。装夹和找正的步骤如下。

① 找正角铁精度。在复杂的装夹工作中，找正每一个基准面的精度是必不可少的。找正对开轴承座，首先找正花盘的平面，达到要求后，再把角铁装在花盘合适的位置上，将百分表装在刀架上，摇动床鞍，检查角铁平面与主轴轴线的平行度。这个平面的平行度误差要小于工件同一加工位置平行度误差的 1/2。如果不平行，可把角铁卸下，清除角铁平面脏物和毛刺，再装上去测量。若仍不平行，也可在角铁和花盘的结合面中间垫薄垫块进行调整。

② 装夹和找正。先用压板初步压紧，再用划针盘找正轴承座中心线（图 1-25）。找正轴承座中心时，应该先根据划好的十字线找正轴承座的中心高。找正方法是水平移动划针来调整划针高度，使针尖通过工件水平中心线；然后把花盘旋转 180°，再用划针轻划水平线，如果两线不重合，可把划针调整在两条线中间，把工件水平线向划针高度调整。再用以上方法直至找正好为止。找正垂直中心线的方法类似，十字线调整好后，再用划针找正两侧素线。最后复查，紧固工件。装上平衡块，用手转动花盘，观察有什么地方碰撞，如果花盘平衡，旋转不碰，即可进行车削。

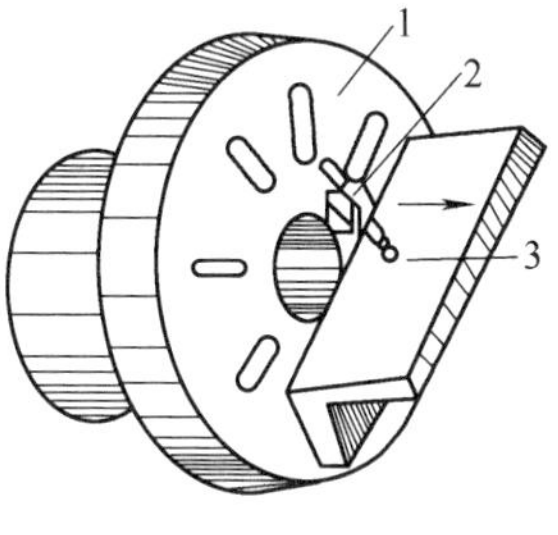

图 1-24　用百分表检查角铁平面与主轴轴线的平行度

1—花盘　2—百分表　3—角铁

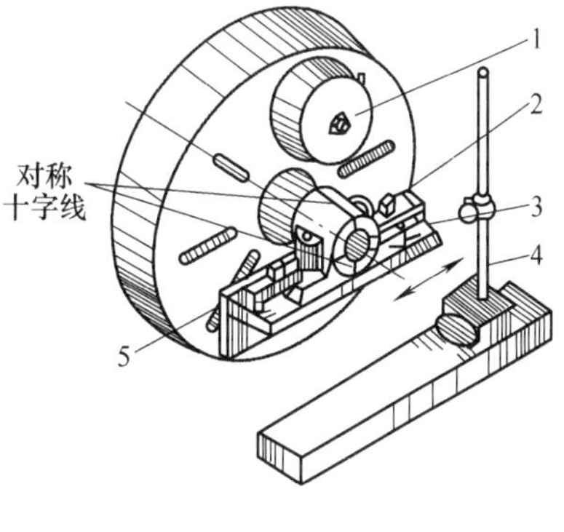

图 1-25　在角铁上装夹和找正轴承座

1—平衡铁　2—轴承座

3—角铁　4—划针盘　5—压板

知识三　数控车削用刀具的类型及选用

1. 常用车刀的种类及其选择

数控车削常用车刀一般分尖形车刀、圆弧形车刀和成形车刀三类。

（1）尖形车刀　尖形车刀是以直线形切削刃为特征的车刀。这类车刀的刀尖（同时也为其刀位点）由直线形的主、副切削刃构成，如 90°内、外圆车刀，左、右端面车刀，切断（车槽）车刀，以及刀尖倒棱很小的各种外圆和内孔车刀。

用这类车刀加工零件时，其零件的轮廓形状主要由一个独立的刀尖或一条直线形主切削刃位移后得到，它与另两类车刀加工时所得到零件轮廓形状的原理是截然不同的。

尖形车刀几何参数（主要是几何角度）的选择方法与普通车削时基本相同，但应结合数控加工的特点（如加工路线、加工干涉等）进行全面的考虑，并应兼顾刀尖本身的强度。

（2）圆弧形车刀　圆弧形车刀是以一圆度误差或线轮廓误差很小的圆弧形切削刃为特征的车刀（图1-26）。该车刀圆弧刃上每一点都是圆弧形车刀的刀尖，因此，刀位点不在圆弧上，而在该圆弧的圆心上。

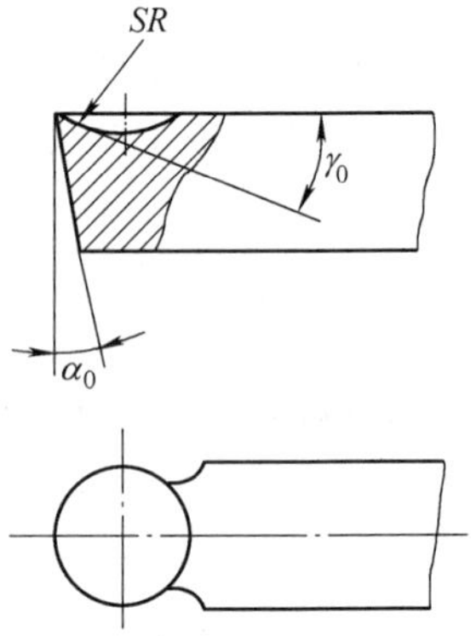

图1-26　圆弧形车刀

当某些尖形车刀或成形车刀（如螺纹车刀）的刀尖具有一定的圆弧形状时，也可作为这类车刀使用。

圆弧形车刀可用于车削内、外表面，特别适合于车削各种光滑连接（凹形）的成形面。选择车刀圆弧半径时应考虑两点：一是车刀切削刃的圆弧半径应小于或等于零件凹形轮廓面的最小曲率半径，以免发生加工干涉；二是该半径不宜选择太小，否则不但制造困难，还会因刀具强度太弱或刀体散热能力差而导致车刀损坏。

（3）成形车刀　成形车刀俗称样板车刀，其加工零件的轮廓形状完全由车刀切削刃的形状和尺寸决定。在数控车削加工中，常见的成形车刀有小半径圆弧车刀、非矩形槽车刀和螺纹车刀等。在数控加工中，应尽量少用或不用成形车刀，当确有必要选用时，则应在工艺准备文件或加工程序单上进行详细说明。图1-27所示为常用车刀的种类、形状和用途。

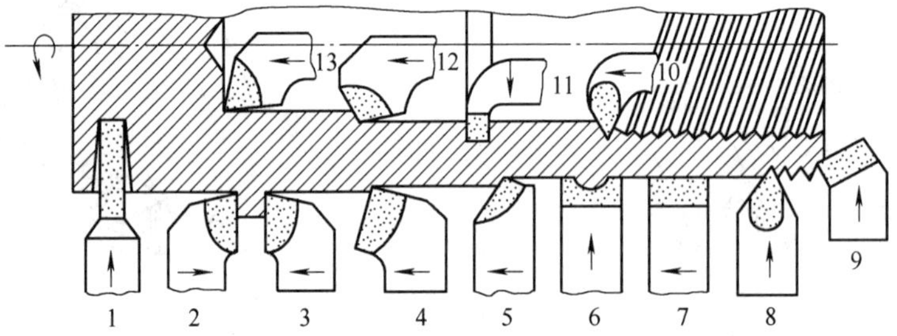

图1-27　常用车刀的种类、形状和用途

1—切断刀　2—90°左偏刀　3—90°右偏刀　4—弯头车刀　5—直头车刀
6—成形车刀　7—宽刃精车刀　8—外螺纹车刀　9—端面车刀
10—内螺纹车刀　11—内槽车刀　12—通孔车刀　13—不通孔车刀

2. 机夹可转位式车刀的选用

目前，数控机床上大多使用系列化、标准化刀具，可转位机夹外圆车刀、端面车刀等的刀柄和刀头都有国家标准及系列化型号。

对所选择的刀具，在使用前都需对刀具尺寸进行严格的测量以获得精确资料，并由操作者将这些数据输入数控系统，经程序调用而完成加工过程，从而加工出合格的工件。为了减少换刀时间和方便对刀，便于实现机械加工的标准化，数控车削加工时，应尽量采用机夹刀和机夹刀片。数控车床常用的机夹可转位式车刀结构形式如图1-28所示。

（1）刀片材质的选择　常见刀片材料有高速工具钢、硬质合金、涂层硬质合金、陶瓷、立方氮化硼和金刚石等，其中应用得最多的是硬质合金和涂层硬质合金刀片。选择刀片材质的主要依据有被加工工件的材料、被加工表面的精度、表面质量要求、切削载荷的大小，以及切削过程有无冲击和振动等。

（2）刀片尺寸的选择　刀片尺寸的大小取决于必要的有效切削刃长度 L。有效切削刃长度与背吃刀量 a_p 和车刀的主偏角 κ_r 有关（图 1-29），使用时可查阅有关刀具手册选取。

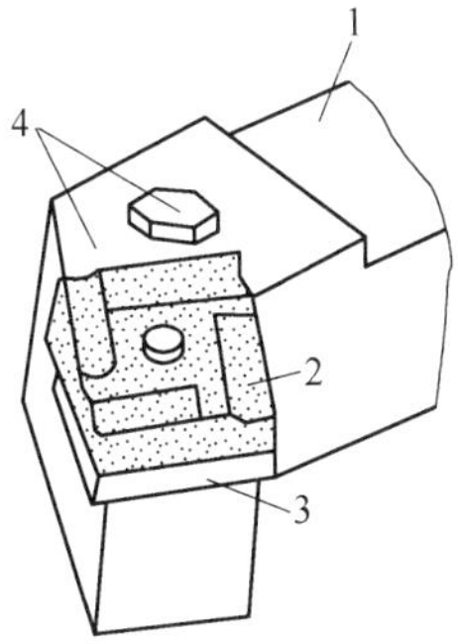

图 1-28　机夹可转位式车刀结构形式

1—刀体　2—刀片　3—刀垫　4—螺钉固定部分

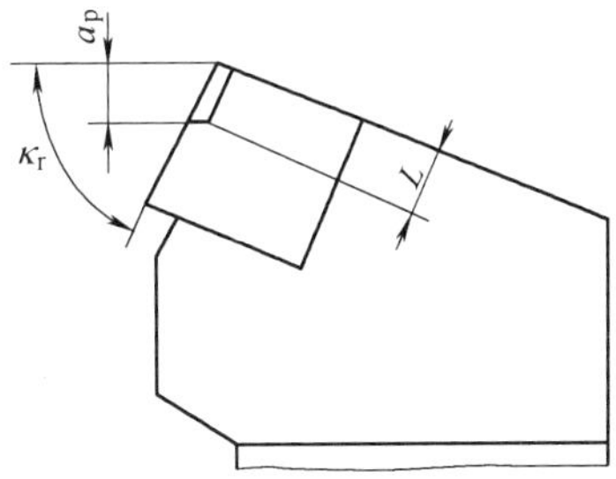

图 1-29　刀片的几何尺寸

（3）刀片形状的选择　选择刀片形状的主要依据是被加工工件的表面形状、切削方法、刀具寿命和刀片的转位次数等。被加工面形状及其适用的刀片形状可参考表 1-3 选取，表中刀片的型号组成见国家标准《切削刀具用可转位刀片型号表示规则》GB/T 2076—2007。常见可转位式车刀刀片形状及角度如图 1-30 所示。特别需要注意的是，加工凹形轮廓表面时，若主、副偏角选得太小，会导致加工时刀具主后刀面、副后刀面与工件发生干涉，因此，必要时需作图检验。

表 1-3　被加工面形状及其适用的刀片形状

车削外圆表面	主偏角	45°	45°	60°	75°	95°
	刀片形状及加工示意图	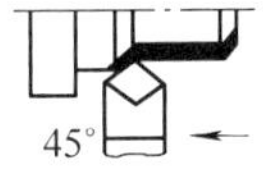	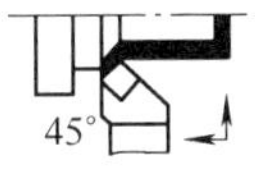	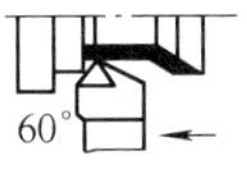	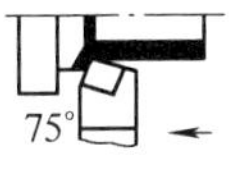	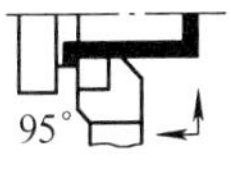
	推荐选用刀片	SCMA SPMR SCMM SNMM-8 SPUN SNMM-9	SCMA SPMR SCMM SNMG SPUN SPGR	TCMA TNMM-8 TCMM TPUN	SCMM SPUM SCMA SPMR SNMA	CCMA CCMM CNMM-7
车削端面	主偏角	75°	90°	90°	95°	
	刀片形状及加工示意图	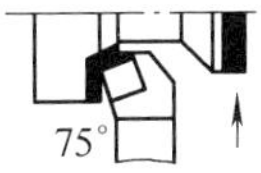	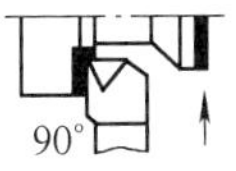	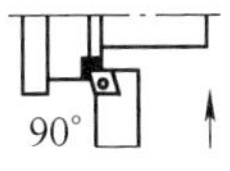	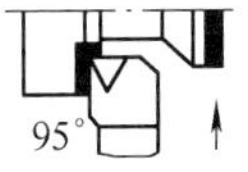	
	推荐选用刀片	SCMA SPMR SCMM SPUR SPUN CNMG	TNUN TNMA TCMA TPUN TCMM TPMR	CCMA	TPUN TPMR	
车削成形面	主偏角	15°	45°	60°	90°	93°
	刀片形状及加工示意图	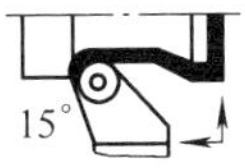	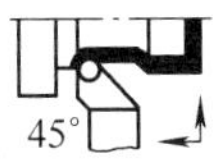	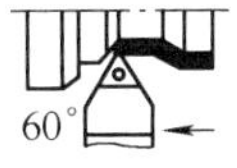	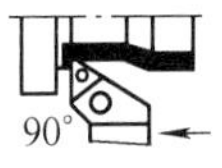	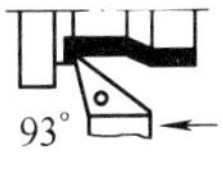
	推荐选用刀片	RCMM	RNNG	TNMM-8	TNMG	TNMA

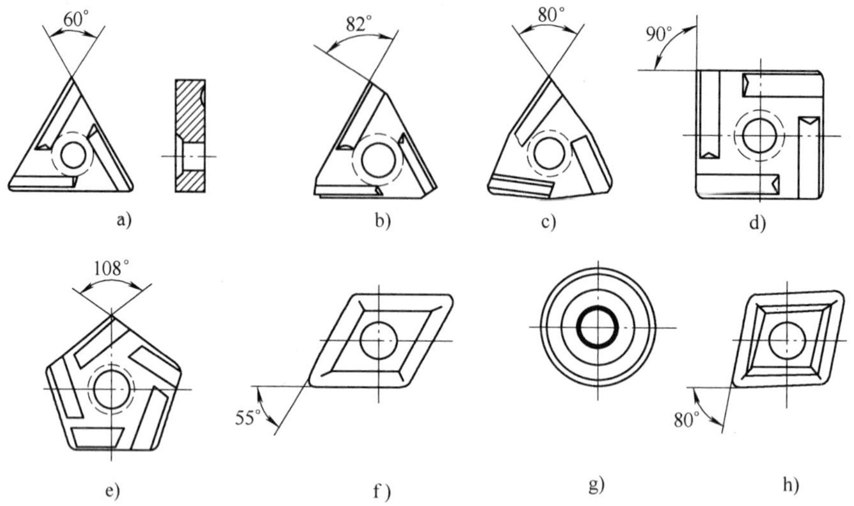

图 1-30 常见可转位式车刀刀片形状及角度

a) T 型 b) F 型 c) W 型 d) S 型 e) P 型 f) D 型 g) R 型 h) C 型

知识四 切削用量的选择

数控编程时，编程者必须确定每道工序的切削用量，并以指令的形式写入程序中。切削用量包括主轴转速、背吃刀量及进给速度等。对于不同的加工方法，需要选用不同的切削用量。切削用量的选择原则是：保证零件加工精度和表面粗糙度，充分发挥刀具的切削性能，保证合理的刀具寿命；并充分发挥机床的性能，最大限度地提高生产率、降低成本。

（1）主轴转速 n 的确定　车削加工主轴转速 n 应根据允许的切削速度 v_c 和工件直径 d 来选择，按式 $v_c=\pi dn/1000$ 来计算。切削速度 v_c 的单位为 m/min，由刀具寿命决定，计算时可参考切削用量手册选取。

数控车床加工螺纹时，因其传动链的改变，原则上其转速只要能保证主轴每转一周时，刀具沿主进给轴（多为 Z 轴）方向位移一个螺距即可，不应受到限制。但数控车螺纹时，会受到以下几方面的影响。

1）螺纹加工程序段中指令的螺距值，相当于以进给量 f（mm/r）表示的进给速度 F，如果将机床的主轴转速选择过高，则其换算后的进给速度（mm/min）必定较多的超过正常值。

2）刀具在其位移过程的始/终，都将受到伺服驱动系统升/降频率和数控装置插补运动速度的约束，由于升/降频率特性满足不了加工需要等原因，则可能因主进给运动产生出的“超前”和“滞后”而导致部分螺牙的螺距不符合要求。

3）车削螺纹必须通过主轴的同步运行功能而实现，即车削螺纹需要有主轴脉冲发生器（编码器）。当其主轴转速选择过高时，通过编码器发出的定位脉冲（即主轴每转一周时发出的一个基准脉冲信号）将可能因“过冲”（特别是当编码器的质量不稳定时）而导致工件螺纹产生乱纹（俗称“乱牙”）。

鉴于上述原因，不同的数控系统车螺纹时推荐使用不同的主轴转速范围。大多数经济型数控车床的数控系统推荐车螺纹时主轴转速 n 为

$$n \leqslant \frac{1200}{P} - k$$

式中　P——被加工螺纹螺距，单位为 mm；

k——保险系数，一般为 80。

（2）进给速度 v_f 的确定　进给速度 v_f 是数控车床切削用量中的重要参数，其大小直接影响表面粗糙度值和车削效率，主要根据零件的加工精度和表面粗糙度要求以及刀具、工件的材料性质选取，最大进给速度受机床刚度和进给系统的性能限制。表 1-4 给出了硬质合金外圆刀切削速度的参考值。确定进给速度的原则如下。

1）当工件的质量要求能够得到保证时，为提高生产效率，可选择较高的进给速度，一般在 100～200mm/min 范围内选取。

2）在切断、加工深孔或用高速工具钢刀具加工时，宜选择较低的进给速度，一般在 20～50mm/min 范围内选取。

3）当加工精度、表面粗糙度要求较高时，进给速度应选小些，一般在 20～50mm/min 范围内选取。

4）刀具空行程，特别是远距离"回零"时，可以设定该机床数控系统设定的最高进给速度。

5）计算进给速度时，可查阅切削用量手册选取每转进给量 f，然后按式 $v_f = nf$ 计算进给速度。

表 1-4　硬质合金外圆车刀切削速度的参考值

工件材料	热处理状态	$a_p = 0.3 \sim 2$mm	$a_p = 2 \sim 6$mm	$a_p = 6 \sim 10$mm
		$F = 0.08 \sim 0.3$mm/r	$F = 0.3 \sim 0.6$mm/r	$F = 0.6 \sim 1$mm/r
		v_c/m·min^{-1}		
低碳钢易切钢	热轧	140～180	100～120	70～90
中碳钢	热轧	130～160	90～110	60～80
	调质	100～130	70～90	50～70
合金结构钢	热轧	100～130	70～90	50～70
	调质	80～110	50～70	40～60
工具钢	退火	90～120	60～80	50～70
灰铸铁	<190HBW	90～120	60～80	50～70
	190～225HBW	80～110	50～70	40～60
高锰钢（$w_{Mn} = 13\%$）			10～20	
铜及铜合金		200～250	120～180	90～120
铝及铝合金		300～600	200～400	15～200
铸铝合金（$w_{Si} = 13\%$）		100～180	50～150	60～100

注：切削钢及灰铸铁时刀具寿命约为 60min。

（3）背吃刀量 a_p 的确定　背吃刀量根据机床、工件和刀具的刚度来确定。在刚度允许的条件下，应尽可能使背吃刀量等于工件的加工余量，这样可以减少走刀次数，提高生产效率。为了保证加工面的表面粗糙度，可留少许精加工余量，一般为 0.2～0.5mm。

注意：按照上述方法确定的切削用量进行加工时，工件表面的加工质量未必十分理想。切削用量的具体数值还应根据机床性能、相关的手册并结合实际经验用模拟方法确定，使主轴转速、背吃刀量及进给速度三者能相互适应，以形成最佳切削用量。

【思考与练习】

1）制订零件的加工路线应遵循哪些原则？

2）数控车床刀具有哪些种类？

3）如何合理地选用切削用量？

任务三　数控车床的面板操作

【知识目标】

1）掌握 HNC-21T（华中）系统数控车床面板功能。
2）掌握 FANUC Series 0i-T 系统数控车床面板功能。
3）掌握 GSK980TD 广数系统数控车床面板功能。
4）掌握数控车床安全操作规程。
5）熟悉数控车床日常维护及保养。

【技能目标】

1）数控车床开机、关机、回参考点。
2）程序的输入、仿真校验。
3）DMI 手动输入、试切对刀的方法。

【相关知识】

知识一　HNC-21T（华中）系统数控车床面板功能

HNC-21T（华中）系统数控车床面板（图 1-31）及其按键功能（表 1-5）

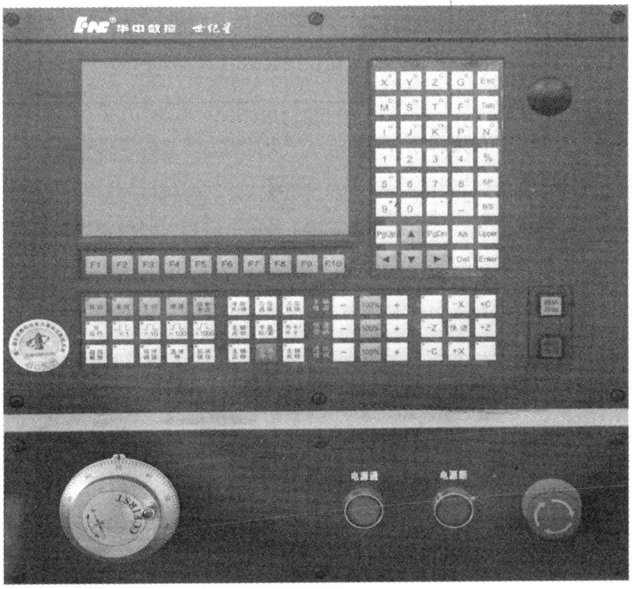

图 1-31　HNC-21T（华中）系统数控车床面板

表 1-5　HNC-21T（华中）系统数控车床面板按键功能

按　键	功　能
自动	自动模式键：进入自动加工模式
单段	单段执行键：自动加工模式和 MDI 模式中，单段执行
手动	手动模式键：通过手动连续移动各轴
增量	增量、手轮进给键：增量时手动脉冲进给，按此键切换成手轮移动各坐标轴
回参考点	回参考点键：通过手动回机床参考点
空运行	空运行键：按下此键，各轴以固定的速度运动
×1	选择手动移动（步进增量、手轮方式）时每一步的距离。×1 为 0.001mm
×10	选择手动移动（步进增量、手轮方式）时每一步的距离。×10 为 0.01mm
×100	选择手动移动（步进增量、手轮方式）时每一步的距离。×100 为 0.1mm
×1000	选择手动移动（步进增量、手轮方式）时每一步的距离。×1000 为 1mm
超程解除	超程解除键：如刀具在超程报警状态下，按下此键，将移动刀具至安全范围即可
程序跳段	程序跳段键：在自动模式下按下此键，跳过程序段开头带有“/”的程序
选择停	选择停建：在自动模式下按下此键，程序立即暂停
机床锁住	机床锁住键：按下此键，机床各轴锁住
冷却开/停	冷却开/停键：按下此键，切削液开启或关闭
刀位选择	刀位选择键：在手动或手轮状态下按此键来选择刀位
刀位转换	刀位转换键：按下此键后，系统执行将刀架转换到刀位选择键选择的刀号
主轴点动	主轴点动键：按下此键后机床主轴转动，但松开机床主轴立即停止转动

（续）

按　　键	功　　能
	卡盘松/紧键：按下此键，卡盘将松开或卡紧
	内卡/外卡键：按此键来选择卡盘夹紧力的方向
	机床主轴手动控制开关；手动模式下按此键，主轴正转
	机床主轴手动控制开关；手动模式下按此键，主轴停止
	机床主轴手动控制开关；手动模式下按此键，主轴反转
	主轴修调键：主轴转速可根据实际需求按或来调整
	快速修调键：机床快速移动可根据实际需求按或来调整
	进给修调键：自动切削时进给量可根据实际需求按或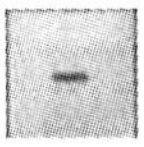来调整
	Z 轴负方向手动进给键
	Z 轴正方向手动进给键
	X 轴负方向手动进给键
	X 轴正方向手动进给键
	快进键：手动方式下，同时按住此键和一个坐标点动方向键，坐标轴以快速进给速度移动
	取消退出键
	空格键
	退格键：删除光标前面所在的数据
	向上翻页
	向下翻页

（续）

按　　键	功　　能
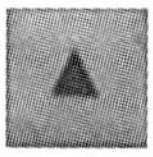	向上移动光标
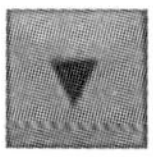	向下移动光标
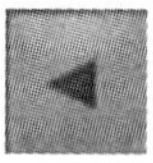	向左移动光标
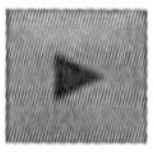	向右移动光标
	删除键：删除光标后面所在的数据；删除一整个程序
	替换键：用输入的数据替换光标所在的数据
	上档键
	回换行键：结束一行程序的输入并且换行
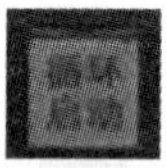	循环启动键：在“自动”或“MDI”工作模式下按下此键自动加工程序；其他方式下按此键无效
	循环停止键：数控程序运行中，按下此键停止程序运行
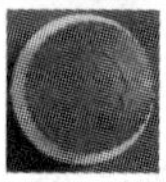	紧急停止按钮：按下此按钮，机床系统与机械部分立即处于紧急停止状态，打开此按钮可释放紧急停止
	当系统处于手轮模式下，此手轮控制机床的 X、Z 轴正、反方向的移动
	当主电源接通时，按下此按钮机床系统上电
	当主电源接通时，按下此按钮机床系统断电

知识二　FANUC Series 0i-T 系统数控车床面板功能

1. FANUC Series 0i-T 系统 CRT/MDI 数控车床面板（图 1-32）及其按键功能（表 1-6）

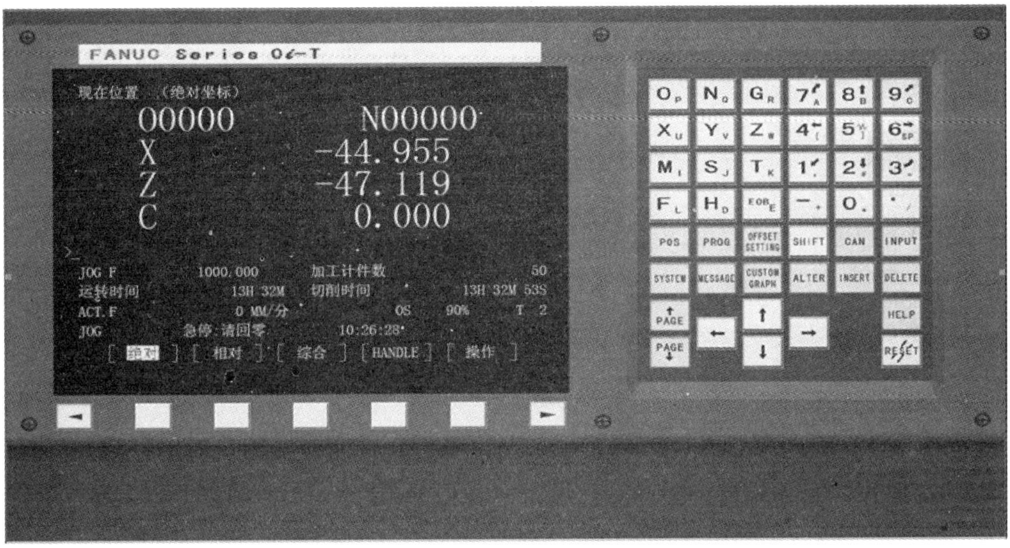

图 1-32　FANUC Series 0i -T 系统 CRT/MDI 数控车床面板

表 1-6　FANUC Series 0i -T 系统 CRT/MDI 数控车床面板按键功能

按　　键	功　　能
POS	位置显示页面。位置显示有三种方式，用 PAGE 键选择
PROG	程序显示与编辑页面
OFFSET SETTING	参数输入页面。按第一次进入坐标系设置页面，按第二次进入刀具补偿参数页面。进入不同的页面用 PAGE 按键切换
SHIFT	换挡键。当按下该键后，可以在某些键的两个功能间进行切换
CAN	取消键，用于删除最后一个进入输入缓存区的字符或符号
INPUT	输入键，用于输入工件偏移值、刀具补偿值
DELETE	删除键：删除光标后面所在的数据；删除一个程序或者删除全部程序
SYSTEM	系统参数页面
MESSAGE	信息页面，如“报警”信息

（续）

按　键	功　能
CUSTOM GRAPH	显示用户宏屏幕（宏程序屏幕）和图形显示屏幕
ALTER	替换键：用输入的数据替换光标所在的数据
INSERT	插入键：把输入区之中的数据插入到当前光标之后的位置
↑ PAGE　PAGE ↓	换页键，用于将屏幕显示的页面向前或向后翻页
RESET	复位键，用于使 CNC 复位或取消报警等
HELP	系统帮助页面
↑ ← → ↓	光标移动键

2. FANUC Series 0i-T 系统机床操作面板

FANUC Series 0i-T 系统机床操作面板如图 1-33 所示，主要用于控制机床的运动和选择机床运行状态，由模式选择旋钮、数控程序运行控制开关等多个部分组成。各按键功能见表 1-7。

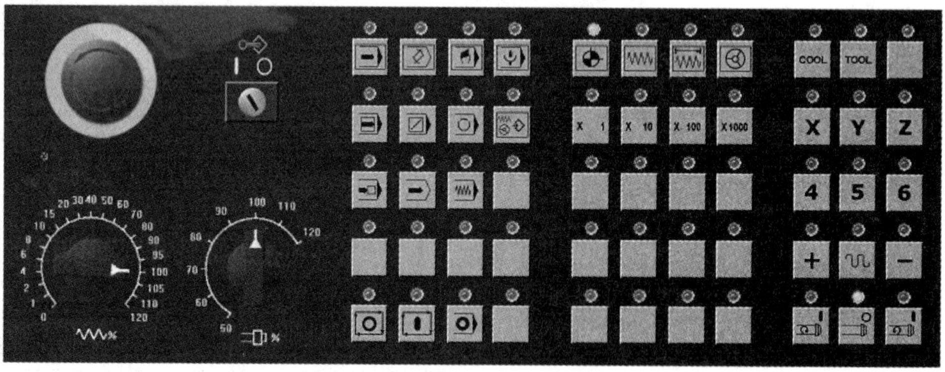

图 1-33　FANUC Series 0i-T 系统机床操作面板

表 1-7　FANUC Series 0i-T 系统机床操作面板按键功能

按　键	功　能
	AUTO（MEM）键（自动模式键）：进入自动加工模式
	EDIT 键（编辑键）：用于直接通过操作面板输入数控程序和编辑程序

（续）

按　键	功　能
	MDI 键（手动数据输入键）：用于直接通过操作面板输入数控程序和编辑程序
	文件传输键：通过 RS232 接口把数控系统与计算机相连并传输文件
	REF 键（回参考点键）：通过手动回机床参考点
	JOG 键（手动模式键）：通过手动连续移动各轴
	ING 键（增量进给键）：手动脉冲方式进给
	HNDL 键（手轮进给键）：按此键切换成手摇轮移动各坐标轴
COOL	切削液开关键：按下此键，切削液开启或关闭
TOOL	刀具选择键：按下此键在刀库中选刀
	SINGL 键（单段执行键）：自动加工模式和 MDI 模式中，单段运行
	程序跳段键：在自动模式下按此键，跳过程序段开头带有“/”的程序
	程序停止键：自动模式下，遇有 M00 指令程序停止
	程序重启键：由于刀具破损等原因自动停止后，程序可以从指定的程序段重新启动
	程序锁开关键：按下此键，机床各轴被锁住
	空运行键：按下此键，各轴以固定的速度运动
	机床主轴手动控制开关；手动模式下按此键，主轴正转
	机床主轴手动控制开关；手动模式下按此键，主轴停止
	机床主轴手动控制开关；手动模式下按此键，主轴反转
	循环停止键：数控程序运行中，按下此键停止程序运行

（续）

按　　键	功　　能
	循环启动键：在“自动”或“MDI”工作模式下按下此键自动加工程序；其他方式下按此键无效
	X 轴方向手动进给键
	Z 轴方向手动进给键
	正方向进给键
	快速进给键，手动方式下，同时按住此键和一个坐标轴点动方向键，坐标轴以快速进给速度移动
	负方向进给键
	选择手动移动（步进增量、手轮方式）时每一步的距离。选择 ×1 时为 0.001mm
	选择手动移动（步进增量、手轮方式）时每一步的距离。选择 ×10 时为 0.01mm
	选择手动移动（步进增量、手轮方式）时每一步的距离。选择 ×100 时为 0.1mm
	选择手动移动（步进增量、手轮方式）时每一步的距离。选择 ×1000 时为 1mm
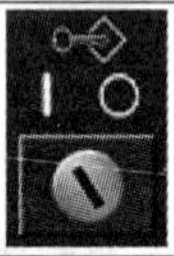	程序编辑开关：置于“ON”位置，可编辑程序
	进给速度（F）调节按钮：调节进给速度，调节范围为 0%～120%
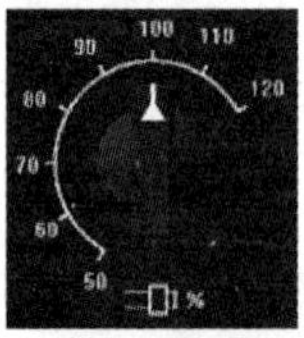	主轴转速调节按钮：调节主轴转速，调节范围为 50%～120%
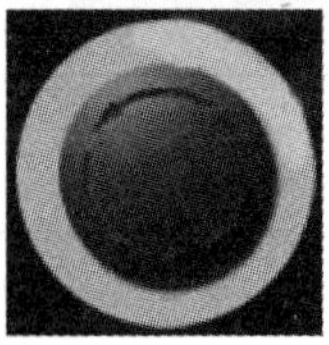	紧急停止按钮：按下此按钮，可使机床和数控系统紧急停止，旋转可释放紧急停止

知识三　GSK980TD 广数系统数控车床面板功能

1. GSK980TD 广数系统数控车床面板（图 1-34）及其按键功能（表 1-8）

图 1-34　GSK980TD 广数系统数控车床面板

表 1-8　GSK980TD 广数系统数控车床面板按键功能

按　键	功　能
	复位键：CNC 复位，进给、输出停止等
	输入键：参数、补偿量等数据输入的确定，编辑程序时换行等
	转换键：信息、显示的切换，有 <Tab> 键的功能，在编辑程序时与其他键组成快捷键
	向上翻页
	向下翻页
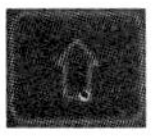	向上移动光标
	向下移动光标
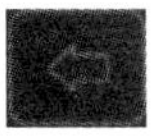	向左移动光标
	向右移动光标

（续）

按　键	功　能
	换行键：结束一行程序的输入并且换行
	插入键：把输入区之中的数据插入到当前光标之后的位置
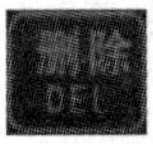	删除键 ：向后删除程序、字符等
	取消键 ：取消操作
	位置键：按此功能键切换到位置显示页面集
	程序键：按此功能键切换到程序页面集
	刀补键：用于输入工件偏移值、刀具补偿值
	报警键：信息页面，如“报警”信息
	设置键：按此功能键切换到设置页面集
	参数键：按下此键显示系统参数页面
	诊断键：按下此键显示系统所出现的问题
	编辑键：用于直接通过操作面板输入数控程序和编辑程序
	自动模式键：进入自动加工模式
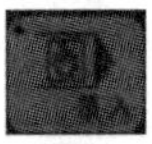	录入键（手动数据输入键）：用于直接通过操作面板输入数控程序和编辑程序
	回参考点键：通过手动回机床参考点
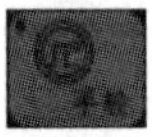	手轮进给键：按此键切换成手摇轮移动各坐标轴
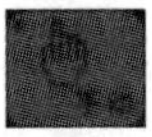	手动模式键：通过手动连续移动各轴
	单段执行键：自动加工模式和 MDI 模式中，单段运行

（续）

按　键	功　能
	程序跳段键：在自动模式下按此键，跳过程序段开头带有“/”的程序
	机床锁开关键：按下此键，机床各轴被锁住
	辅助锁键：自动模式下，遇有 M00 指令程序停止
	空运行键：按下此键，各轴以固定的速度运动
	选择手动移动（步进增量、手轮方式）时每一步的距离为 0.001mm
	选择手动移动（步进增量、手轮方式）时每一步的距离为 0.01mm
	选择手动移动（步进增量、手轮方式）时每一步的距离为 0.1mm
	X 轴方向手轮进给键
	Z 轴方向手轮进给键
	X 轴负方向手动进给键
	X 轴正方向手动进给键
	Z 轴负方向手动进给键
	Z 轴正方向手动进给键
	快速进给键：手动方式下，同时按住此键和一个坐标轴点动方向键，坐标轴以快速进给速度移动
	机床主轴手动控制开关：手动模式下按此键，主轴正转
	机床主轴手动控制开关：手动模式下按此键，主轴停止
	机床主轴手动控制开关：手动模式下按此键，主轴反转
	切削液开关键：按下此键，切削液开

（续）

按　　键	功　　能
	点动、润滑键：按下此键，主轴点动，润滑
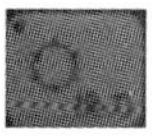	刀具选择键：手动方式按下此键在刀塔中选刀
	主轴修调键：主轴转速可根据实际需求按  或  来调整
	快速修调键：机床快速移动，可根据实际需求按  或  来调整
	进给修调键：自动切削时，进给量可根据实际需求按  或  来调整
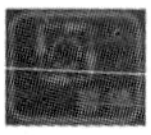	循环停止键：数控程序运行时，按下此键停止程序运行
	循环启动键：在“自动”或“MDI”工作模式下按下此键自动加工程序；其他方式下按此键无效

2. GSK980TD 广数系统机床操作面板

GSK980TD 广数系统机床操作面板如图 1-35 所示，主要用于控制机床的运动和选择机床运行状态，由模式选择旋钮、数控程序运行控制开关等多个部分组成。各按键功能见表 1-9。

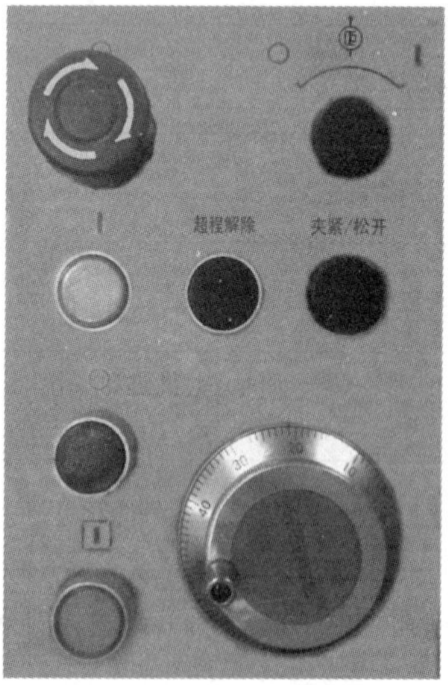

图 1-35　GSK980TD 广数系统机床操作面板

表 1-9　GSK980TD 广数系统机床操作面板按键功能

按　键	功　能
	紧急停止按钮：按下此按钮，可使机床和数控系统紧急停止，旋转可释放紧急停止
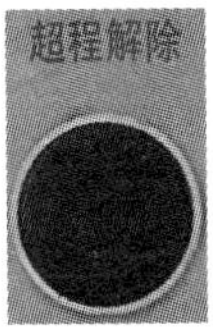	超程解除按钮：如刀具在超程报警状态下，按下此按钮，将移动刀具至安全范围即可
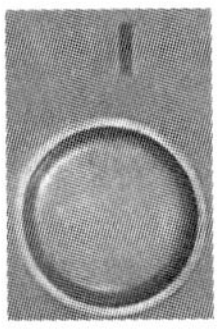	当主电源接通时，按下此按钮机床系统上电
	当主电源接通时，按下此按钮机床系统断电
	当系统处于手轮模式下，此手轮控制机床的 X、Z 轴正、反方向的移动
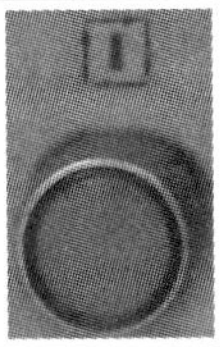	循环启动按钮：在“自动”或“MDI”工作模式下按下此按钮自动加工程序；其他方式下按此按钮无效

知识四　数控车床的安全操作规程

为了正确、合理地使用数控车床，保证机床正常运转，必须制订比较完善的数控车床安全操作规程，通常包括以下内容。

1. 安全操作基本注意事项

1）工作时需穿好工作服、安全鞋，戴好工作帽及防护镜。注意：不允许戴手套操作机床。

2）注意不要移动或损坏安装在机床上的警告标牌。

3）注意不要在机床周围放置障碍物，工作空间应足够大。

4）某一项工作如需要俩人或多人共同完成时，应注意相互间的协调一致。

5）不允许采用压缩空气清洗机床、电气柜及 NC 单元。

2. 工作前的准备工作

1）机床开始工作前要有预热，认真检查润滑系统工作是否正常，如机床长时间未开动，可先采用手动方式向各部分供油润滑。

2）使用的刀具应与机床允许的规格相符，有严重破损的刀具要及时更换。

3）不要把调整刀具时所用工具遗忘在机床内。

4）检查大尺寸轴类零件的中心孔是否合适，中心孔如太小，工作中易发生危险。

5）刀具安装好后应进行一、二次试刀。

6）检查卡盘夹紧工作的状态。

7）机床开动前，必须关好机床防护门。

3. 工作过程中的安全注意事项

1）禁止用手接触刀尖和铁屑，铁屑必须用铁钩子或毛刷来清理。

2）禁止用手或其他任何方式接触正在旋转的主轴、工作或其他运动部位。

3）禁止加工过程中测量工件、改变速度，更不能用棉丝擦拭工件，也不能清扫机床。

4）车床运转中，操作者不得离开岗位，若机床发现异常现象则立即停止加工。

5）经常检查轴承温度，温度过高时应找有关人员进行检查。

6）在加工过程中，不允许打开机床防护门。

7）严格遵守岗位责任制，机床由专人使用，他人使用需经本人同意。

8）工件伸出车床100mm以外时，需在伸出位置设防护物。

4. 工作完成后的注意事项

1）清除切屑、擦拭机床，使机床与环境保持清洁状态。

2）注意检查或更换严重磨损或已坏的机床导轨上的油察板。

3）检查润滑油、冷却液的状态，及时添加或更换。

4）依次关闭机床操作面板上的电源和总电源。

知识五　数控车床的日常维护及保养

为了充分发挥数控车床的作用，减少故障发生频率，延长机床的平均无故障时间。数控机床的编程、操作和维修者必须经过专门的技术培训，要有机械加工工艺、液压、测量、自动控制等方面的知识，这样才能全面了解和掌握数控机床，才能做好数控机床的维护和保养工作。

1. 数控车床日常维护保养的内容和要求

数控车床操作者要严格遵守操作规程和机床日常维护和保养制度，严格按机床和系统说明书的要求正确、合理地操作机床，尽量避免因操作不当影响机床使用。数控车床日常维护保养的内容和要求见表1-10。

表1-10　数控车床日常维护保养的内容和要求

序号	检查周期	检查部位	检查内容和要求
1	每天	导轨润滑油箱	检查油标、油量，及时添加润滑油，润滑泵能及时启动打油及停止
2	每天	X、Z轴向导轨面	清除切屑及脏物，检查润滑油是否充实，导轨面有无划伤损坏

（续）

序号	检查周期	检查部位	检查内容和要求
3	每天	压缩空气源	检查气动控制系统压力，应在正常范围
4	每天	气源自动分水滤水器，自动空气干燥器	及时清理分水器中滤出的水分，保证自动空气干燥器正常工作
5	每天	气动转换器和增压器油面	发现油面较低时应及时补足
6	每天	主轴润滑恒温油箱	工作正常，油量充足，工作范围合适
7	每天	液压平衡系统	平衡压力指示正常，快速移动时平衡阀工作正常
8	每天	机床液压系统	油箱、油泵无异常噪声，压力表指示正常，管路及各接头无泄露，工作油面高度正常
9	每天	电气柜各散热通风装置	各电气柜冷却风扇工作正常，风道过滤网无堵塞
10	每天	CNC 输入/输出装置	检查 I/O 设备清洁，机械结构润滑良好等
11	每天	各种防护装置	导轨、机床防护罩等应无松动、漏水
12	每周	各电气柜过滤网	清洗各电气柜过滤网
13	不定期	冷却油箱、水箱	随时检查液面高度，及时添加油或水，太脏时需要清洗或更换油箱、水箱和过滤器
14	不定期	废油池	及时取走存集的废油，避免其溢出
15	不定期	排屑器	经常清理切屑，检查有无卡住等
16	不定期	检查主轴驱动皮带	按说明书要求调整皮带松紧度，若皮带破损应及时更换
17	不定期	检查各轴导轨上镶条、压紧滚轮	根据机床说明书调整松紧状态

2. 数控系统日常维护及保养

数控系统使用一定时间以后，某些元器件或机械部件会老化、损坏。为延长元器件的寿命和零部件的磨损周期，应在以下几方面注意维护。

（1）尽量少开数控柜和强电柜的门　车间空气中一般都含有油雾、水蒸气和灰尘，它们一旦落在数控装置内的电路板或电子元器件上，容易引起元器件间的绝缘电阻下降，并导致元器件的损坏。

（2）定时清理数控装置的散热通风系统　散热通风口过滤网上灰尘积聚过多，会引起数控装置内温度过高（一般不允许超过 55°C），致使数控系统工作不稳定，甚至发生过热报警。

（3）经常监视数控装置电网电压　数控装置允许电网电压在额定值的 ±10% 范围内波动。如果超过此范围就会造成数控系统不能正常工作，甚至引起数控系统内某些元器件损坏。为此，需要经常监测数控装置的电网电压。电网电压波动较大时，应加装电源稳压器。

【技能训练】

知识一 数控车床开机、关机、回参考点

1. 机床开机

1）检查机床状态是否正常。

2）检查电源电压是否符合要求，接线是否正确。

3）按下急停按钮。

4）机床上电。

5）数控上电。

6）检查风扇电动机运转是否正常。

7）检查面板上的指示灯是否正常。

接通数控装置电源后，机床自动运行系统软件。此时，液晶显示器显示系统上电，屏幕（软件操作界面）工作方式为“急停”。系统上电进入软件操作界面时，系统的工作方式为“急停”，为控制系统运行需左旋并拔起操作台的“急停”按钮使系统复位，并接通伺服电源。

2. 机床关机

1）按下控制面板上的“急停”按钮，断开伺服电源。

2）断开数控电源。

3）断开机床电源。

3. 回参考点

控制机床运动的前提是建立机床坐标系，为此系统接通电源复位后，首先应进行机床各轴回参考点，具体操作方法：

1）如果系统显示的当前工作方式不是回零方式，按一下控制面板上面的“回零”按键，确保系统处于“回零”方式。

2）根据 X 轴机床参数“回参考点方向”，按一下“+X”（“回参考点方向”为“+”）或“-X”（“回参考点方向”为“-”）按键，X 轴回到参考点后，“+X”或“-X”按键内的指示灯亮。

3）用同样的方法使用“+Z”、“-Z”按键，使 Z 轴回参考点。所有轴回参考点后，即建立了机床坐标系。

注意：

1）在每次电源接通后必须先完成各轴的返回参考点操作，然后再进入其他运行方式以确保各轴坐标的正确性。

2）同时按下 X 、Z 轴向选择按键可使 X 、Z 轴同时返回参考点。

3）在回参考点前应确保回零轴位于参考点的“回参考点方向”相反侧（如 X 轴的回参考点方向为负，则回参考点前应保证 X 轴当前位置在参考点的正向侧），否则应手动移动该轴直到满足此条件。

4）在回参考点过程中，若出现超程需按住控制面板上的“超程解除”按键，向相反方向手动移动该轴使其退出超程状态。

知识二 程序的输入、仿真校验

1. 华中数控 HNC-21T 程序的输入、仿真校验

（1）编辑程序 在程序功能子菜单下按“F2”键，将弹出编辑程序菜单。当选择一个零件程序后，系统会给出图，在此界面下可以编辑当前程序。

（2）新建程序 在指定磁盘或目录下建立一个新文件，但新文件不能和已存在的文件同名。在程序功能子菜单下，按“F3”键将进入“新建程序”菜单，系统提示“输入新建文件名”，光标在“输入新建文件名”栏闪烁，输入文件名后，按“Enter”键确认后，就可编辑新建文件了。

（3）保存程序 在编辑状态下或在程序功能子菜单下按“F4”键，系统给出提示文件：保存的文件名。按“Enter”键，将以提示的文件名保存当前程序文件。如将提示文件名改为其他名字后，系统可将当前编辑程序另存为其他文件，另存文件的前提是更改新文件不能和已存在文件同名。如果存盘操作不成功，系统则会给出提示信息，此时该程序文件是可读文件，不能更改保存，只能改为其他名字后保存。

（4）校验程序 校验程序用于对调入加工缓冲区的程序文件进行校验，并提示可能的错误。以前未在机床上运行的新程序在调入后最好先进行校验，正确无误后再启动机床自动运行。

校验程序的操作步骤：

1）调入要校验的加工程序。

2）按机床控制面板上的自动或单段按键进入程序运行方式。

3）在程序菜单下按“F5”键，此时软件操作界面的工作方式显示改为校验运行。

4）按机床控制面板上的循环启动按键程序校验开始。

5）若程序正确校验完后光标将返回到程序头，且软件操作界面的工作方式显示改回为自动或单段，若程序有错，命令行将提示程序的哪一行有错。

注意：

1）校验运行时机床不动作。

2）为确保加工程序正确无误需选择不同的图形显示方式来观察校验运行的结果。

2. FANUC Series 0i-T 程序的输入、仿真校验

（1）编辑程序

1）在操作面板模式选择中，选择编辑方式。

2）按下编辑面板的“PROG”功能键，显示程序界面。

3）使用字母和数字键，输入程序号。

4）按下编辑面板的“INSERT”插入键。

5）这时程序界面显示新建立的程序名，此时可以输入程序内容。

注意：由于缓冲区大小有限，不要一次在缓冲区输入太多字符，而单节用“;”换行；如果顺序号已开启，那么程序会自动插入顺序号。

6）在输入到一行程序的结尾时，先按“EOB”键生成“;”，然后再按插入键。这样程序会自动换行，光标出现在下一行的开头。

7）程序编辑好后，在操作面板上的模式选择中选择自动模式，按循环启动键即可。

8）在完成程序新建后可按“INPUT”键进行保存。

（2）校验程序　NC 程序导入后，可检查运行轨迹。将操作面板切换到 AUTO 模式上，单击控制面板中“图形参数设置页面”命令，转入检查运行轨迹模式；再按下操作面板上的循环启动键，即可观察数控程序的运行轨迹，此时也可通过“视图”菜单中的动态旋转、动态放缩、动态平移等方式对三维运行轨迹进行全方位的动态观察。

注意：检查运行轨迹时，暂停运行、停止运行、单段执行等同样有效。

3. 广数 GSK980TD 程序的输入、仿真校验

（1）编辑程序　举例：编写 O 0001 号程序，即[编辑]→[程序]→[O0001]→[换行]（或[↓]）（不能与已有程序重名）。

（2）校验程序　先把刀补清零，否则图形坐标不正确。还要注意应在对刀前进行程序刀尖轨迹空运行，如果在对刀后进行，则刀 X 向和 Z 向坐标会发生改变。

步骤：[编辑]→[程序]→[复位]（或光标移到程序第一段）→[自动]→[设置]→[设置]→[机床锁]→[辅助锁]→[空运行]→[快速]→[翻页]（找到“S：开始作图、T：停止作图”界面，如果原来已有图，就按[R]把原来的图清除）→[S]（开始作图）→[运行]。

知识三　DMI 手动输入、试切对刀的方法

1. 华中数控 HNC-21T DMI 手动输入、试切对刀的方法

（1）手动输入数据（MDI）　在主操作界面下按“F3”键进入 MDI 功能子菜单命令行与菜单条的显示。进入 MDI 菜单后，命令行的底色变成了白色，并且有光标在闪烁。这时可以从 NC 键盘输入并执行一个 G 代码指令段，即“MDI 运行”。

注意：自动运行过程中，不能进入 MDI 运行方式，可在进给保持后进入。

MDI 输入的最小单位是一个有效指令字。因此，输入一个 MDI 运行指令段可以有下述两种方法。

1）一次输入，即一次输入多个指令字的信息。

2）多次输入，即每次输入一个指令字信息。

例如：要输入“G00 X100 Z100” MDI 运行指令段，可以直接输入“G00 X100 Z100”并按“Enter”键，显示窗口内关键字 G、X、Z 的值将分别变为 00、100、100。

在输入命令时，可以在命令行看见输入的内容，在按“Enter”键之前，发现输入错误，可用“BS”、“▶”、“◀”键进行编辑；按“Enter”键后，系统发现输入错误，会提示相应的错误信息，此时可按“F2”键将输入的数据清除。MDI 指令段输入后，按下操作面板上的循环启动键，系统即开始运行所输入的 MDI 指令。如果输入的 MDI 指令信息不完整或存在语法错误，系统会提示相应的错误信息，此时不能运行 MDI 指令。

（2）试切对刀的方法　刀具偏置补偿数据的设置有两种方法，一种是手工填写，另一种是采用试切法，由系统自动生成。推荐采用试切法来设置刀具偏置补偿数据。试切法指的是通过试切，由试切直径和试切长度来计算刀具偏置值的方法。HNC-21T 系统为每一把刀具独立建立自己的补偿偏置值，该值将会反映到工件坐标系上（注意：绝对刀偏法时不存在标准刀具）。

绝对刀偏法对刀的具体步骤：

1）用光标键将蓝色亮条移动到要设置刀具的行。

2）用刀具试切工件的外径，然后沿 Z 轴方向退刀（注意：在此过程中不要移动 X 轴）。

3）测量试切后的工件外径，将它手工填入“试切直径”一栏中，X 偏置即可设置完成。

4）用刀具试切工件的端面，然后沿 X 轴方向退刀。

5）计算试切工件端面到该刀具要建立的工件坐标系零点位置的有向距离，将其填入到“试切长度”一栏中。这把刀的 Z 偏置即可设置完成。

如果要设置其他的刀具，重复以上步骤即可。

注意：

1）对刀前机床必须先回机械零点。

2）试切工件端面到该刀具要建立的工件坐标系零点位置的有向距离，也就是试切工件端面在要建立的工件坐标系中的 Z 轴坐标值。

3）设置的工件坐标系 X 轴零点偏置 = 机床坐标系 X 坐标 - 试切直径，因此，试切工件外径后不得移动 X 轴。

4）设置的工件坐标系 Z 轴零点偏置 = 机床坐标系 Z 坐标 - 试切长度，因此，试切工件端面后，不得移动 Z 轴。

2. FANUC-Series 0i-T 系统 DMI 手动输入、试切对刀的方法

（1）DMI 手动输入

1）将操作面板中运行方式切换到 MDI 上，进行 MDI 操作。

2）在 MDI 键盘上按程序编辑键，进入编辑页面。

3）输入数据指令。在输入键盘上单击数字/字母键，第一次单击为字母输出，其后单击均为数字输出。字符显示在输入域中，可以作取消、插入、删除等修改操作。

4）按删除键，删除输入域中的数据。

5）按键盘上输入键，将输入域中的内容输入到指定位置。

6）按复位键，已输入的 MDI 程序被清空。

7）输入完整数据指令后，按运行控制键循环启动运行程序。运行结束后显示器界面上的数据被清空。

注意：可重复输入多个指令字，若重复输入同一指令字，后输入的数据将覆盖前输入的数据，重复输入 M 指令也会覆盖以前的输入。

（2）试切对刀的方法　试切对刀是用所选的刀具试切零件的外圆和端面，经过测量和计算得到零件端面中心点的坐标值。

1）按参数键，出现参数显示窗口。

2）按“补正”软键，出现刀具补偿窗口。

3）光标移至该刀具号的 X 轴数据处。

4）按“操作”软键，出现刀具补偿操作显示窗口。

5）输入刀具在工件坐标系中 X 坐标值（在试切过程中停床测量的直径尺寸，假设为 X26.5mm），按“测量”软键，完成 X 轴对刀（注意：在试切外圆过程中不要移动 X 轴）。

6）接着将光标移至该刀具号的 X 轴数据处。

7）按“操作”软键，出现刀具补偿操作显示窗口。

8）输入刀具在工件坐标系中 Z 坐标值（假设 Z 轴为 0.0mm），按“测量”软键，完成 Z 轴对刀；（注意：在试切端面过程中不要移动 Z 轴）

如果要设置其余的刀具，就重复以上步骤。

3. 广数 GSK980TD 系统 DMI 手动输入、试切对刀的方法

（1）DMI 手动输入

1）将操作面板中运行方式切换到“录入方式”上，进行 MDI 操作。

2）在 MDI 键盘上按“程序”键，进入程序显示页面。

3）在 MDI 键盘上按“翻页”键，找到“程序段值”界面。

例如：要输入“G00 X100 Z100”MDI 运行指令段。

4）在 MDI 键盘上输入“G00”，接着输入“X100”，再输入“Z100”。

5）输入完整数据指令后，按“运行控制”键循环启动运行程序。运行结束后显示器界面上的数据被清空。

（2）试切对刀的方法

1）对刀前刀补应清零：录入→刀补（光标移到所需刀号）→X→输入；Z→输入。

2）对 1 号外圆车刀（基准刀 T0100）：手轮→正转。

Z 向：用手轮使刀具 X 轴方向轻碰零件端面（约 0.5mm），再 X 轴方向退刀→录入→程序→翻页（找到“程序段值”界面）→G50→输入→Z0→输入→运行（此时输入的数据自动消失）。

X 向：用手轮使刀具 Z 轴方向轻碰零件外圆，再 Z 轴方向退刀，→停止→测量外圆直径→录入→程序→翻页（找到“程序段值”界面）→G50→输入→X26.5（假如外圆测量值是 ϕ26.5mm）→输入→运行（此时输入的数据自动消失）。

3）对 2 号刀（非基准刀 T0200）：手轮→正转。

Z 向：用手轮使刀具 Z 轴方向轻碰零件端面，再 X 轴方向退刀→刀补（光标移到 2 号刀）→Z0→输入。

X 向：用手轮使刀具 Z 轴方向轻碰零件外圆，再 Z 轴方向退刀，→停止，测量外圆直径→刀补（光标移到 2 号刀）→X26.5（假如外圆测量值是 ϕ26.5mm）→输入。

注意：非基准刀具的对刀方式与对 2 号刀的方式一致。

【思考与练习】

1）简述数控车床的安全操作规程。

2）数控车床日常维护保养的内容有哪些？

3）怎样做好数控系统的日常维护？

4）简述数控机床各种加工模式及功能。

任务四 数控车床的编程指令

【知识目标】

1）掌握程序格式与相关编程知识。

2）掌握辅助功能 M 代码。

3）掌握 F、S、T 功能。

4）掌握准备功能 G 代码。

5）编程示例（华中系统、FANUC 系统、广数系统）

【相关知识】

知识一 程序格式与相关编程知识

1. 数控编程中的有关标准及代码

无论哪一种数控机床的加工，都必须把代表各种不同功能的指令代码以程序的形式输入到数控装置，由数控装置进行运算和处理，发出脉冲信号去控制数控机床的各个运动部件的动作，完成零件的切削加工。

为了满足设计、制造、维修和普及的需要，在输入代码、坐标系统、加工指令、辅助功能及程序格式等方面，国际上已经形成了两种通用的标准，即 ISO（国际标准化组织）标准和 EIA（电子工业学会）标准。我国以 ISO 的有关标准为主，根据我国的实际情况修改了相应的数控标准，但是由于各个数控设备生产厂家所采用的标准尚未统一，其所用的代码、指令及其含义不完全相同，因此，在编程时按所用数控系统（或设备）编程手册中的规定进行。

数控加工程序是一组被传送到数控系统中的指令和数据。一个零件的程序由循环一定结构、句法和格式规则的若干个程序段组成，而每个程序段由若干个指令字组成，一个指令字由地址符和数字组成，不同的指令字符及其后续数值共同确定了每个指令字的含义。如 G00 表示快速插补，M03 表示主轴正转。表 1-11 给出了常用地址符的功能及意义。

（1）程序段号 N 它也称为顺序号，地址符是 N，后续数字一般为 2 ~ 4 位。程序段号可以用在主程序、子程序和宏程序中，如 N0010。数控装置读取某段的程序时，该程序段号由屏幕显示，以便操作者了解和检查程序段的执行情况。

（2）准备功能字 G 准备功能字的地址符是 G，所以又称为 G 功能或 G 指令。准备功能指令是指定数控机床或系统工作方式的一种命令。用来规定刀具和工件相对运动轨迹、机床坐标系、坐标平面、刀具补偿、坐标偏置等多种加工操作。它的后续数字由标准规定为 00 ~ 99 的两位数。注意，不同型号的数控机床所使用的 G 代码并非完全相同，应根据所使用机床规定的 G 代码，来编写加工程序。

表 1-11 常用地址符的功能及意义

功 能	地址符	意 义	功 能	地址符	意 义
程序号	%（或O、P）	程序编号	辅助功能	M	接通、断开、 启动、停止指令
程序段号 准备功能	N G	程序段编号 机床动作方式指令			
坐标指令	X、Y、Z A、B、C、U、V、W R I、J、K	坐标轴移动指令 附加轴移动指令 圆弧半径 圆弧中心坐标	补偿 暂停 子程序调用 重复次数	H、D P、X I、P L、P	刀具补偿号的指定 暂停时间的指定 子程序号指定 子程序及固定循环 重复次数的指定
进给功能 主轴功能 刀具功能	F S T	进给速度的指定 主轴转速的指定 刀具编号的指定	参数	P、Q、R	固定循环参数

（3）辅助功能字 M　辅助功能字由地址符 M 和后续的两位数字组成，用来控制程序的走向和指定数控机床辅助装置的接通和断开，表示机床各种辅助动作及其状态，如主轴的旋转方向、启动和停止，切削液的开和关，工件或刀具夹紧和松开，刀具更换等功能。

（4）尺寸功能字　它由坐标地址符（X、Y、Z 等）和其后带正、负号的数字组成，用于给定坐标轴的移动方向和位移量。例如“X-20”，表示 X 轴负方向 20mm。

（5）主轴功能字 S　它由地址符 S 和其后的数字组成，所以又称为 S 功能或 S 指令，用于指定主轴的转速，其单位是 r/min。

（6）进给功能字 F　它由地址符 F 和其后的数字组成，所以又称为 F 功能或 F 指令，用于指定刀具相对工件的进给速度。它的后续数字多为直接采用速度值（0～9999）的四位数。

（7）刀具功能字 T　它由地址符 T 和其后的数字组成，所以又称为 T 功能或 T 指令，用于指定加工中所用刀具的刀号及刀具自动补偿时的编组号。其自动补偿的内容有：刀具对刀后的刀位偏差、刀具长度及刀具半径补偿。

刀具功能指令的后续数字多为两位数或四位数。如某车床所用加工程序中的功能指令代码为 T0101，前两位数字表示刀具号为 01 号，后两位数字表示该刀具自动补偿的编组号为第 01 组，也称为刀补号。执行该指令时，刀架上的 01 号刀具应自动转位到达加工位置，并实行第 01 组刀位偏差补偿。

2. 程序的结构

一个完整的加工程序由程序号、程序的内容和程序结束组成。

（1）程序号　程序号即为程序的编号，位于程序的开头，为了区别存储器中的程序，每个程序都要有程序编号，目的是便于从数控装置的存储器中检索，调出该加工程序。在编号前采用程序编号地址符，如在华中系统中一般用英文字母“O”或“%”作为程序编号地址符，FANUC 系统和广数系统中一般用英文字母“O”作为程序编号地址符，而另一些系统采用英文字母“P”等作为程序编号地址符。

（2）程序内容　程序内容是整个程序的核心，它由若干个程序段组成，每个程序段由一个或多个指令字构成，它表示数控设备要完成的全部动作。

（3）程序结束　程序结束是以程序结束指令 M02 或 M30 作为整个程序结束的符号来结束整个程序，完整的程序结构见表 1-12。

表 1-12　完整的程序结构

数控程序	程序说明	
O 0001	程 序 号	
N01 G50 X100 Z100	程序段	程序内容
N02 G00 X28 Z2 S800 M03	程序段	
N03 G01 X28 Z0 F200		
N04 G01 X-1		
N05 G00 X100 Z100		
N06 M30	程序结束	

3. 程序段的格式

程序段的格式是指在同一个程序段中关于字母、数字和符号等各个信息代码的排列顺序和含义的规定表示方法，如图 1-36 所示。

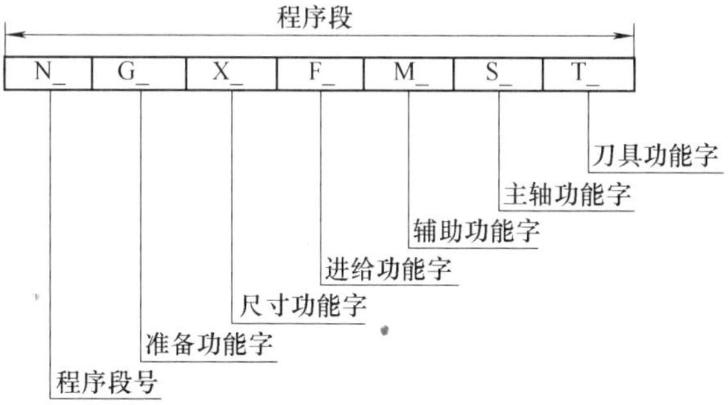

图 1-36　程序段的格式

数控设备有三种程序段格式：字—地址程序段格式、固定顺序程序段格式和带分隔符的固定顺序程序段格式。

（1）字—地址程序段格式（字—地）　字—地址程序段由程序段号、程序内容和程序段结束组成。该格式的优点是程序简单、直观，以及容易检验、修改，故该格式在目前广泛使用。

采用字—地址程序段格式编写的程序有以下特点：

1）程序段中各信息字先后顺序并不严格，不必要的字可以省略。

2）数据符的位数可多可少，但不得大于规定的最大允许位数。

3）某些功能字处于模态指令（也称为续效指令），上一程序段已经使用，本程序段中可以省略，只有被同一组的其他指令注销时，必须重新填写其他指令。

由于字—地址程序段格式，在一个程序中每个程序段的长短不一样，故又称其为可变程序段格式。

（2）固定顺序程序段格式　这种程序段既无地址符也无分隔符，各字的顺序及位数是固定的，重复的字不能省略，所以每个程序段的长度都是一样的。这种格式的程序段长且不直观，目前很少使用。

（3）带分隔符的固定顺序程序段格式　这种格式预先规定了输入时可能出现的顺序，在每一个字前一个分隔符“HT”或“TAB”，这样就可以不使用地址符，只要按规定的顺序把相应的数字设在分隔符后面就可以了。

使用分隔符的程序段与字—地址程序段的区别在于用分隔符代替了地址符，使用分隔符程序段格式，程序不直观，容易出错，一般用于功能不多且较固定的数控系统中。

知识二　辅助功能 M 代码

1. CNC 内定的 M 代码

CNC 内定的 M 代码用于控制零件程序的走向，是 CNC 内定的辅助功能，不由机床制造商设计决定，即与 PLC 程序无关。CNC 内定的 M 代码见表 1-13。

表 1-13　CNC 内定的 M 代码

代　码	是否模态	功能说明	代　码	是否模态	功能说明
M00	非模态	程序停止	M98	模态	调用子程序
M02	非模态	程序结束	M99	模态	子程序结束
M30	非模态	程序结束并返回到程序起点			

（1）程序停止 M00　当 CNC 执行到 M00 指令时，将暂停执行当前程序，以方便操作者进行刀具和工件的尺寸测量、工件掉头、手动变速等操作。暂停时，机床的进给动作停止，而全部现存的模态信息保持不变，若想继续执行后续程序，需重按操作面板上的“循环启动”键。M00 为非模态后作用 M 功能。

（2）程序结束 M02　M02 一般放在主程序的最后一个程序段中。当 CNC 执行到 M02 指令时，机床的主轴、进给、切削液全部停止，加工结束。使用 M02 的程序结束后，若要重新执行该程序，需重新调用该程序，然后再按操作面板上的“循环启动”键。M02 为非模态后作用 M 功能。

（3）程序结束并返回到零件程序头 M30　M30 和 M02 功能基本相同，只是 M30 指令还兼有控制返回到零件程序头（O 或%）的作用。使用 M30 的程序结束后，若要重新执行该程序，只需再次按操作面板上的“循环启动”键即可。

（4）子程序调用 M98 及从子程序返回 M99　M98 用来调用子程序。M99 表示子程序结束，执行 M99 以控制执行完该子程序后返回到主程序。

1）子程序的格式如下：

O_ _ _ _

……

M99

在子程序开头，必须规定子程序号，以作为调用入口地址。在子程序的结尾用 M99，以控制执行完该子程序后返回主程序。

2）调用子程序格式（表 1-14）

表 1-14 调用子程序格式

系　统	华中系统	FANUC 系统	广数系统
指令格式	M98 P__ L__	M98 P ΔΔΔΔ OOOO	M98 P ΔΔΔΔ OOOO
参数说明	P：被调用的子程序号 L：重复调用次数 如"M98 P0002 L5"表示调用程序号为 0002 的子程序 5 次	Δ：重复调用次数 O：被调用的子程序号 如"M98 P50002"表示调用程序号为 0002 的子程序 5 次	Δ：重复调用次数 O：被调用的了程序号 如"M98 P50002"表示调用程序号为 0002 的子程序 5 次

2. PLC 设定的辅助功能

其余 M 代码用于机床各种辅助功能的开关动作，其功能不由 CNC 内定，而是由 PLC 程序指定，所以有可能因机床制造厂不同而存有差异（表 1-15 内为标准 PLC 设定的辅助功能）。具体使用时可参考机床说明书。如果机床生产厂家放权用户可编程 PLC，那么可根据需要自行编写相关 M 代码，实现不同的辅助功能。

表 1-15 标准 PLC 设定的辅助功能

代　码	模　态	功能说明	代　码	模　态	功能说明
M03	模态	主轴正转启动	M07	模态	切削液打开
M04	模态	主轴反转启动	M08	模态	切削液打开
M05	模态	主轴停止转动	M09	模态	切削液停止

（1）主轴控制指令 M03、M04、M05

1）M03 指令用于启动主轴，以程序中编制的主轴速度顺时针方向（从 Z 轴正向朝 Z 轴负向看）旋转。

2）M04 指令用于启动主轴，以程序中编制的主轴速度逆时针方向旋转。

3）M05 指令用于使主轴停止旋转。

4）M03、M04 为模态前作用 M 功能，M05 为模态后作用 M 功能，M05 为默认功能。M03、M04、M05 可相互注销。

（2）切削液打开、停止指令 M07、M08、M09

1）M07、M08 指令可打开切削液管道。

2）M09 指令可关闭切削液管道。

3）M07、M08 为模态前作用 M 功能，M09 为模态后作用 M 功能，M09 为默认功能。

知识三　S、F、T 功能

1. 主轴功能 S

主轴功能 S 用于控制主轴转速，其后的数值表示主轴速度，单位为转/每分钟（r/min）。在恒线速度功能时 S 指定切削线速度，其后的数值单位为米/每分钟（m/min）（G96 恒线速度有效、G97 取消恒线速度）。

S 指令是模态指令，S 功能只有在主轴速度可调节时有效。

S 指令所编程的主轴转速可以借助机床控制面板上的主轴倍率开关进行修调。

2. 进给速度 F

F 指令表示工件被加工时，刀具相对于工件的合成进给速度，F 指令的单位取决于每分钟进给量（mm/min）或主轴每转一转刀具的进给量（mm/r）。

使用下式可以实现每转进给量与每分钟进给量的转化，即

$$f_m = f_r \times S$$

式中 f_m——每分钟的进给量单位为 mm/min；

f_r——每转进给量单位为 mm/r；

S——主轴转数，单位为 r/min。

当工作在 G01、G02 或 G03 的方式下时，编程中的 F 指令一直有效，直到被新的 F 值取代，而工作在 G00 的方式下时，快速定位的速度与所编 F 值无关。

借助机床控制面板上的倍率按键，F 值可在一定范围内进行倍率修调。当执行攻螺纹循环 G76、G82/G92，螺纹切削 G32 时，倍率开关失效，进给倍率固定在 100%。

注意：

1）当使用每转进给量方式时，必须在主轴上安装一个位置编码器。

2）直径编程时，X 轴方向的进给速度为半径的变化量/min、半径的变化量/r。

3. 刀具功能 T

T 代码用于选刀和换刀，其后的 4 位数字分别表示选择的刀具号和刀具补偿号。4 位数字中前两位数字表示刀具号，后两位数字表示刀具补偿号。T 代码与刀具的关系由机床制造厂规定，选取时可参考机床厂家的说明书。

知识四 准备功能 G 代码

准备功能 G 代码由 G 后 1 或 2 位数值组成，它用来规定刀具和工件的相对运动轨迹、机床坐标系、坐标平面、刀具补偿、坐标偏置等多种加工操作。

G 功能根据功能的不同分成若干组，其中 00 组的 G 功能称为非模态 G 功能，其余组的称为模态 G 功能。

1）非模态 G 功能：只在所规定的程序段中有效，程序段结束时被注销。

2）模态 G 功能：一组可相互注销的 G 功能，这些功能一旦被执行，则一直有效，直到被同一组的 G 功能注销为止。

模态 G 功能组中包含一个默认 G 功能，上电时将被初始化为该功能。不同组 G 代码可以放在同一程序段中，而且与顺序无关，如 G90、G18 可与 G01 放在同一程序段。

1. HNC-21T 准备功能一览表（表 1-16）

表 1-16 HNC-21T 准备功能一览表

G 指令	组　号	功　能	G 指令	组　号	功　能
G00	01	快速定位	G28	00	返回刀参考点
☆G01		直线插补	G29		由参考点返回
G02		顺时针圆弧插补	G32	01	螺纹切削
G03		逆时针圆弧插补	G36	26	直径编程
G04	00	暂停指令	G37		半径编程
G20	08	寸制单位设定	☆G40	09	刀具半径补偿取消
☆G21		米制单位设定	G41		刀具半径左补偿

（续）

G 指令	组　　号	功　　能	G 指令	组　　号	功　　能
G42	09	刀具半径右补偿	G75	06	外径切槽循环
G53	00	机床坐标系设定	G76		螺纹切削复合循环
☆G54	11	工作坐标系设定	G80		外径/内径切削固定循环
G55		工作坐标系设定	G81		端面切削固定循环
G56		工作坐标系设定	G82		螺纹切削固定循环
G57		工作坐标系设定	☆G90	13	绝对编程
G58		工作坐标系设定	G91		相对编程
G59		工作坐标系设定	G92	00	工件坐标系设定
G71	06	外径/内径切削复合循环	☆G94	14	每分钟进给
G72		端面切削复合循环	G95		每转进给
G73		闭环切削复合循环	G96	16	恒线速度控制
G74		端面深孔钻加工循环	☆G97		取消恒线速度控制

注：1. 00 组中的 G 代码是非模态的，其他组的 G 代码是模态的。

2. ☆标记者为默认值。

2. FANUC 准备功能一览表（表 1-17）

表 1-17　FANUC 准备功能一览表

G 代码	组　　号	功　　能	G 代码	组　　号	功　　能
☆G00	01	定位（快速移动）	G56	11	选择工件坐标系 3
G01		直线切削	G57		选择工件坐标系 4
G02		圆弧插补（CW，顺时针）	G58		选择工件坐标系 5
G03		圆弧插补（CCW，逆时针）	G59		选择工件坐标系 6
G04	11	暂停	G70	09	精加工循环
G18	02	Z、X 平面选择	G71		内外圆粗循环
G20	08	寸制输入	G72		台阶粗循环
G21		米制输入	G73		成形重复循环
G27	00	参考点返回检查	G74		Z 向端面钻孔循环
G28		参考点返回	G75		X 向外圆/内孔切槽循环
G30		回到第二参考点	G76		螺纹切削复合循环
G32	01	螺纹切削	G90		内外圆固定切削循环
☆G40	07	刀尖半径补偿取消	G92		螺纹固定切削循环
G41		刀尖半径左补偿	G94		端面固定切削循环
G42		刀尖半径右补偿	G96	16	恒线速度控制
G50	00	坐标系设定/恒线速最高转速设定	☆G97		恒线速度控制取消
☆G54	11	选择工件坐标系 1	G98	10	每分钟进给量
G55		选择工件坐标系 2	☆G99		每转进给量

注：☆标记者表示是开机时会初始化的代码。

3. GSK 980TD 准备功能一览表（表 1-18）

表 1-18　GSK 980TD 准备功能一览表

G 指令	组　号	功　能	G 指令	组　号	功　能
☆G00	01	快速定位	G56	14	选择工件坐标系 3
G01		直线插补	G57		选择工件坐标系 4
G02		顺时针圆弧插补	G58		选择工件坐标系 5
G03		逆时针圆弧插补	G59		选择工件坐标系 6
G04	00	暂停指令	G65	00	非模态宏程序调用
G17	16	X、Y 平面选择	G66	12	宏程序模态调用
☆G18		Z、X 平面选择	☆G67		宏程序模态调用取消
G19		Y、Z 平面选择	G70	00	精加工循环
G20	06	寸制输入	G71		外径/内径切削复合循环
☆G21		米制输入	G72		端面切削复合循环
G28	00	参考点返回	G73		闭环切削复合循环
G30		回到第二参考点	G74		端面深孔钻加工循环
G32	01	等距螺纹切削	G75		外径切槽循环
G34		变距螺纹切削	G76		螺纹切削复合循环
☆G40	07	刀具半径补偿取消	G90	01	轴向切削循环
G41		刀具半径左补偿	G92		螺纹切削循环
G42		刀具半径右补偿	G94		径向切削循环
G50	00	坐标系设定/恒线速最高转速设定	G96	02	恒线速度控制
G52		局部坐标系设定	☆G97		取消恒线速度控制
G53		机床坐标系设定	☆G98	05	每分钟进给量
☆G54	14	选择工件坐标系 1	G99		每转进给量
G55		选择工件坐标系 2			

注：1. 00 组中的 G 代码是非模态的，其他组的 G 代码是模态的。

2. ☆标记者为默认值。

【编程示例】（华中系统、FANUC 系统、广数系统）

完成如图 1-37 所示零件的加工，其三维效果图如图 1-38 所示。材料为铝。

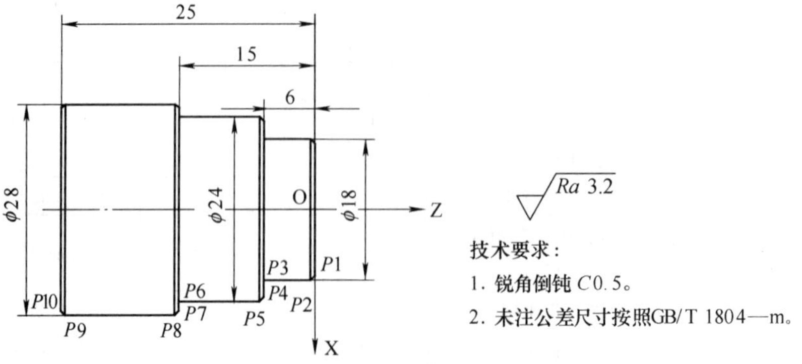

图 1-37　零件图

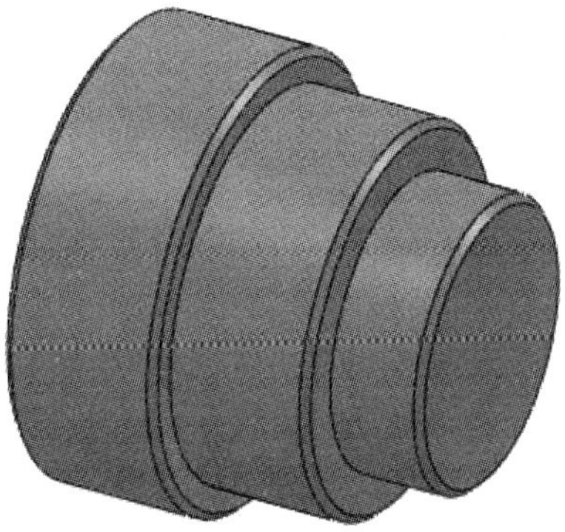

图 1-38　三维效果图

【参考程序】

1. 建立工件坐标系

根据工件坐标系建立原则，工件坐标系设置在工件右端面的轴线上，如图 1-37 所示。

2. 计算基点坐标

*P*1、*P*2、…、*P*10 基点坐标见表 1-19。

表 1-19　基点坐标

基点	坐标（X，Z）	基点	坐标（X，Z）
*P*1	（17，0）	*P*6	（24，-15）
*P*2	（18，-0.5）	*P*7	（27，-15）
*P*3	（18，-6）	*P*8	（28，-15.5）
*P*4	（23，-6）	*P*9	（28，-24.5）
*P*5	（24，-6.5）	*P*10	（28，-25）

3. 参考程序

华中系统程序名为 O0001；FANUC 系统程序名为 O0001；广数系统程序名为 O0001（毛坯材料为 ϕ30mm×100mm）。参考程序见表 1-20。

表 1-20　华中系统、FANUC 系统、广数系统参考程序

程序段号	程序内容（华中）	程序内容（FANUC）	程序内容（广数）	程序说明
N10	G40 G95 G21	G40 G99 G21	G40 G99 G21	设置初始状态
N20	S600 M3	S600 M3	S600 M3	设定主轴转速
N30	T0101	T0101	T0101	调用外圆粗车刀
N40	G00 X28.5 Z3	G00 X28.5 Z3	G00 X28.5 Z3	刀具移动至切入点
N50	G01 Z-25 F0.2	G01 Z-25 F0.2	G01 Z-25 F0.2	粗加工 ϕ16mm、ϕ21mm、ϕ24mm 圆尺寸留 0.5mm 余量精加工
N60	X31 F0.5	X31 F0.5	X31 F0.5	
N70	Z3	Z3	Z3	
N80	X24.5	X24.5	X24.5	
N90	Z-15 F0.2	Z-15 F0.2	Z-15 F0.2	

（续）

程序段号	程序内容（华中）	程序内容（FANUC）	程序内容（广数）	程序说明
N100	X29 F0.5	X29 F0.5	X29 F0.5	粗加工 ϕ16mm、ϕ21mm、ϕ24mm 圆尺寸留 0.5mm 余量精加工
N110	Z3	Z3	Z3	
N120	X18.5	X18.5	X18.5	
N130	Z-6 F0.2	Z-6 F0.2	Z-6 F0.2	
N140	X25 F0.5	X25 F0.5	X25 F0.5	
N150	G00 X100 Z100	G00 X100 Z100	G00 X100 Z100	刀具退回换刀点
N160	S800 M03	S800 M03	S800 M03	设定主轴转速
N170	T0202	T0202	T0202	调用外圆精车刀
N180	G00 X17 Z3	G00 X17 Z3	G00 X17 Z3	刀具移动至进刀点
N190	G01 Z0 F0.1	G01 Z0 F0.1	G01 Z0 F0.1	精加工 ϕ18mm、ϕ24mm、ϕ28mm 圆尺寸
N200	X18 Z-0.5	X18 Z-0.5	X18 Z-0.5	
N210	Z-6	Z-6	Z-6	
N220	X23	X23	X23	
N230	X24 Z-6.5	X24 Z-6.5	X24 Z-6.5	
N240	Z-15	Z-15	Z-15	
N250	X27	X27	X27	
N260	X28 Z-15.5	X28 Z-15.5	X28 Z-15.5	
N270	Z-25	Z-25	Z-25	
N280	X31	X31	X31	刀具沿 X 轴退刀
N290	G00 X100 Z100	G00 X100 Z100	G00 X100 Z100	刀具退回换刀点
N300	M30	M30	M30	程序结束并返回起点

【练习与思考】

1）数控机床程序由哪些部分组成？

2）程序字有哪些功能？程序字由什么组成？

项目二

数控车床加工轴类零件

建议课时分配表

名　　称	课时（节）
任务一　台阶轴程序的编制及加工	6
任务二　用复合固定循环指令加工台阶轴	12
任务三　外圆锥面程序的编制及加工	6
任务四　用复合固定循环指令加工外圆锥面	6
任务五　综合技能训练与考核一	6
任务六　切槽、切断程序的编制及加工	6
任务七　用复合固定循环指令切槽	6
任务八　成形面程序的编制及加工	6
任务九　用复合固定循环指令加工成形面	6
任务十　综合技能训练与考核二	6
任务十一　加工普通圆柱外螺纹	12
任务十二　用复合固定循环指令加工外螺纹	12
任务十三　综合技能训练与考核三	6
合　计	96

任务一　台阶轴程序的编制及加工

【知识目标】

1）掌握单一固定循环指令 G80（华中系统）、G90（FANUC 系统、广数系统）指令及其应用。

2）会编写简单的数控加工程序。

3）掌握台阶轴零件的加工工艺制订方法。

【技能目标】

1）能熟练装夹工件和刀具。

2）熟练机床的基本操作。

3）掌握零件的单段加工方法。

4）完成如图 2-1 所示零件的加工，其三维效果如图 2-2 所示。材料为铝。

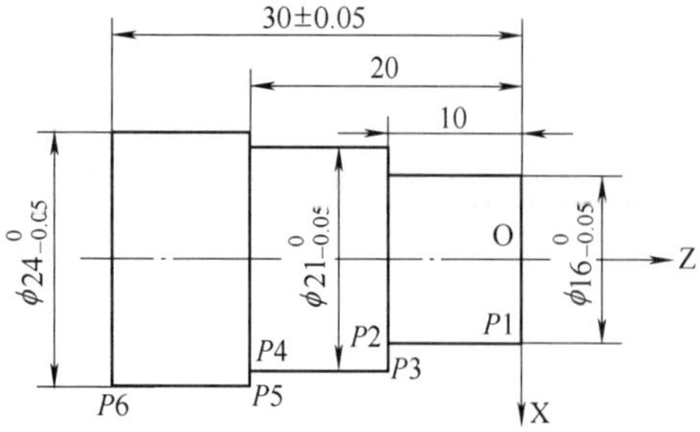

图 2-1 台阶轴零件图一

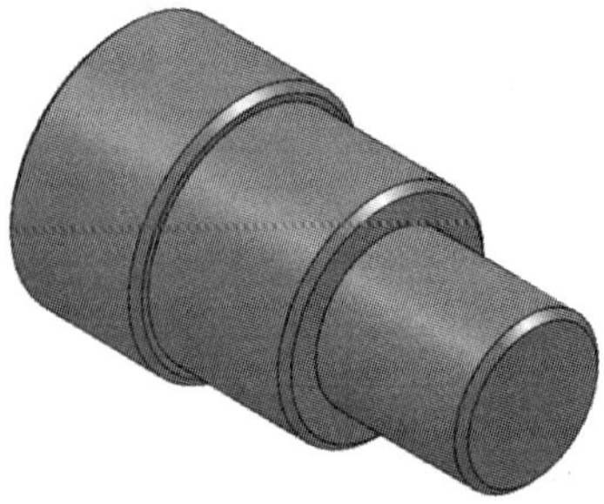

图 2-2 台阶轴三维效果一

【相关知识】

知识一 指令编程格式

1. 指令功能

应用 G01 指令切削外圆时，只能完成车外圆的一步加工，而车外圆前的定位，以及车外圆的退刀都另需程序来控制，这样将会增加手工编程的工作量。

单一固定循环指令 G90（G80）就能解决上述的问题，即能完成外圆加工的定位、切削以及退刀。

2. 指令代码

华中系统：G80。

FANUC 系统：G90。

广数系统：G90。

3. 指令格式

华中系统、FANUC 系统与广数系统外圆单一循环指令格式及参数含义见表 2-1。

表 2-1 外圆单一循环指令格式及参数含义

系统	华中系统	FANUC 系统	广数系统
图示	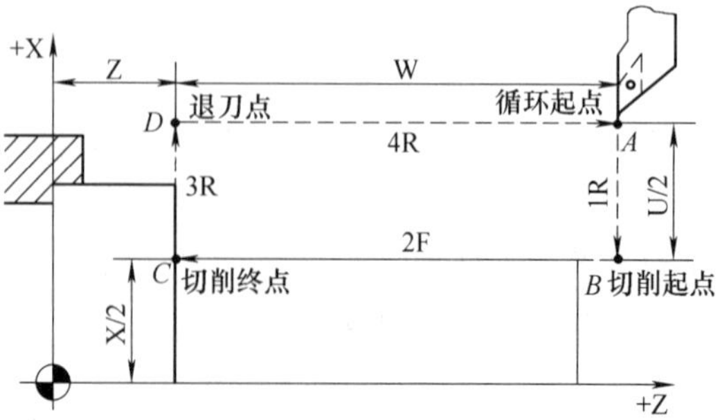 该指令执行 $A\to B\to C\to D\to A$ 的轨迹动作。		

（续）

系统	华中系统	FANUC 系统	广数系统
指令格式	G80 X（U）__ Z（W）__ F __	G90 X（U）__ Z（W）__ F __	G90 X（U）__ Z（W）__ F __
参数说明	X（U）__ Z（W）__表示循环切削终点处的坐标 F：循环切削过程中的进给速度，该值可沿用到后续程序中去，也可沿用循环程序前已经指令的 F 值	X（U）__ Z（W）__表示循环切削终点处的坐标 F：循环切削过程中的进给速度，该值可沿用到后续程序中去，也可沿用循环程序前已经指令的 F 值	X（U）__ Z（W）__表示循环切削终点处的坐标 F：循环切削过程中的进给速度，该值可沿用到后续程序中去，也可沿用循环程序前已经指令的 F 值

知识二　加工工艺分析

1. 工具、量具和刀具的选择

（1）工具的选择　工件装夹在自定心卡盘中，其余工具见表 2-2。

表 2-2　台阶轴零件一的加工工具、量具和刀具清单

工具、量具和刀具清单				图号	图 2-1	
种类	序号	名称	规格	精度	单位	数量
工具	1	自定心卡盘			个	1
	2	卡盘扳手			副	1
	3	刀架扳手			副	1
	4	垫刀片			块	若干
量具	1	游标卡尺	0 ~ 150mm	0. 02mm	把	1
	2	千分尺	0 ~ 25mm	0. 01mm	把	1
刀具	1	外圆粗车刀	90°		把	1
	2	外圆精车刀	90°		把	1
	3	切断刀	4mm		把	1

（2）量具的选择　外径用外径千分尺测量，长度用游标卡尺测量，量具规格和参数见表 2-2。

（3）刀具的选择　外圆选用 90° 偏刀车削，所有刀具规格和尺寸见表 2-2。

2. 加工工艺

本课题零件图比较简单，可用粗、精车两把车刀加工零件的外轮廓，具体步骤见表 2-3。

表 2-3　台阶轴一的加工工艺

工步号	工步内容	刀具号	切削用量		
			背吃刀量 a_p/mm	进给速度 f/mm · r^{-1}	主轴转速 n/r · min^{-1}
1	车右端面	T01	1 ~ 2	0. 2	600
2	粗车 ϕ16mm、ϕ21mm、ϕ24mm 外圆，留 0. 5mm 精车余量	T01	1 ~ 2	0. 2	600
3	精车 ϕ16mm、ϕ21mm、ϕ24mm 外圆至尺寸要求	T02	0. 25	0. 1	800

3. 选择合理的切削用量参数值

加工材料为铝，该材料硬度较低，切削力较小，切削用量可选大些，具体见表2-3。

知识三 编制参考程序

1. 建立工件坐标系

根据工件坐标系建立原则，工件坐标系设置在工件右端面的轴线上，如图2-1所示。

2. 计算基点坐标

车外圆时，*P*1、*P*2、…、*P*6基点坐标见表2-4。

表2-4 基点坐标

基点	坐标（X，Z）	基点	坐标（X，Z）
*P*1	(16，0)	*P*4	(21，-20)
*P*2	(16，-10)	*P*5	(24，-20)
*P*3	(21，-10)	*P*6	(24，-30)

3. 参考程序

华中系统程序名为O0001；FANUC系统程序名为O0001；广数系统程序名为O0001（毛坯材料为ϕ25mm×100mm）。各系统的参考程序见表2-5。

表2-5 台阶轴一的参考程序

程序段号	程序内容（华中系统）	程序内容（FANUC系统）	程序内容（广数系统）	程序说明
N10	G40 G95 G21	G40 G99 G21	G40 G99 G21	设置初始状态
N20	S600 M3	S600 M3	S600 M3	设定主轴转速
N30	T0101	T0101	T0101	调用外圆粗车刀
N40	G00 X26 Z3	G00 X26 Z3	G00 X26 Z3	刀具移动至切入点
N50	G80 X25.5 Z-30 F0.2	G90 X25.5 Z-30 F0.2	G90 X25.5 Z-30 F0.2	调用单一循环指令加工ϕ16mm、ϕ21mm、ϕ24mm的外圆
N60	G80 X21.5 Z-20 F0.2	G90 X21.5 Z-20 F0.2	G90 X21.5 Z-20 F0.2	
N70	G80 X18 Z-10 F0.2	G90 X18 Z-10 F0.2	G90 X18 Z-10 F0.2	
N80	X17.5 Z-10	X17.5 Z-10	X17.5 Z-10	
N90	G00 X100 Z100	G00 X100 Z100	G00 X100 Z100	刀具退回换刀点
N100	S800 M03	S800 M03	S800 M03	设定主轴转速
N110	T0202	T0202	T0202	调用外圆精车刀
N120	G00 X16 Z3	G00 X16 Z3	G00 X16 Z3	刀具移动至切入点
N130	G01 Z0 F0.1	G01 Z0 F0.1	G01 Z0 F0.1	精加工ϕ16mm、ϕ21mm、ϕ24mm的外圆尺寸
N140	Z-10	Z-10	Z-10	
N150	X21	X21	X21	
N160	Z-20	Z-20	Z-20	
N170	X24	X24	X24	
N180	Z-30	Z-30	Z-30	
N190	X26	X26	X26	刀具沿X轴退刀

（续）

程序段号	程序内容（华中系统）	程序内容（FANUC 系统）	程序内容（广数系统）	程序说明
N200	G00 X100 Z100	G00 X100 Z100	G00 X100 Z100	刀具退回换刀点
N210	M30	M30	M30	程序结束并返回起点

【技能训练】

1. 加工准备

1）检查毛坯尺寸。

2）开机（FANUC 系统、华中系统均需回机床零点）。

3）根据图样拟定好加工工艺。

4）根据图样输入加工程序（通过机床操作面板将程序输入到数控机床中）。

5）校验加工程序是否正确。

6）装夹工件伸出长度 40mm。

7）装夹刀具（按照参考程序将粗、精车外圆车刀依次装入相对应的刀位 T01、T02）。

2. 对刀

两把刀依次采用试切法对刀。通过对刀把操作得到的零偏值分别输入到各长度补偿中，以便加工时调用。对刀步骤同前面任务。

3. 空运行及仿真

对输入的加工程序进行空运行或轨迹仿真，以检测加工程序是否正确。

4. 零件自动加工及尺寸控制

选择自动加工模式，打开程序，调好进给倍率，按数控启动按钮，进行自动加工，加工过程中尺寸控制同前面所述；当程序运行结束后停床，用外径千分尺进行检测。根据实际尺寸调刀具磨损量，重新运行外圆精加工程序段，直至尺寸要求为止。

5. 零件检测与评分

零件加工结束后进行检测。应把检测结果填写在表 2-6 中。

表 2-6　加工图 2-1 零件的评分表

班级		姓名		学号		
工件编号				总得分		
项目	序号	技术要求	配分	评分标准	检测记录	得分
零件图 2-1	1	$\phi 24_{-0.05}^{0}$ mm	15			
	2	$\phi 21_{-0.05}^{0}$ mm	15			
	3	$\phi 16_{-0.05}^{0}$ mm	15			
其他	4	一般尺寸	25			
工艺	5	制订的切削加工工艺是否正确	5			
缺陷	6	工件缺陷	5			
程序	7	程序正确、合理	10			
操作	8	机床操作规范	5			
文明生产	9	人身、机床、刀具安全	5			

6. 加工结束并清理机床

【操作注意事项】

1）刀具、工件应按要求装夹。

2）加工前做好各项检查工作。

3）加工时应关好机床防护门。

4）首次使用单一固定循环指令加工时，禁止采用自动方式加工，以避免意外发生。

5）加工完毕后用切断刀手动或者手轮方式进行切断。

6）若有意外事故发生，按复位键或紧急停止按钮，查找原因。

【思考与练习】

1）比较华中系统、FANUC 系统、广数系统外圆切削单一固定循环指令有何区别。

2）用外圆切削单一固定循环指令编写如图 2-1 所示零件的加工程序并进行加工练习。

3）编写如图 2-3 所示零件的加工程序并进行加工练习，毛坯为 $\phi 25\text{mm} \times 100\text{mm}$ 的合金铝。

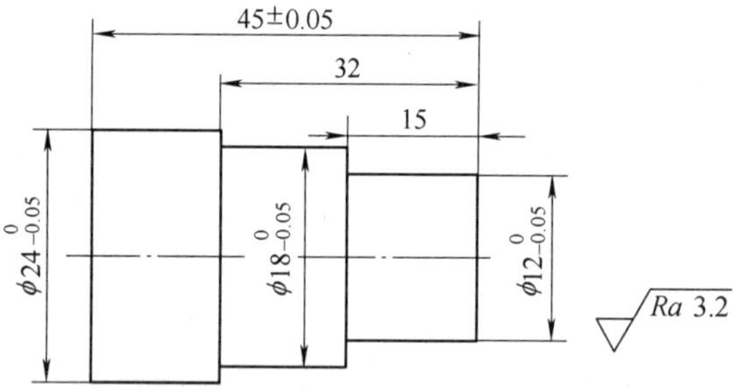

图 2-3　台阶轴练习零件图一

任务二　用复合固定循环指令加工台阶轴

【知识目标】

1）掌握固定循环指令 G71 指令及其应用（华中系统、FANUC 系统和广数系统）。

2）掌握精加工 G70 指令及其应用（FANUC 系统和广数系统）。

3）会进行编程尺寸的计算。

【技能目标】

1）熟悉零件的自动加工方法。

2）掌握尺寸的控制方法。

3）完成如图 2-4 所示零件的加工，其三维效果如图 2-5 所示。材料为铝。

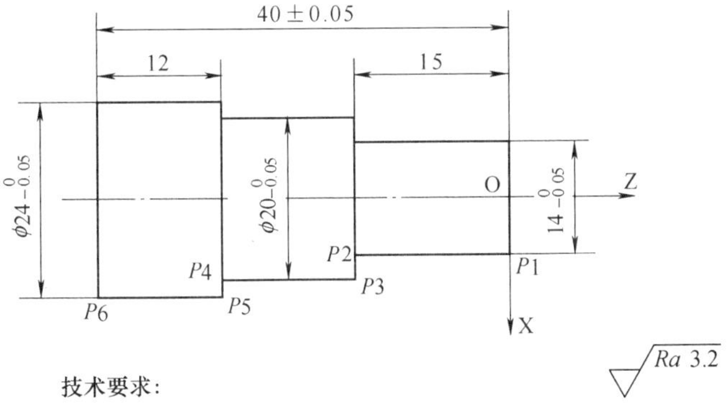

技术要求：

1. 锐角倒钝 C0.5。

2. 未注公差尺寸按照 GB/T 1804—m。

图 2-4　台阶轴零件图二

图 2-5　台阶轴三维效果二

【相关知识】

知识一　指令编程格式

1. 指令功能

在车削加工台阶轴时，由于既要考虑走刀路线较短，又要安排先粗后精的加工工艺，如果仍利用 G01 或 G80（G90）进行编程，则程序段将会较多，同时在编制形状复杂的台阶轴时，将增加手工编程的难度。

G71 车削循环只需要编制出零件轨迹的精加工程序，便可以自动地完成加工轨迹的粗加工，同时再利用 G70 精车循环调用精加工轨迹的程序，又可以完成零件的精加工，这将大大地简化了程序和手工编程的工作量，从而提高生产率（G70 精车循环指令只是限定于 FANUC 系统和广数系统。华中系统使用 G71 指令时，需多加一次精加工定位才可以实行精车程序）。

2. 指令代码

华中系统：G71。

FANUC 系统：G71 和 G70。

广数系统：G71 和 G70。

3. 指令格式

华中系统、FANUC 系统与广数系统复合循环指令 G71 和精车指令 G70 格式及参数含义见表 2-7。

表 2-7 复合循环指令 G71 和精车指令 G70 格式及参数含义

<table>
<tr><th>系统</th><th>华中系统</th><th>FANUC 系统</th><th>广数系统</th></tr>
<tr><td>图示</td><td colspan="3">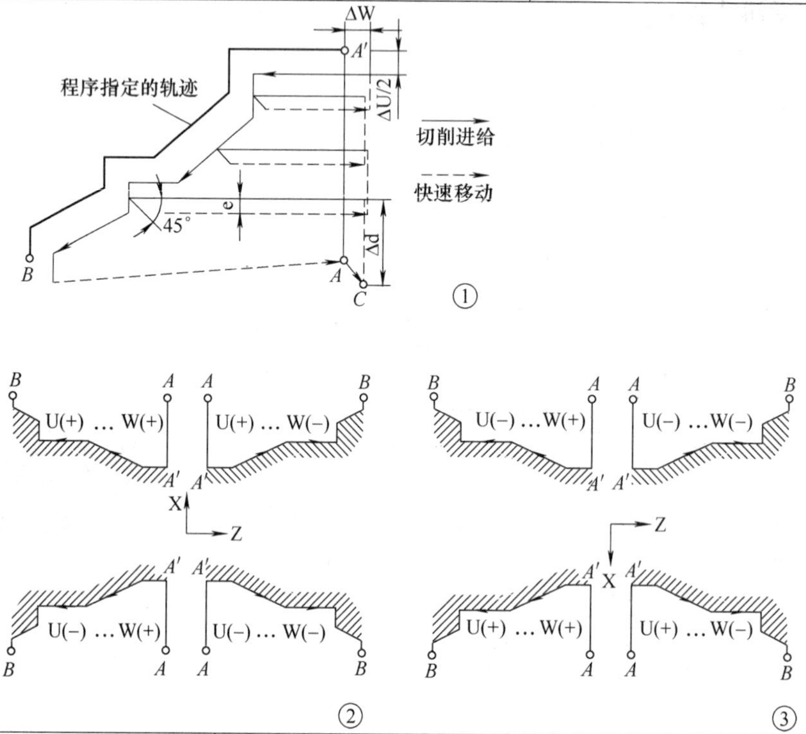
</td></tr>
<tr><td>指令格式</td><td>G71 U(Δd) R(r) P(ns) Q(nf) X(Δx) Z(Δz) F(f) S(s) T(t)</td><td>G71 U(ΔD) R(E)
G71 P(NS) Q(NF) U(ΔU) W(ΔW) F(f) S(s) T(t)</td><td>G71 U(ΔD) R(E)
G71 P(NS) Q(NF) U(ΔU) W(ΔW) F(f) S(s) T(t)</td></tr>
<tr><td>参数说明</td><td>Δd：每把刀的切削深度，无符号，半径值；切入方向由 A→B 决定
r：每次退刀量
ns：精加工路径第一程序段的顺序号
nf：精加工路径最后程序段的顺序号
Δx：X 方向精加工余量
Δz：Z 方向精加工余量</td><td>ΔD：每把刀的切削深度，无符号，半径值：切入方向由 A→B 方向决定
E：切削每一刀后 X 方向的退刀量
NS：精加工程序段群起始程序段的顺序号
NF：精加工程序段最后程序段的顺序号</td><td>ΔD：每把刀的切削深度，无符号，半径值：切入方向由 A→B 方向决定
E：切削每一刀后 X 方向的退刀量
NS：精加工程序段群起始程序段的顺序号
NF：精加工程序段最后程序段的顺序号
ΔU：X 轴方向精加工余量的大小及方向，直接量</td></tr>
</table>

（续）

系统	华中系统	FANUC 系统	广数系统
参数说明	f、s、t：粗加工时 G71 中编程的 F、S、T 有效，而精加工时处于 ns 到 nf 程序段之间的 F、S、T 有效	ΔU：X 轴方向精加工余量的大小及方向，直接量 ΔW：Z 轴方向精加工余量的大小及方向 f、s、t：在 G71 加工循环中，精加工程序的 F、S、T 功能均无效，只执行 G71 程序段中指定的 F、S、T	ΔW：Z 轴方向精加工余量的大小及方向 f、s、t：在 G71 加工循环中，精加工程序的 F、S、T 功能均无效，只执行 G71 程序段中指定的 F、S、T
指令格式		G70 P（NS）Q（NF）	G70 P（NS）Q（NF）
参数格式		NS：精加工程序段群起始程序段的顺序号 NF：精加工程序段群最后程序段的顺序号	NS：精加工程序段群起始程序段的顺序号 NF：精加工程序段群最后程序段的顺序号

知识二 加工工艺分析

1. 工具、量具和刀具的选择

（1）工具的选择 工件装夹在自定心卡盘中，其余工具见表 2-8。

表 2-8 台阶轴零件二的加工工具、量具和刀具清单

工具、量具和刀具清单				图号	图 2-4	
种类	序号	名称	规格	精度	单位	数量
工具	1	自定心卡盘			个	1
	2	卡盘扳手			副	1
	3	刀架扳手			副	1
	4	垫刀片			块	若干
量具	1	游标卡尺	0～150mm	0.02mm	把	1
	2	千分尺	0～25mm	0.01mm	把	1
刀具	1	外圆粗车刀	90°		把	1
	2	外圆精车刀	90°		把	1
	3	切断刀	4mm		把	1

（2）量具的选择 外径用外径千分尺测量，长度用游标卡尺测量，量具规格和参数见表 2-8。

（3）刀具的选择 外圆选用 90° 偏刀车削，所有刀具规格和尺寸见表 2-8。

2. 加工工艺

本课题零件图比较简单，可用粗、精车车刀加工零件的外轮廓，具体步骤见表 2-9。

表 2-9 台阶轴二的加工工艺

工步号	工步内容	刀具号	切削用量		
			背吃刀量 a_p/mm	进给速度 f/mm · r^{-1}	主轴转速 n/r · min^{-1}
1	车右端面	T01	1 ~ 2	0.2	600
2	粗车 ϕ14mm、ϕ20mm、ϕ24mm 外圆，留 0.5mm 精车余量	T01	1 ~ 2	0.2	600
3	精车 ϕ14mm、ϕ20mm、ϕ24mm 外圆至尺寸要求	T02	0.25	0.1	800

3. 选择合理的切削用量参数值

加工材料为铝，该材料硬度较低，切削力较小，切削用量可选大些，具体见表 2-9。

知识三　编制参考程序

1. 建立工件坐标系

根据工件坐标系建立原则，工件坐标系设置在工件右端面的轴线上，如图 2-4 所示。

2. 计算基点坐标

车外圆时，*P*1、*P*2、…、*P*6 基点坐标见表 2-10。

表 2-10 基点坐标

基点	坐标（X，Z）	基点	坐标（X，Z）
*P*1	(14，0)	*P*4	(20，-28)
*P*2	(14，-15)	*P*5	(24，-28)
*P*3	(20，-15)	*P*6	(24，-40)

3. 参考程序

华中系统程序名为 O0001；FANUC 系统程序名为 O0001；广数系统程序名为 O0001（毛坯材料为 ϕ25mm × 100mm）。参考程序见表 2-11。

表 2-11 台阶轴二的参考程序

程序段号	程序内容（华中）	程序内容（FANUC）	程序内容（广数）	程序说明
N10	G40 G95 G21	G40 G99 G21	G40 G99 G21	设置初始状态
N20	S600 M3	S600 M3	S600 M3	设定主轴转速
N30	T0101	T0101	T0101	调用外圆车刀
N40	G00 X26 Z3	G00 X26 Z3	G00 X26 Z3	刀具移动至切入点
N50	G71 U1.5 R1 P110 Q180 X0.5 Z0 F0.2	G71 U1.5 R1	G71 U1.5 R1	调用粗车外圆循环指令 G71
N60		G71 P70 Q140 U0.5 W0 F0.2	G71 P70 Q140 U0.5 W0 F0.2	
N70	G00 X100 Z100	G00 X14	G00 X14	
N80	S800 M3	G01 Z0 F0.1	G01 Z0 F0.1	
N90	T0202	Z-15	Z-15	
N100	G00 X26 Z3	X20	X20	
N110	G00 X14	Z-28	Z-28	
N120	G01 Z0 F0.1	X24	X24	

（续）

程序段号	程序内容（华中）	程序内容（FANUC）	程序内容（广数）	程序说明
N130	Z-15	Z-40	Z-40	
N140	X20	X26	X26	
N150	Z-28	G00 X100 Z100	G00 X100 Z100	
N160	X24	S800 M03 T0202	S800 M03 T0202	
N170	Z-40	G00 X26 Z3	G00 X26 Z3	
N180	X26	G70 P70 Q140	G70 P70 Q140	
N190	G00 X100 Z100	G00 X100 Z100	G00 X100 Z100	刀具退回换刀点
N200	M30	M30	M30	程序结束并返回起点

【技能训练】

1. 加工准备

1）检查毛坯尺寸。

2）开机（FANUC 系统、华中系统均需回机床零点）。

3）根据图样拟定好加工工艺。

4）根据图样输入加工程序（通过机床操作面板将程序输入到数控机床中）。

5）装夹工件伸出长度 50mm。

6）装夹刀具（按照参考程序将粗、精车外圆车刀依次装入相对应的刀位 T01、T02）。

2. 对刀

两把刀依次采用试切法对刀。通过对刀把操作得到的零偏值分别输入到各长度补偿中，以便加工时调用。对刀步骤同前面任务。

3. 空运行及仿真

对输入的加工程序进行空运行或轨迹仿真，以检测加工程序是否正确。

4. 零件自动加工及尺寸控制

选择自动加工模式，打开程序，调好进给倍率，按数控启动按钮，进行自动加工，加工过程中尺寸控制同前面所述；当程序运行结束后停机，用外径千分尺进行检测。根据实际尺寸调刀具磨损量，重新运行外圆精加工程序段，直至达到尺寸要求为止。

5. 零件检测与评分

零件加工结束后进行检测。应把检测结果填写在表 2-12 中。

表 2-12　加工图 2-4 零件的评分表

班级		姓名		学号		
工件编号				总得分		
项目	序号	技术要求	配分	评分标准	检测记录	得分
零件图 2-4	1	$\phi 24_{-0.05}^{0}$ mm	15			
	2	$\phi 20_{-0.05}^{0}$ mm	15			
	3	$\phi 14_{-0.05}^{0}$ mm	15			
	4	（40±0.05）mm	15			

（续）

项目	序号	技术要求	配分	评分标准	检测记录	得分
其他	5	一般尺寸	10			
工艺	6	制订的切削加工工艺是否正确	5			
缺陷	7	工件缺陷	5			
程序	8	程序正确、合理	10			
操作	9	机床操作规范	5			
文明生产	10	人身、机床、刀具安全	5			

6. 加工结束并清理机床

【操作注意事项】

1）刀具、工件应按要求装夹。

2）加工前做好各项检查工作。

3）加工时应关好机床防护门。

4）加工完毕后用切断刀手动或者手轮方式进行切断。

5）若有意外事故发生，按复位键或紧急停止按钮，查找原因。

【思考与练习】

1）比较华中系统、FANUC 系统、广数系统外圆复合循环指令 G71 有何区别。

2）用外圆切削复合固定循环指令 G71 编写如图 2-4 所示零件的加工程序并进行加工练习。

3）编写如图 2-6 所示零件的加工程序并进行加工练习，毛坯为 $\phi25mm \times 100mm$ 的合金铝。

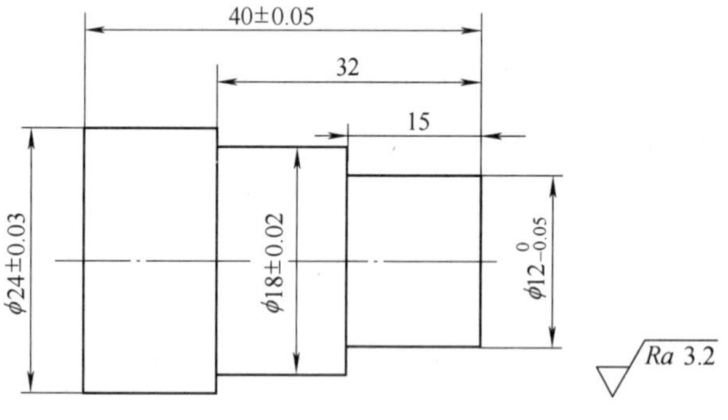

图 2-6　台阶轴练习零件图二

任务三　外圆锥面程序的编制及加工

【知识目标】

1）了解外圆锥面的标注及尺寸计算。

2）掌握单一固定循环指令G80（华中系统）、G90（FANUC系统、广数系统）指令加工外圆锥面。

3）掌握刀尖圆弧半径补偿指令及应用。

4）会编制外圆锥面零件的加工工艺。

【技能目标】

1）掌握外圆锥面零件的加工。

2）掌握刀尖圆弧半径补偿功能的使用。

3）完成如图2-7所示零件的加工，其三维效果如图2-8所示。材料为铝。

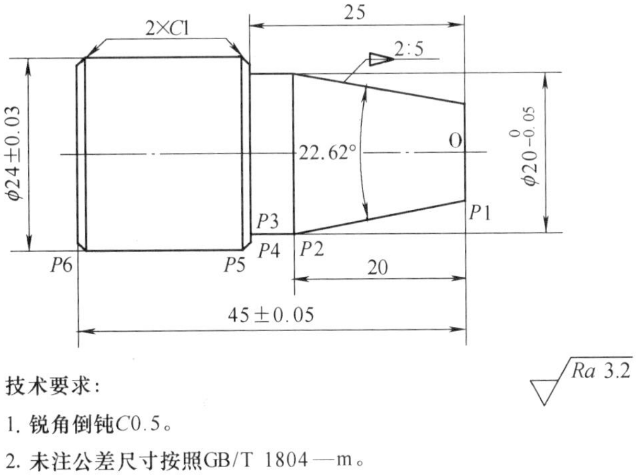

图2-7　外圆锥面零件图一

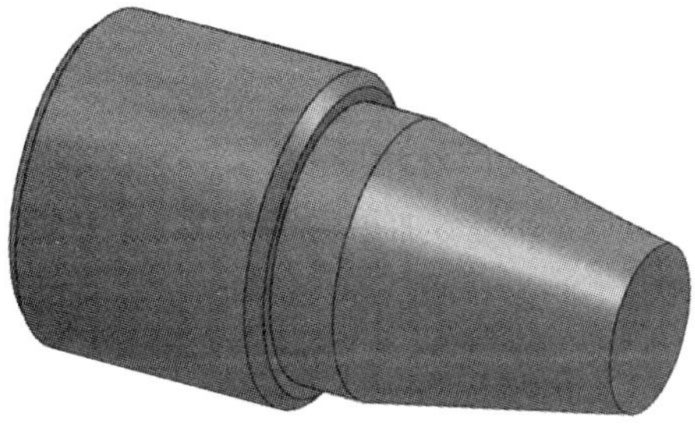

图2-8　外圆锥面三维效果一

【相关知识】

知识一 外圆锥面基本参数的计算（表2-13）

表 2-13 外圆锥面基本参数的计算

基本参数	图 例
最大圆锥直径 D	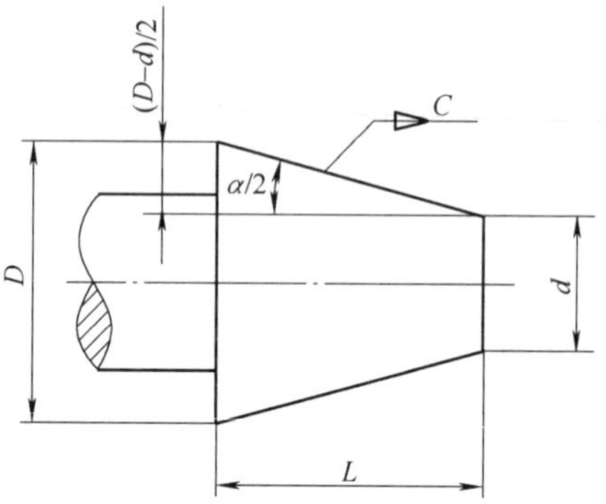
最小圆锥直径 d	
圆锥长度 L	
锥度 $C=(D-d)/L$ 圆锥半角 $\alpha/2$ $C/2=\tan(\alpha/2)$	
备注：圆锥具有4个基本参数（C、D、d、L），只要已知其中3个参数，便可以通过公式 $C=\dfrac{D-d}{L}$ 计算出未知参数	

例2-1　图2-7中，零件的$P2$点直径为20mm，圆锥长度为20mm，锥度$C=2:5$，试确定零件的$P1$点直径值。

解：根据公式$C=(D-d)/L$得

$$d=D-LC=20\text{mm}-\frac{40\text{mm}}{5}=12\text{mm}$$

例2-2　图2-7中，零件的$P2$点直径为20mm，圆锥长度为20mm，圆锥角为22.62°，试求零件的$P1$点直径值。

解：$d=20\text{mm}-2\times20\tan\dfrac{\alpha}{2}\text{mm}=20\text{mm}-2\times20\text{mm}\times\tan 11.31°=12\text{mm}$

知识二 指令编程格式

1. 指令功能

应用G01指令切削外圆只能完成车外圆的加工，而车外圆之前的定位，以及车外圆的退刀都需要另有程序来控制，这样将会增加手工编程的工作量。

单一固定循环指令：G90（G80）外圆切削循环就能解决上述的问题。G90（G80）指令的一条程序段，就能完成外圆加工的定位、切削，以及退刀。

2. 指令代码

华中系统：G80。

FANUC系统：G90。

广数系统：G90。

3. 指令格式

华中系统、FANUC 系统与广数系统的外圆单一固定循环指令格式及参数含义见表 2-14。

表 2-14　外圆单一固定循环指令格式及参数含义

系统	华中系统	FANUC 系统	广数系统
图示	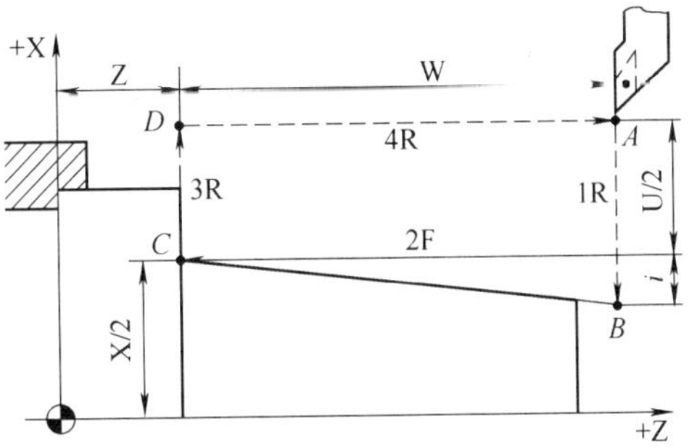 A→B→C→D→A 的轨迹动作		
指令格式	G80 X(U)__ Z(W)__ I__ F__	G90 X(U)__ Z(W)__ R__ F__	G90 X(U)__ Z(W)__ R__ F__
参数说明	X、Z：绝对值编程时，为切削终点 C 在工件坐标系下的坐标；增量值编程时，为切削终点 C 相对于循环起点 A 的有向距离，图形中用 U、W 表示 I：为切削起点 B 与切削终点 C 的半径差 F：表示循环切削过程中的进给速度，该值可沿用到后续程序中去，也可沿用循环程序前已经指令的 F 值	X、Z：绝对值编程时，为切削终点 C 在工件坐标系下的坐标；增量值编程时，为切削终点 C 相对于循环起点 A 的有向距离，图形中用 U、W 表示 R：为切削起点 B 与切削终点 C 的半径差 F：表示循环切削过程中的进给速度，该值可沿用到后续程序中去，也可沿用循环程序前已经指令的 F 值	X、Z：绝对值编程时，为切削终点 C 在工件坐标系下的坐标；增量值编程时，为切削终点 C 相对于循环起点 A 的有向距离，图形中用 U、W 表示 R：为切削起点 B 与切削终点 C 的半径差 F：表示循环切削过程中的进给速度，该值可沿用到后续程序中去，也可沿用循环程序前已经指令的 F 值

知识三　刀尖圆弧半径补偿

1. 指令功能

数控程序一般是针对刀具上的某一点，即刀位点，按工件轮廓尺寸编制的。车刀的刀位点一般为理想状态下的假想刀尖 A 点或刀尖圆弧圆心 O 点。但实际加工中的车刀，由于工艺或其他要求，刀尖往往不是一个理想点，而是一段圆弧。当切削加工时，刀具切削点在刀尖圆弧上会发生变动；造成实际切削点与刀位点之间的位置偏差，故造成过切或少切现象。这种由于刀尖不是一个理想点而是一段圆弧，造成的加工误差，可用刀尖圆弧半径补偿功能来消除。

2. 指令代码

G40：取消刀尖半径补偿。

G41：左刀补（在刀具前进方向左侧补偿），见表 2-15 中图示。

G42：右刀补（在刀具前进方向右侧补偿），见表 2-15 中图示。

3. 指令格式

华中系统、FANUC 系统与广数系统的刀尖圆弧半径补偿指令的格式及参数含义见表 2-15。

表 2-15 刀尖圆弧半径补偿指令的格式及参数含义

系统	华中系统	FANUC 系统	广数系统
图示	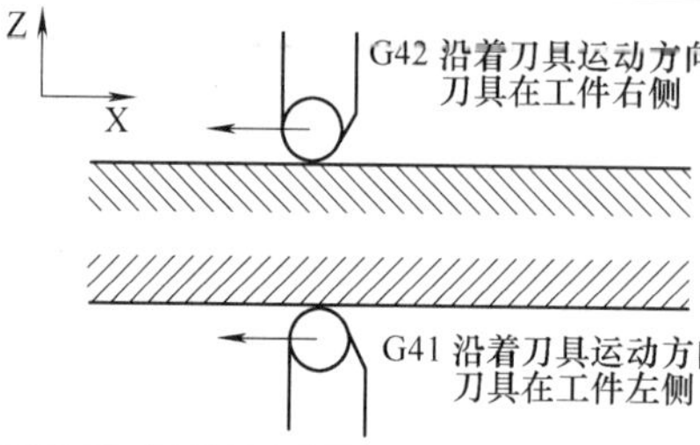	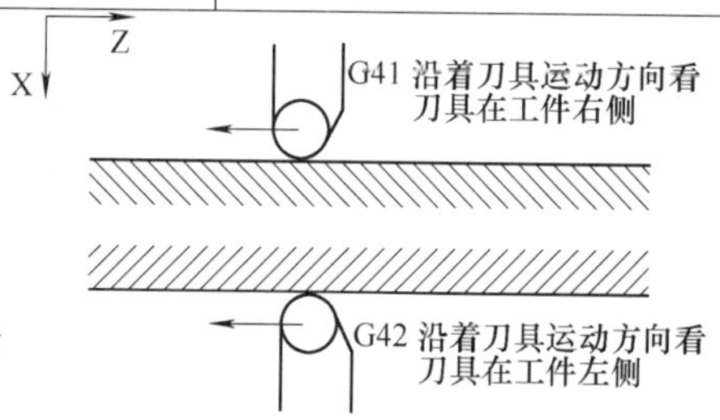	
指令格式	G00/G01 G41 X __ Z __ G00/G01 G42 X __ Z __ G00/G01 G40 X __ Z __	G00/G01 G41 X __ Z __ G00/G01 G42 X __ Z __ G00/G01 G40 X __ Z __	G00/G01 G41 X __ Z __ G00/G01 G42 X __ Z __ G00/G01 G40 X __ Z __
参数说明	X、Z 为建立或取消刀尖补偿程序段中刀具移动的终点坐标	X、Z 为建立或取消刀尖补偿程序段中刀具移动的终点坐标	X、Z 为建立或取消刀尖补偿程序段中刀具移动的终点坐标

注意：

1）G41/G42 不带参数，其补偿号（代表所用刀具对应的刀尖半径补偿值）由 T 代码指定，其刀尖圆弧补偿号与刀具偏置补偿号对应。

2）刀尖半径补偿的建立与取消只能用 G00 或 G01 指令，不能用 G02 或 G03 指令。

刀尖圆弧半径补偿寄存器中，定义了车刀圆弧半径及刀尖的方向号。车刀刀尖的方向号定义了刀具刀位点与刀尖圆弧中心的位置关系，其中有 0 ~ 9 十个方向，如图 2-9 所示。

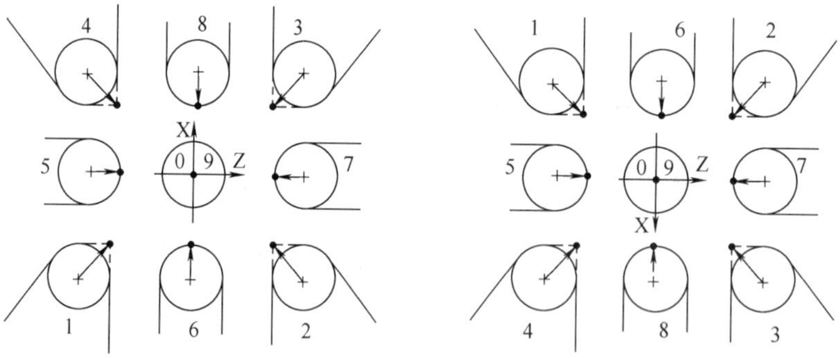

图 2-9 车刀刀尖位置定义

• 代表刀具刀位点 *A* + 代表刀尖圆弧圆心 *O*

知识四 加工工艺分析

1. 工具、量具和刀具的选择

（1）工具的选择 工件装夹在自定心卡盘中，其余工具见表 2-16。

表 2-16　外圆锥面零件一的加工工具、量具和刀具清单

工具、量具和刀具清单				图号	图 2-7	
种类	序号	名称	规格	精度	单位	数量
工具	1	自定心卡盘			个	1
	2	卡盘扳手			副	1
	3	刀架扳手			副	1
	4	垫刀片			块	若干
量具	1	游标卡尺	0~150mm	0.02mm	把	1
	2	千分尺	0~25mm	0.01mm	把	1
刀具	1	外圆粗车刀	90°		把	1
	2	外圆精车刀	90°		把	1
	3	切断刀	4mm		把	1

（2）量具的选择　外径用外径千分尺测量，长度用游标卡尺测量，量具规格和参数见表 2-16。

（3）刀具的选择　外圆选用 90° 偏刀车削，所有刀具规格和尺寸见表 2-16。

2. 加工工艺

本课题零件图比较简单，可用粗、精车刀加工零件的外轮廓，具体步骤见表 2-17。

表 2-17　外圆锥面零件一的加工工艺

工步号	工步内容	刀具号	切削用量		
			背吃刀量 a_p/mm	进给速度 f/mm·r^{-1}	主轴转速 n/r·min^{-1}
1	车右端面	T01	1~2	0.2	600
2	粗车所有外轮廓，留 0.5mm 精车余量	T01	1~2	0.2	600
3	精车所有外轮廓至尺寸要求	T02	0.25	0.1	800
4	切断，控制工件总长为 45mm	T02	4	0.08	400

3. 选择合理的切削用量参数值

加工材料为铝，该材料硬度较低，切削力较小，切削用量可选大些，具体见表 2-17。

知识五　编制参考程序

1. 建立工件坐标系

根据工件坐标系建立原则，工件坐标系设置在工件右端面的轴线上，如图 2-7 所示。

2. 计算基点坐标

车外圆时，*P*1、*P*2、…、*P*6 基点坐标见表 2-18。

表 2-18　基点坐标

基点	坐标（X，Z）	基点	坐标（X，Z）
*P*1	（12，0）	*P*4	（22，-25）
*P*2	（20，-20）	*P*5	（24，-26）
*P*3	（20，-25）	*P*6	（24，-45）

3. 参考程序

华中系统程序名为O0001；FANUC系统程序名为O0001；广数系统程序名为O0001（毛坯材料为ϕ25mm×100mm）。参考程序见表2-19。

表2-19 外圆锥面零件一的参考程序

程序段号	程序内容（华中）	程序内容（FANUC）	程序内容（广数）	程序说明
N10	G40 G95 G21	G40 G99 G21	G40 G99 G21	设置初始状态
N20	S600 M3	S600 M3	S600 M3	设定主轴转速
N30	T0101	T0101	T0101	调用外圆粗车刀
N40	G00 X26 Z3	G00 X26 Z3	G00 X26 Z3	刀具移动至切入点
N50	G80 X25.5 Z-45 F0.2	G90 X25.5 Z-45 F0.2	G90 X25.5 Z-45 F0.2	粗加工24mm外圆
N60	G80 X20.5 Z-25 F0.2	G90 X20.5 Z-25 F0.2	G90 X20.5 Z-25 F0.2	粗加工20mm外圆
N70	G00 X26 Z3	G00 X26 Z3	G00 X26 Z3	粗加工外圆面
N80	G80 X24 Z-25 I-4.0 F0.2	G90 X24 Z-25 R-4.0 F0.2	G80 X24 Z-25 R-4.0 F0.2	粗加工外圆面
N90	X22 Z-25 I-4.0	X22 Z-25 R-4.0	X22 Z-25 R-4.0	粗加工外圆面
N100	X20.5 Z-25 I-4.0	X20.5 Z-25 R-4.0	X20.5 Z-25 R-4.0	粗加工外圆面
N110	G00 X100 Z100	G00 X100 Z100	G00 X100 Z100	刀具退回换刀点
N120	S800 M03	S800 M03	S800 M03	设定主轴转速
N130	T0202	T0202	T0202	调用外圆精车刀
N140	G00 X12 Z3	G00 X12 Z3	G00 X12 Z3	刀具移动至切入点
N150	G01 Z0 F0.1	G01 Z0 F0.1	G01 Z0 F0.1	精加工所有的外轮廓表面
N160	X20 Z-20	X20 Z-20	X20 Z-20	
N170	Z-25	Z-25	Z-25	
N180	X22	X22	X22	
N190	X24 Z-26	X24 Z-26	X24 Z-26	
N200	Z-45	Z-45	Z-45	
N210	G00 X100	G00 X100	G00 X100	刀具沿X轴退刀
N220	Z100	Z100	Z100	刀具沿Z轴退刀
N230	M30	M30	M30	程序结束并返回起点

【技能训练】

1. 加工准备

1）检查毛坯尺寸。

2）开机（FANUC系统、华中系统均需回机床零点）。

3）根据图样拟定好加工工艺。

4）根据图样输入加工程序（通过机床操作面板将程序输入到数控机床中）。

5）校验加工程序是否正确。

6）装夹工件伸出长度55mm。

7）装夹刀具（按照参考程序将粗、精车外圆车刀依次装入相对应的刀位T01、T02）。

2. 对刀

两把车刀依次采用试切法对刀。通过对刀把操作得到的零偏值分别输入到各长度补偿中，以便加工时调用。对刀步骤同前面任务。

3. 空运行及仿真

对输入的加工程序进行空运行或轨迹仿真，以检测加工程序是否正确。

4. 零件自动加工及尺寸控制

选择自动加工模式，打开程序，调好进给倍率，按数控启动按钮，进行自动加工，加工过程中尺寸控制同前面所述；当程序运行结束后停床，用外径千分尺进行检测。根据实际尺寸调刀具磨损量，重新运行外圆精加工程序段，直至达到尺寸要求为止。

5. 零件检测与评分

零件加工结束后进行检测。应把检测结果填写在表2-20中。

表2-20　加工图2-7零件的评分表

班级		姓名		学号		
工件编号				总得分		
项目	序号	技术要求	配分	评分标准	检测记录	得分
零件图2-7	1	ϕ（24 ±0.03）mm	15			
	2	$\phi20_{-0.05}^{0}$ mm	15			
	3	2:5外圆锥面	15			
其他	4	一般尺寸	25			
工艺	5	制订的切削加工工艺是否正确	5			
缺陷	6	工件缺陷	5			
程序	7	程序正确、合理	10			
操作	8	机床操作规范	5			
文明生产	9	人身、机床、刀具安全	5			

6. 加工结束并清理机床

【操作注意事项】

1）刀具、工件应按要求装夹。

2）加工前做好各项检查工作。

3）加工时应关好机床防护门。

4）加工完毕后用切断刀手动或者手轮方式进行切断。

5）若有意外事故发生，按复位键或紧急停止按钮，查找原因。

【思考与练习】

1）比较华中系统、FANUC系统、广数系统外圆切削单一固定循环指令有何区别。

2）编写如图 2-10 所示零件的加工程序并进行加工练习，毛坯为 ϕ25mm × 100mm 的合金铝。

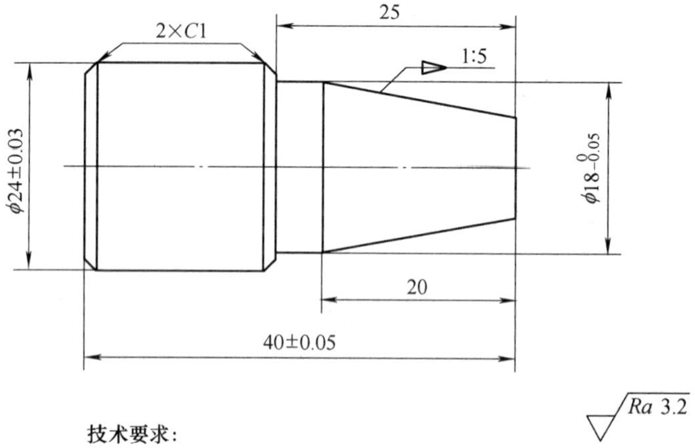

技术要求：

1. 锐角倒钝 C0.5。
2. 未注公差尺寸按照 GB/T 1804—m。

图 2-10 外圆锥面练习零件图一

任务四　用复合固定循环指令加工外圆锥面

【知识目标】

1）熟悉掌握外圆锥面的标注及尺寸计算。

2）掌握复合固定循环指令 G71 指令（华中系统、FANUC 系统、广数系统）加工外圆锥面。

3）会编制外圆锥面零件的加工工艺。

【技能目标】

1）掌握外圆锥面零件的自动加工方式。

2）掌握刀尖圆弧半径补偿功能的使用。

3）掌握尺寸的控制方法。

4）完成如图 2-11 所示零件的加工，其三维效果如图 2-12 所示。材料为铝。

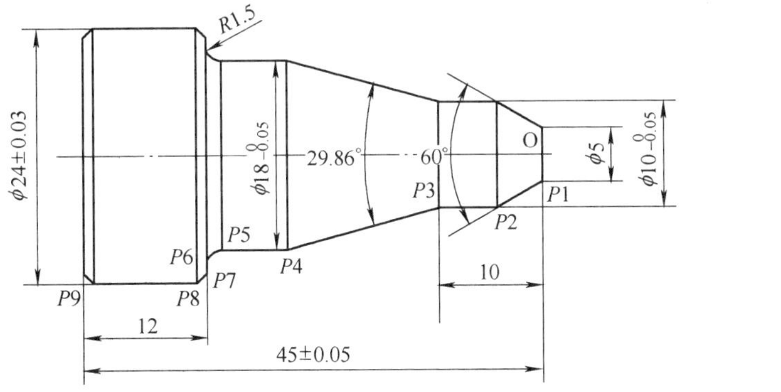

技术要求：
1. 未注倒角 C0.5。
2. 未注公差尺寸按照 GB/T 1804—m。

Ra 3.2

图 2-11　外圆锥面零件图二

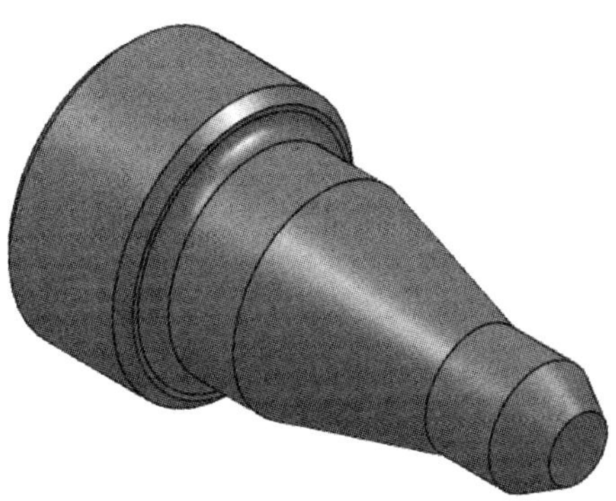

图 2-12　外圆锥面三维效果二

【相关知识】

知识一　圆锥面基本参数的计算

例 2-3　图 2-11 中，零件的 $P1$ 点直径为 5mm，$P2$ 点直径为 10mm，圆锥角为 60°，试确定零件的 $P1$ 点至 $P2$ 点的长度。

解：$L=\dfrac{[(P2-P1)/2]}{\tan 30^\circ}=\dfrac{2.5\text{mm}}{\tan 30^\circ}$

$=4.33\text{mm}$

例 2-4　图 2-11 中，零件的 $P3$ 点直径为 10mm，$P4$ 点直径为 18mm，圆锥角为 29.86°，试确定零件的 $P1$ 点至 $P2$ 点的长度。

解：$L=\dfrac{[(P4-P3)/2]}{\tan 14.93^\circ}=\dfrac{4\text{mm}}{\tan 14.93^\circ}$

$=15\text{mm}$

知识二　指令编程格式

1. 指令功能

在车削外圆锥面时，由于既要考虑走刀路线较短，又要安排先粗后精的加工工艺，如果还是利用 G01 或 G80（G90）指令进行编程，则程序段将会较多，而且在编制形状复杂的外圆锥面时，将增加手工编程的难度。

G71 车削循环只需要编制出零件轨迹的精加工程序，便可以自动地完成加工轨迹的粗加工，同时再利用 G70 精车循环调用精加工轨迹的程序，又可以完成零件的精加工，这将大大地简化程序和手工编程的工作量，从而提高生产率（G70 精车循环指令只是限定于 FANUC 系统和广数系统，在华中系统中，G71 指令需多加一次精加工定位即可实行精车程序）。

2. 指令代码

华中系统：G71。

FANUC 系统：G71、G70。

广数系统：G71、G70。

3. 指令格式

华中系统、FANUC 系统与广数系统复合循环指令 G71 和精车指令 G70 格式及参数含义见表 2-7。

知识三　加工工艺分析

1. 工具、量具和刀具的选择

（1）工具的选择　工件装夹在自定心卡盘中，其余工具见表 2-21。

表 2-21　外圆锥面零件二的加工工具、量具和刀具清单

工具、量具和刀具清单				图号	图 2-11	
种类	序号	名称	规格	精度	单位	数量
工具	1	自定心卡盘			个	1
	2	卡盘扳手			副	1
	3	刀架扳手			副	1
	4	垫刀片			块	若干
量具	1	游标卡尺	0～150mm	0.02mm	把	1
	2	千分尺	0～25mm	0.01mm	把	1
	3	游标万能角度尺	0°～320°		把	1
刀具	1	外圆粗车刀	90°		把	1
	2	外圆精车刀	90°		把	1
	3	切断刀	4mm		把	1

（2）量具的选择　外径用外径千分尺测量，长度用游标卡尺测量，量具规格和参数见表 2-21。

（3）刀具的选择　外圆选用 90° 偏刀车削，所有刀具规格和尺寸见表 2-21。

2. 加工工艺

本课题零件图比较简单，可用粗、精车车刀加工零件的外轮廓，具体步骤见表 2-22。

表 2-22　外圆锥面零件二的加工工艺

工步号	工步内容	刀具号	切削用量		
			背吃刀量 a_p/mm	进给速度 f/mm · r^{-1}	主轴转速 n/r · min^{-1}
1	车右端面	T01	1～2	0.2	600
2	粗车所有外轮廓，留 0.5mm 精车余量	T01	1～2	0.2	600
3	精车所有外轮廓至尺寸要求	T02	0.25	0.1	800

3. 选择合理的切削用量参数值

加工材料为铝，该材料硬度较低，切削力较小，切削用量可选大些，具体见表 2-22。

知识四　编制参考程序

1. 建立工件坐标系

根据工件坐标系建立原则，工件坐标系设置在工件右端面的轴线上，如图 2-11 所示。

2. 计算基点坐标

车外圆时，*P*1、*P*2、…、*P*9 基点坐标见表 2-23。

表 2-23　基点坐标

基点	坐标（X，Z）	基点	坐标（X，Z）
*P*1	（5，0）	*P*6	（21，-33）
*P*2	（10，-4.33）	*P*7	（23，-33）
*P*3	（10，-10）	*P*8	（24，-33.5）
*P*4	（18，-25）	*P*9	（24，-45）
*P*5	（18，-31.5）		

3. 参考程序

华中系统程序名为 O0001；FANUC 系统程序名为 O0001；广数系统程序名为 O0001（毛坯材料为 ϕ25mm×100mm）。参考程序见表 2-24。

表 2-24 外圆锥面零件二的参考程序

程序段号	程序内容（华中）	程序内容（FANUC）	程序内容（广数）	程序说明
N10	G40 G95 G21	G40 G99 G21	G40 G99 G21	设置初始状态
N20	S600 M3	S600 M3	S600 M3	设定主轴转速
N30	T0101	T0101	T0101	调用外圆车刀
N40	G00 X26 Z3 G42	G00 X26 Z3 G42	G00 X26 Z3 G42	刀具移动至切入点、调用刀具补偿指令
N50	G71 U1.5 R1 P110 Q210 X0.5 Z0 F0.2	G71 U1.5 R1	G71 U1.5 R1	调用粗车外圆循环指令 G71
N60		G71 P70 Q170 U0.5 W0 F0.2	G71 P70 Q170 U0.5 W0 F0.2	
N70	G00 X100 Z100	G00 X5	G00 X5	
N80	S800 M3	G01 Z0 F0.1	G01 Z0 F0.1	
N90	T0202	X10 Z-4.33	X10 Z-4.33	
N100	G00 X26 Z3	Z-10	Z-10	
N110	G00 X5	X18 Z-25	X18 Z-25	
N120	G01 Z0 F0.1	Z-31.5	Z-31.5	
N130	X10 Z-4.33	G02 X21 Z-33 R1.5	G02 X21 Z-33 R1.5	
N140	Z-10	G01 X23	G01 X23	
N150	X18 Z-25	X24 Z-33.5	X24 Z-33.5	
N160	Z-31.5	Z-45	Z-45	
N170	G02 X21 Z-33 R1.5	X26	X26	
N180	G01 X23	G00 X100 Z100	G00 X100 Z100	
N190	X24 Z-33.5	S800 M03 T0202	S800 M03 T0202	
N200	Z-45	G00 X26 Z3	G00 X26 Z3	
N210	X26	G70 P70 Q170	G70 P70 Q170	
N220	G00 X100 Z100 G40	G00 X100 Z100 G40	G00 X100 Z100 G40	刀具退回换刀点、取消刀具补偿
N220	M30	M30	M30	程序结束并返回起点

【技能训练】

1. 加工准备

1）检查毛坯尺寸。

2）开机（FANUC 系统、华中系统均需回机床零点）。

3）根据图样拟定好加工工艺。

4）根据图样输入加工程序（通过机床操作面板将程序输入到数控机床中）。

5）装夹工件伸出长度55mm。

6）装夹刀具（按照参考程序将粗、精车外圆车刀依次装入相对应的刀位T01、T02）。

2. 对刀

两把车刀依次采用试切法对刀。通过对刀把操作得到的零偏值分别输入到各长度补偿中，以便加工时调用。对刀步骤同前面任务。

3. 空运行及仿真

对输入的加工程序进行空运行或轨迹仿真，以检测加工程序是否正确。

4. 零件自动加工及尺寸控制

选择自动加工模式，打开程序，调好进给倍率，按数控启动按钮，进行自动加工，加工过程中尺寸控制同前面所述；当程序运行结束后停床，用外径千分尺进行检测。根据实际尺寸调刀具磨损量，重新运行外圆精加工程序段，直至尺寸要求为止。

5. 零件检测与评分

零件加工结束后进行检测。应把检测结果填写在表2-25中。

表2-25　加工图2-11零件的评分表

班级		姓名		学号		
工件编号				总得分		
项目	序号	技术要求	配分	评分标准	检测记录	得分
零件图2-11	1	ϕ（24±0.03）mm	10			
	2	$\phi 18_{-0.05}^{\ 0}$ mm	10			
	3	$\phi 10_{-0.05}^{\ 0}$ mm	10			
	4	（45±0.05）mm	10			
	5	60°	10			
	6	29.86°	10			
其他	7	一般尺寸	10			
工艺	8	制订的切削加工工艺是否正确	5			
缺陷	9	工件缺陷	5			
程序	10	程序正确、合理	10			
操作	11	机床操作规范	5			
文明生产	12	人身、机床、刀具安全	5			

6. 加工结束并清理机床

【操作注意事项】

1）刀具、工件应按要求装夹。

2）加工前做好各项检查工作。

3）加工时应关好机床防护门。

4）加工完毕后用切断刀手动或者手轮方式进行切断。

5）若有意外事故发生，按复位键或紧急停止按钮，查找原因。

【思考与练习】

编写如图 2-13 所示零件的加工程序并进行加工练习，毛坯为 ϕ25mm × 100mm 的合金铝。

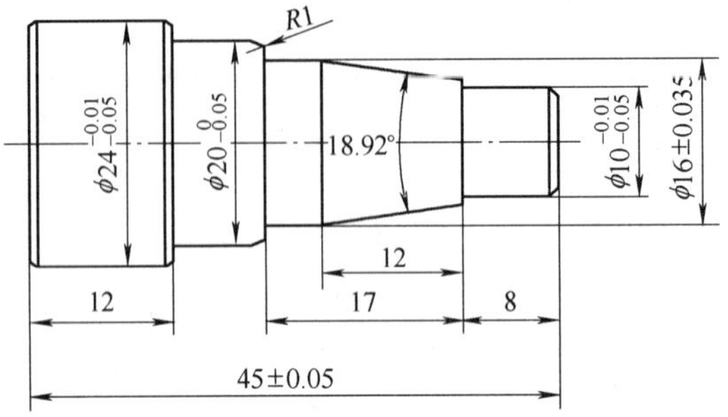

Ra 3.2

技术要求：

1. 锐角倒钝 C0.5。
2. 未注公差尺寸按照 GB/T 1804—m。

图 2-13　外圆锥面练习零件图

任务五　综合技能训练与考核一

【知识目标】

1）会识读零件图。

2）制订轴类零件的加工工艺。

3）了解数控加工刀具卡、数控加工工序卡等工艺文件。

【技能目标】

1）掌握一般轴类零件的加工方法。

2）掌握外圆、长度尺寸的控制方法。

3）完成如图 2-14 所示零件的加工，其三维效果如图 2-15 所示。材料为铝。

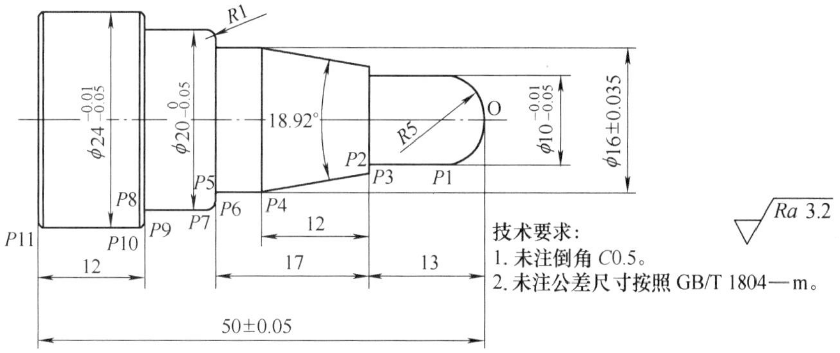

图 2-14　综合技能训练与考核一的零件图

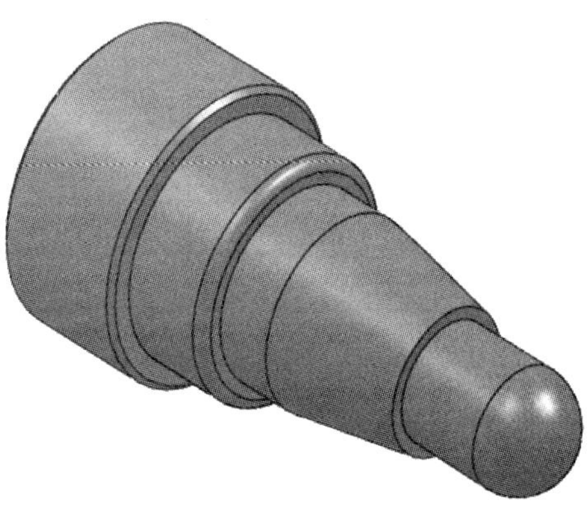

图 2-15　综合技能训练与考核一的三维效果

【相关知识】

知识一 加工工艺分析

1. 数控加工工艺文件

数控加工工艺文件既是数控加工、产品验收的依据，又是操作者应遵守、执行的规程，同时也是必要的工艺资料累积。该文件主要包括数控加工工序卡、数控加工刀具卡、数控加工程序单等。

（1）数控加工工序卡 数控加工工序卡是编制加工程序的主要依据和操作者进行数控加工的指导性文件，它包括工步顺序、工步内容、各工步使用的刀具和切削用量等（表2-27）。

（2）数控加工刀具卡 数控加工刀具卡主要反映刀具编号、刀具名称、刀具数量、加工面等内容（表2-26）。

（3）数控加工程序单 数控加工程序单是操作者根据加工工艺分析，经过数值计算，按照机床指令代码特点编制的。它是记录数控加工工艺过程、工艺参数、位移数据的清单，是手动数据输入实现数控加工的主要依据。不同的数控机床和数控系统，程序格式是不一样的。

2. 工具、量具和刀具的选择

（1）工具的选择 工件装夹在自定心卡盘中，其余工具见表2-26。

表2-26 综合技能训练与考核一零件的加工工具、量具和刀具清单

工具、量具和刀具清单				图号	图2-14	
种类	序号	名称	规格	精度	单位	数量
工具	1	自定心卡盘			个	1
	2	卡盘扳手			副	1
	3	刀架扳手			副	1
	4	垫刀片			块	若干
量具	1	游标卡尺	0～150mm	0.02mm	把	1
	2	千分尺	0～25mm	0.01mm	把	1
	3	游标万能角度尺	0°～320°		把	1
刀具	1	外圆粗车刀	90°		把	1
	2	外圆精车刀	90°		把	1
	3	切断刀	4mm		把	1

（2）量具的选择 外径用外径千分尺测量，长度用游标卡尺测量，锥度用游标万能角度尺测量。量具规格和参数见表2-26。

（3）刀具的选择 外圆选用90°偏刀车削，所有刀具规格和尺寸见表2-26。

3. 加工工艺

若坯料较长，则夹住毛坯外圆，伸出约60mm，车右侧轮廓表面，然后用切断刀切断，以保证零件位置精度。需采用掉头装夹车削，掉头装夹时应注意校正，以保证同轴度的要求。

4. 选择合理的切削用量参数值

加工材料为铝，该材料硬度较低，切削力较小，切削用量可选大些，具体参数见数控加工工序卡（表2-27）。

表2-27　综合技能训练与考核一的零件图的数控加工工序卡

<table>
<tr><td rowspan="2">单位名称</td><td rowspan="2" colspan="2"></td><td colspan="2">产品名称或代号</td><td colspan="2">零件名称</td><td>零件图号</td></tr>
<tr><td colspan="2">综合技能训练一的零件图</td><td colspan="2">图2-14</td><td></td></tr>
<tr><td>工序号</td><td colspan="2">程序编号</td><td colspan="2">夹具名称</td><td>使用设备</td><td>数控系统</td><td>车间</td></tr>
<tr><td>001</td><td colspan="2">O0001</td><td colspan="2">自定心卡盘</td><td></td><td></td><td>实习车间</td></tr>
<tr><td>工步号</td><td>工步内容</td><td>刀具号</td><td>刀具规格/mm</td><td>背吃刀量 a_p/mm</td><td>进给速度 f/mm·r^{-1}</td><td>主轴转速 n/r·min^{-1}</td><td>备注</td></tr>
<tr><td>1</td><td>平端面</td><td>T01</td><td>20×20</td><td>1～2</td><td>0.2</td><td>600</td><td>手动</td></tr>
<tr><td>2</td><td>粗车右端面 ϕ10mm 至 ϕ24mm 外轮廓，留精车余量0.5mm</td><td>T01</td><td>20×20</td><td>1～2</td><td>0.2</td><td>600</td><td>自动 O0001</td></tr>
<tr><td>3</td><td>精车右端各表面至尺寸要求</td><td>T02</td><td>20×20</td><td>0.25</td><td>0.1</td><td>800</td><td>自动 O0001</td></tr>
<tr><td>4</td><td>切断，保证总长</td><td>T03</td><td>20×20</td><td>4</td><td>0.08</td><td>400</td><td>手动</td></tr>
<tr><td>编制</td><td></td><td>审核</td><td></td><td>批准</td><td></td><td>共1页</td><td>第1页</td></tr>
</table>

知识二　编制参考程序

1. 建立工件坐标系

根据工件坐标系建立原则，工件坐标系设置在工件右端面的轴线上，如图2-14所示。

2. 计算基点坐标

车外圆时，*P*1、*P*2、…、*P*11 基点坐标见表2-28。

表2-28　基点坐标

基点	坐标（X，Z）	基点	坐标（X，Z）
*P*1	（10，－5）	*P*7	（20，－31）
*P*2	（10，－13）	*P*8	（20，－38）
*P*3	（12，－13）	*P*9	（23，－38）
*P*4	（16，－25）	*P*10	（24，－38.5）
*P*5	（16，－30）	*P*11	（24，－50）
*P*6	（18，－30）		

3. 参考程序

华中系统程序名为O0001；FANUC系统程序名为O0001；广数系统程序名为O0001（毛坯材料为 ϕ25mm×100mm）。参考程序见表2-29。

表 2-29 综合技能训练与考核一零件的参考程序

程序段号	程序内容（华中）	程序内容（FANUC）	程序内容（广数）	程序说明
N10	G40 G95 G21	G40 G99 G21	G40 G99 G21	设置初始状态
N20	S600 M3	S600 M3	S600 M3	设定主轴转速
N30	T0101	T0101	T0101	调用外圆车刀
N40	G00 X26 Z3 G42	G00 X26 Z3 G42	G00 X26 Z3 G42	刀具移动至进刀点、调用刀具补偿指令
N50	G71 U1.5 R1 P110 Q230 X0.5 Z0 F0.2	G71 U1.5 R1	G71 U1.5 R1	调用粗车外圆循环指令 G71
N60		G71 P70 Q200 U0.5 W0 F0.2	G71 P70 Q200 U0.5 W0 F0.2	
N70	G00 X100 Z100	G00 X0	G00 X0	
N80	S800 M3	G01 Z0 F0.1	G01 Z0 F0.1	
N90	T0202	G03 X10 Z-5 R5	G03 X10 Z-5 R5	
N100	G00 X26 Z3	G01 Z-13	G01 Z-13	
N110	G00 X0	X12	X12	
N120	G01 Z0 F0.1	X16 Z-25	X16 Z-25	
N130	G03 X10 Z-5 R5	Z-30	Z-30	
N140	G01 Z-13	X18	X18	
N150	X12	G03 X20 Z-31 R1	G03 X20 Z-31 R1	
N160	X16 Z-25	G01 Z-38	G01 Z-38	
N170	Z-30	X23	X23	
N180	X18	X24 Z-38.5	X24 Z-38.5	
N190	G03 X20 Z-31 R1	Z-52	Z-52	
N200	G01 Z-38	X26	X26	
N210	X23	G00 X100 Z100	G00 X100 Z100	
N220	X24 Z-38.5	S800 M03 T0202	S800 M03 T0202	
N220	Z-52	G00 X26 Z3	G00 X26 Z3	
N230	X26	G70 P70 Q170	G70 P70 Q170	
N240	G00 X100 Z100 G40	G00 X100 Z100 G40	G00 X100 Z100 G40	刀具退回换刀点、取消刀具补偿
N250	M30	M30	M30	程序结束并返回起点

【技能训练】

1. 加工准备

1）检查毛坯尺寸。

2）开机（FANUC 系统、华中系统均需回机床零点）。

3）根据图样拟定好加工工艺。

4）根据图样输入加工程序（通过机床操作面板将程序输入到数控机床中）。

5）装夹工件伸出长度60mm。

6）装夹刀具（按照参考程序将粗、精车外圆车刀依次装入相对应的刀位T01、T02）。

2. 对刀

两把车刀依次采用试切法对刀。通过对刀把操作得到的零偏值分别输入到各长度补偿中，以便加工时调用。对刀步骤同前面任务。

3. 空运行及仿真

对输入的加工程序进行空运行或轨迹仿真，以检测加工程序是否正确。

4. 零件自动加工及尺寸控制

选择自动加工模式，打开程序，调好进给倍率，按数控启动按钮，进行自动加工，加工过程中，尺寸控制同前面所述；当程序运行结束后停床，用外径千分尺进行检测。根据实际尺寸调刀具磨损量，重新运行外圆精加工程序段，直至达到尺寸要求为止。

5. 零件检测与评分

零件加工结束后进行检测。应把检测结果填写在表2-30中。

表2-30　加工图2-14零件的评分表

班级		姓名		学号		
工件编号				总得分		
项目	序号	技术要求	配分	评分标准	检测记录	得分
零件图2-14	1	$\phi 24_{-0.05}^{-0.01}$ mm	10			
	2	$\phi 20_{-0.05}^{0}$ mm	10			
	3	ϕ（16±0.035）mm	10			
	4	$\phi 10_{-0.05}^{-0.01}$ mm	10			
	5	（50±0.05）mm	10			
	6	*R*1、*R*5	10			
	7	18.92°	5			
其他	8	一般尺寸	10			
工艺	9	制订的切削加工工艺是否正确	5			
缺陷	10	工件缺陷	5			
程序	11	程序正确、合理	5			
操作	12	机床操作规范	5			
文明生产	13	人身、机床、刀具安全	5			

6. 加工结束并清理机床

【操作注意事项】

1）刀具、工件应按要求装夹。

2）加工前做好各项检查工作。

3）由于试车法对刀存在一定误差，会使精加工余量不足造成废品，所以加工前外圆粗、精车刀刀具磨损号中，其X轴可预设一定数值作为尺寸控制余量，一般留0.3～0.5mm。

4）加工完毕后用切断刀手动或者手轮方式进行切断。

【思考与练习】

编写如图 2-16 所示零件的加工程序并进行加工练习，毛坯为 ϕ25mm × 100mm 的合金铝。

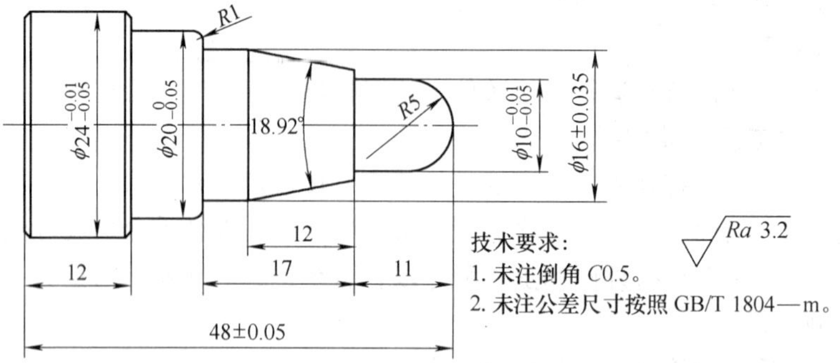

图 2-16 综合技能训练与考核一练习图

任务六　切槽、切断程序的编制及加工

【知识目标】

1）了解槽类零件的加工方法和加工特点。

2）掌握暂停指令及应用。

3）会编制外槽的加工工艺。

4）熟练掌握槽类零件的编程特点。

【技能目标】

1）掌握切槽车刀的装夹方法。

2）掌握切槽车刀的对刀及验证方法。

3）掌握尺寸的控制方法

4）完成如图 2-17 所示零件的加工，其三维效果如图 2-18 所示。材料为合金铝。

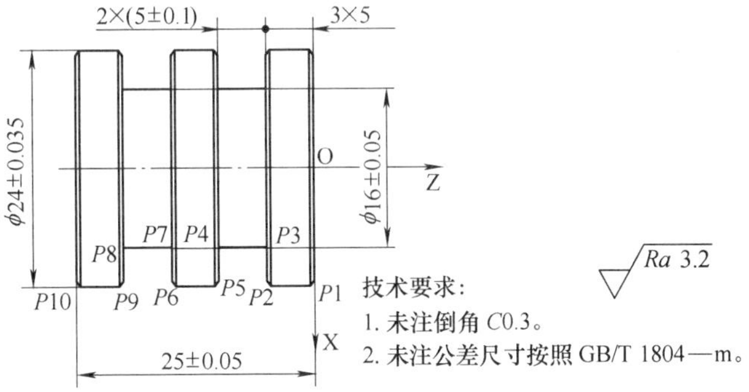

图 2-17　切槽、切断零件图

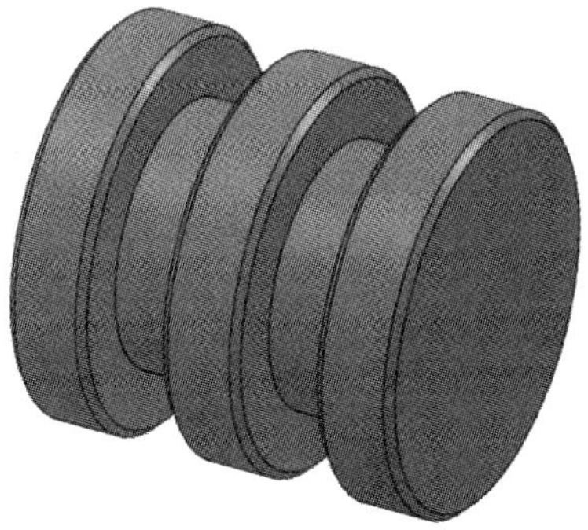

图 2-18　切槽、切断零件的三维效果

【相关知识】

知识一 槽类零件的基本知识

1. 槽的分类

根据沟槽零件的不同，按槽的形状不同可分为直槽、斜槽和成型槽；按槽的宽度不同可分为宽槽和窄槽两种。

（1）窄槽 沟槽的宽度不大，采用刀头的宽度等于槽宽的车刀，一次车出的沟槽称为窄槽。

（2）宽槽 沟槽的宽度大于切槽车刀刀头宽度的沟槽称为宽槽。

2. 槽的加工方法

（1）窄槽的加工方法 图2-19中加工窄槽可以直接使用G01指令直进切削；

当精度要求比较高时，切削到要求尺寸后，在槽底处用G04指令使刀具停留几秒钟，以起到修光槽底的作用。

（2）宽槽的加工方法 图2-20中，加工宽槽时，要分几次切削，每次切削的轨迹在宽度上应有一定的重叠，即每次扩宽应小于刀宽，而且要留有精加工的余量，最后要精车槽侧和底面。

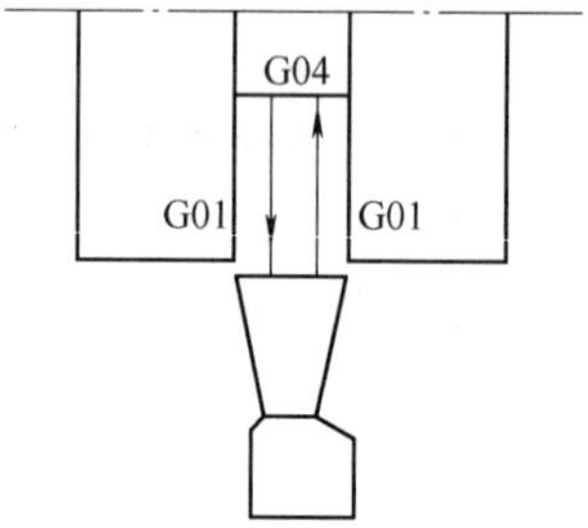

图2-19 窄槽的加工方法

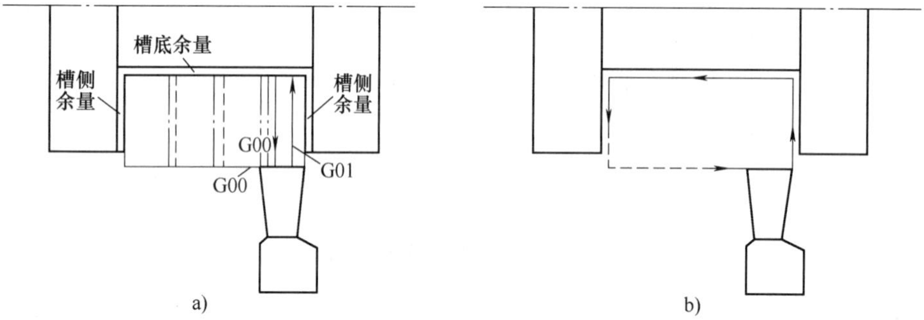

图2-20 宽槽的加工方法

a）粗加工 b）精加工

3. 切刀的选择及刀位点的确定

切槽及切断的刀具中，切刀有左右两个刀尖及切削中心三个刀位点可以选用，如图2-21所示。在编写程序时，需选定其一作为刀位点。

4. 切槽与切断在编程中应注意的问题

1）编程与对刀加工时应采用同一个刀位点。

2）注意合理地编排切槽的退刀路线，以防止刀具与加工零件相碰，而造成刀具及零件的损坏，如图2-22所示。

3）切槽时，切削刃宽度、切削速度和进给量都不宜太大。

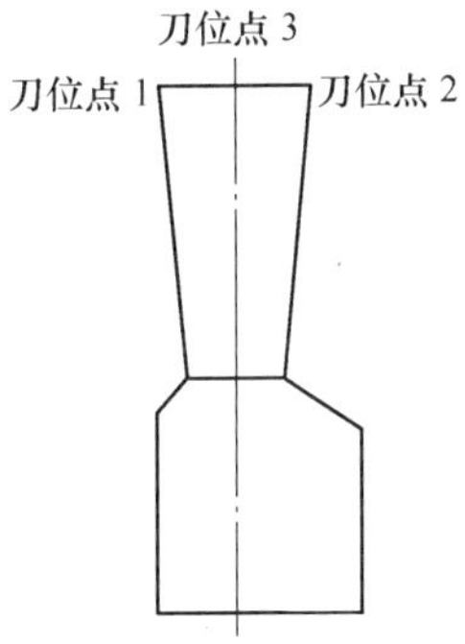

图 2-21　车刀刀位点

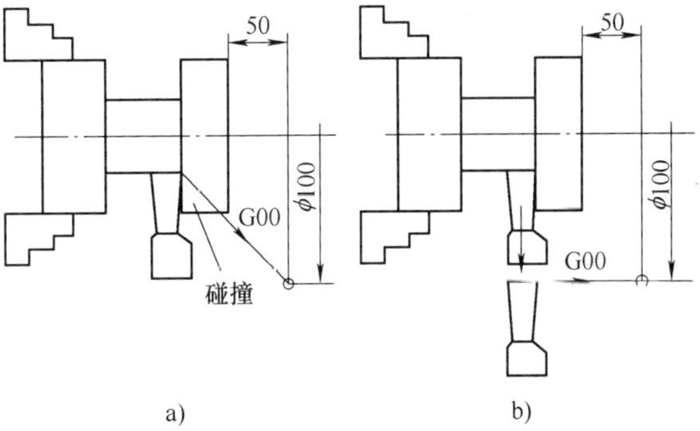

图 2-22　槽形零件产生碰撞示例
a）产生碰撞　b）避免碰撞的方法

知识二　指令编程格式

1. 指令功能

G04 指令可使刀具作短暂停留，以获得圆整而光滑的表面。执行本指令进给暂停至指定时间后，执行下一段程序，该指令常用于切槽、钻镗孔等场合。

2. 指令代码

华中系统：G04。

FANUC 系统：G04。

广数系统：G04。

3. 指令格式

华中系统、FANUC 系统与广数系统进给暂停指令参数含义见表 2-31。

表 2-31　进给暂停指令参数含义

系统	指令格式	指令说明
华中系统	G04 P ___	P 作为暂停时间，可用带小数点的数，单位为 s
FANUC 系统	G04 X ___	X 作为暂停时间，可用带小数点的数，单位为 s
	G04 U ___	U 作为暂停时间，可用带小数点的数，单位为 s
	G04 P ___	P 作为暂停时间，不允许带小数点的数，单位为 ms
广数系统	G04 X ___	X 作为暂停时间，可用带小数点的数，单位为 s
	G04 U ___	U 作为暂停时间，可用带小数点的数，单位为 s
	G04 P ___	P 作为暂停时间，不允许带小数点的数，单位为 ms

知识三　加工工艺分析

1. 工具、量具和刀具的选择

（1）工具的选择　工件装夹在自定心卡盘中，其余工具见表 2-32。

表 2-32　切槽、切断零件的加工工具、量具和刀具清单

工具、量具和刀具清单				图号	图 2-17	
种类	序号	名称	规格	精度	单位	数量
工具	1	自定心卡盘			个	1
	2	卡盘扳手			副	1
	3	刀架扳手			副	1
	4	垫刀片			块	若干
量具	1	游标卡尺	0 ~ 150mm	0.02mm	把	1
	2	千分尺	0 ~ 25mm	0.01mm	把	1
刀具	1	外圆粗车刀	90°		把	1
	2	外圆精车刀	90°		把	1
	3	切槽车刀	4mm		把	1

（2）量具的选择　外径用外径千分尺测量，长度用游标卡尺测量，量具规格和参数见表 2-32。

（3）刀具的选择　外圆选用 90° 偏刀车削，切槽选用 4mm 切断刀（表 2-32）。

2. 加工工艺

本课题零件比较简单，可用粗、精车刀加工零件的外轮廓，然后调用切断刀切槽，最后切断工件，具体加工工艺见表 2-33。

表 2-33　切槽、切断零件的加工工艺

工步号	工步内容	刀具号	切削用量		
			背吃刀量 a_p/mm	进给速度 f/mm · r^{-1}	主轴转速 n/r · min^{-1}
1	车右端面	T01	1 ~ 2	0.2	600
2	粗车外轮廓，留 0.5mm 精车余量	T01	1 ~ 2	0.2	600
3	精车外轮廓至尺寸要求	T02	0.25	0.1	800
4	粗车 2 ~ 5mm 外槽留精车余量 0.2mm	T03	4	0.08	400
5	精车 2 ~ 5mm 外槽至尺寸要求	T03	4	0.08	500
6	切断，控制总长 25mm	T03	4	0.08	400

3. 选择合理的切削用量参数值

加工材料为铝，该材料硬度较低，切削力较小，切削用量可选大些；但切槽时，由于切槽车刀强度较低，转速及进给速度应选择小些，具体参数见表 2-33。

知识四　编制参考程序

1. 建立工件坐标系

根据工件坐标系建立原则，工件坐标系设置在工件右端面的轴线上，如图 2-17 所示。

2. 计算基点坐标

车外圆时，$P1$、$P2$、…、$P10$ 基点坐标见表 2-34。

表 2-34　基点坐标

基点	坐标（X，Z）	基点	坐标（X，Z）
*P*1	（24，0）	*P*6	（24，－15）
*P*2	（24，－5）	*P*7	（16，－15）
*P*3	（16，－5）	*P*8	（16，－20）
*P*4	（16，－10）	*P*9	（24，－20）
*P*5	（24，－10）	*P*10	（24，－25）

3. 参考程序

华中系统程序名为 O0001；FANUC 系统程序名为 O0001；广数系统程序名为 O0001（毛坯材料为 ϕ25mm×100mm）。参考程序见表 2-35。

表 2-35　切槽、切断零件的参考程序

程序段号	程序内容（华中）	程序内容（FANUC）	程序内容（广数）	程序说明
N10	G40 G95 G21	G40 G99 G21	G40 G99 G21	设置初始状态
N20	S600 M3	S600 M3	S600 M3	设定主轴转速
N30	T0101	T0101	T0101	调用外圆粗车刀
N40	G00 X25 Z3	G00 X25 Z3	G00 X25 Z3	刀具移至切入点
N50	G01 Z－25 F0.2	G01 Z－25 F0.2	G01 Z－25 F0.2	粗加工 ϕ24mm 外圆
N60	X26	X26	X26	刀具沿 X 轴退刀
N70	G00 X100 Z100	G00 X100 Z100	G00 X100 Z100	刀具退回换刀点
N80	S800 M03	S800 M03	S800 M03	设定主轴转速
N90	T0202	T0202	T0202	调用外圆精车刀
N100	G00 X24 Z3	G00 X24 Z3	G00 X24 Z3	刀具移至切入点
N110	G01 Z－25 F0.1	G01 Z－25 F0.1	G01 Z－25 F0.1	精加工 ϕ24mm 外圆
N120	X26	X26	X26	刀具沿 X 轴退刀
N130	G00 X100 Z100	G00 X100 Z100	G00 X100 Z100	刀具退回换刀点
N140	S400 M03	S400 M03	S400 M03	设定主轴转速
N150	T0303	T0303	T0303	调用外切槽车刀
N160	G00 X26 Z－9	G00 X26 Z－9	G00 X26 Z－9	刀具移至切入点
N170	G01 X17 F0.08	G01 X17 F0.08	G01 X17 F0.08	刀具沿 X 轴进给
N180	G00 X26	G00 X26	G00 X26	刀具沿 X 轴退刀
N190	Z－10	Z－10	Z－10	刀具移至切入点
N200	G01 X17 F0.08	G01 X17 F0.08	G01 X17 F0.08	刀具沿 X 轴进给
N210	G00 X26	G00 X26	G00 X26	刀具沿 X 轴退刀
N220	Z－19	Z－19	Z－19	刀具移至切入点
N230	G01 X17 F0.08	G01 X17 F0.08	G01 X17 F0.08	刀具沿 X 轴进给
N240	G00 X26	G00 X26	G00 X26	刀具沿 X 轴退刀
N250	Z－20	Z－20	Z－20	刀具移至切入点

（续）

程序段号	程序内容（华中）	程序内容（FANUC）	程序内容（广数）	程序说明
N260	G01 X17 F0.08	G01 X17 F0.08	G01 X17 F0.08	刀具沿 X 轴进给
N270	G00 X26	G00 X26	G00 X26	刀具沿 X 轴退刀
N280	S500 M03	S500 M03	S500 M03	设定精加工主轴转速
N290	Z-9	Z-9	Z-9	刀具移至切入点
N300	G01 X16 F0.08	G01 X16 F0.08	G01 X16 F0.08	刀具沿 X 轴进给
N310	G04 P3	G04 X3	G04 X3	暂停 3s
N320	Z-10	Z-10	Z-10	刀具沿 Z 轴进给
N330	G04 P3	G04 X3	G04 X3	暂停 3s
N340	G00 X26	G00 X26	G00 X26	刀具沿 X 轴退刀
N350	Z-19	Z-19	Z-19	刀具移至切入点
N360	G01 X16 F0.08	G01 X16 F0.08	G01 X16 F0.08	刀具沿 X 轴进给
N370	G04 P3	G04 X3	G04 X3	暂停 3s
N380	Z-20	Z-20	Z-20	刀具沿 Z 轴进给
N390	G04 P3	G04 X3	G04 X3	暂停 3s
N400	G00 X26	G00 X26	G00 X26	刀具沿 X 轴退刀
N410	G00 X100 Z100	G00 X100 Z100	G00 X100 Z100	刀具退回换刀点
N420	M05	M05	M05	主轴停止
N430	M00	M00	M00	程序暂停
N440	S400 M03	S400 M03	S400 M03	设定主轴转速
N450	T0303	T0303	T0303	调用切槽车刀切断
N460	G00 X26 Z-29	G00 X26 Z-29	G00 X26 Z-29	刀具移至切入点
N470	G01 X2 F0.08	G01 X2 F0.08	G01 X2 F0.08	刀具沿 X 轴进给
N480	G00 X26	G00 X26	G00 X26	刀具沿 X 轴退刀
N490	G00 X100 Z100 G40	G00 X100 Z100 G40	G00 X100 Z100 G40	刀具退回换刀点
N500	M30	M30	M30	程序结束并返回起点

【技能训练】

1. 加工准备

1）检查毛坯尺寸。

2）开机（FANUC 系统、华中系统均需回机床零点）。

3）根据图样拟定好加工工艺。

4）根据图样输入加工程序（通过机床操作面板将程序输入到数控机床中）。

5）装夹工件伸出长度 40mm。

6）装夹刀具（按照参考程序将粗、精车外圆车刀依次装入相对应的刀位 T01、T02、T03）。

2. 对刀

（1）外圆车刀对刀　两把车刀依次采用试切法对刀。通过对刀把操作得到的零偏值分别输入到各长度补偿中，以便加工时调用。对刀步骤同前面任务。

（2）切槽车刀对刀　切槽车刀对刀时采用左侧刀尖为刀位点，与编程采用的刀位点一致。对刀操作步骤如下。

1）Z轴对刀（图2-23）：

① 手动方式下，使主轴正转；或MDI方式中输入“S500 M03”，使主轴正转。

② 手动方式下，移动刀具，使切槽车刀左侧刀尖刚好接触工件右端面。注意：刀具接近工件时，进给倍率为1%～2%。

③ 手轮方式下，移动刀具，使切槽车刀左侧刀尖刚好接触工件右端面。注意：刀具接近工件时，进给倍率为0.01mm。

④ 刀具沿+X方向退出，然后进行面板操作，面板操作同外圆车刀对刀。注意：刀具号为T02。

2）X轴对刀（图2-24）：

① 手动方式下，使主轴正转；或MDI方式中输入“S500 M03”，使主轴正转。

② 手动方式下，移动刀具，使切槽车刀左主切削刃刚好接触工件外圆。注意：刀具接近工件时，进给倍率为1%～2%。

③ 手轮方式下，移动刀具，使切槽车刀左主切削刃刚好接触工件外圆。注意：刀具接近工件时，进给倍率为0.01mm。

④ 刀具沿+Z方向退出，如图2-24所示。停车，测出外圆直径，然后进行面板操作，面板操作同外圆车刀对刀。注意：刀具号为T02。

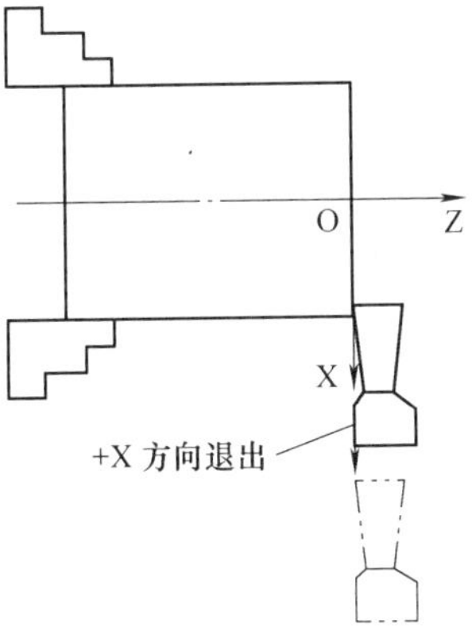

图2-23　Z轴对刀示意图

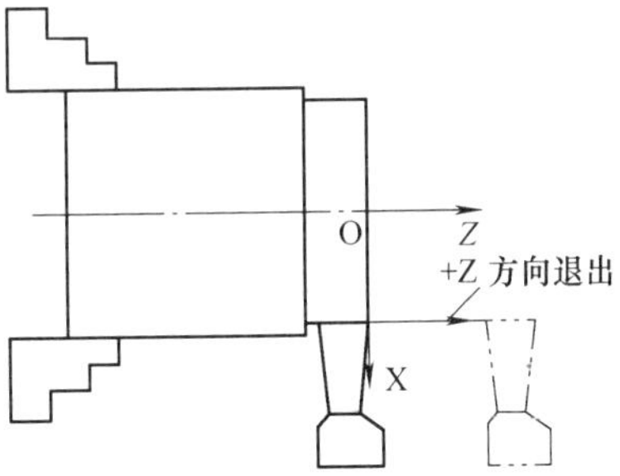

图2-24　X轴对刀示意图

3. 空运行或仿真

对输入的程序进行空运行或仿真，以检测加工程序是否正确。

4. 零件自动加工及尺寸控制

选择自动加工模式，打开程序，调好进给倍率，按数控启动按钮，进行自动加工，加工过程中尺寸控制同前面所述；当程序运行到N430段停床，用游标卡尺进行检测。根据实际尺寸调刀具磨损量，程序从N130段开始顺序加工，直至尺寸要求为止。

5. 零件检测与评分

零件加工结束后进行检测。应把检测结果填写在表2-36中。

表 2-36 加工图 2-17 零件的评分表

班级		姓名		学号		
工件编号				总得分		
项目	序号	技术要求	配分	评分标准	检测记录	得分
零件图 2-17	1	ϕ（24 ±0.035）mm	10			
	2	ϕ（16 ±0.05）mm（2 处）	20			
	3	2 ×（5 ±0.1）mm	20			
	4	（25 ±0.05）mm	10			
其他	5	一般尺寸	10			
工艺	6	制订的切削加工工艺是否正确	5			
缺陷	7	工件缺陷	5			
程序	8	程序正确、合理	10			
操作	9	机床操作规范	5			
文明生产	10	人身、机床、刀具安全	5			

6. 加工结束并清理机床

【操作注意事项】

1）切槽车刀刀头强度较低，易折断，安装时应按照要求严格装夹。

2）对刀时，外圆车刀采用试切端面、外圆方法进行，但切槽车刀不允许再切端面，否则，加工后零件长度尺寸会发生变化。

3）首件加工时，尽可能采用单步运行，程序准确无误后再采用自动方式进行加工，以避免意外发生。

4）对刀时，刀具接近工件过程中，进给倍率要小，以避免产生撞刀现象。

5）切断刀采用左侧刀尖作为刀位点，编程时刀头宽度尺寸应考虑在内。

【思考与练习】

编写如图 2-25 所示零件的加工程序并进行加工练习，毛坯为 ϕ25mm × 100mm 的合金铝。

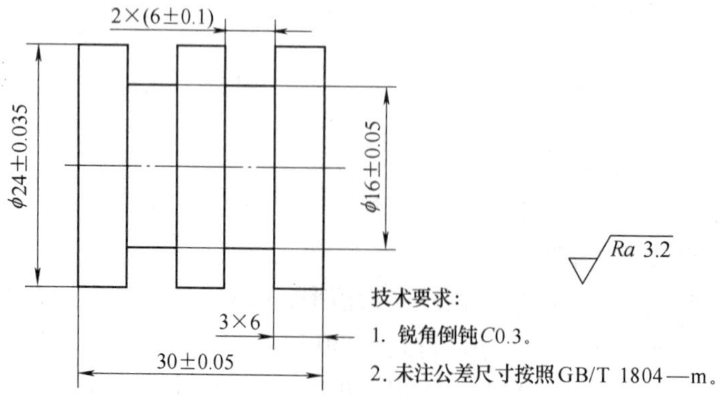

图 2-25 切槽、切断练习图

任务七　用复合固定循环指令切槽

【知识目标】

1）掌握切槽指令 G75 加工方法和加工特点。

2）掌握切槽指令 G72 加工方法和加工特点。

3）会编制外槽的加工工艺。

4）熟练掌握槽类零件的编程特点。

【技能目标】

1）熟练掌握切槽车刀的装夹方法。

2）熟练掌握切槽车刀的对刀及验证方法。

3）熟练掌握尺寸的控制方法。

4）完成如图 2-26 所示零件的加工，其三维效果如图 2-27 所示。材料为合金铝。

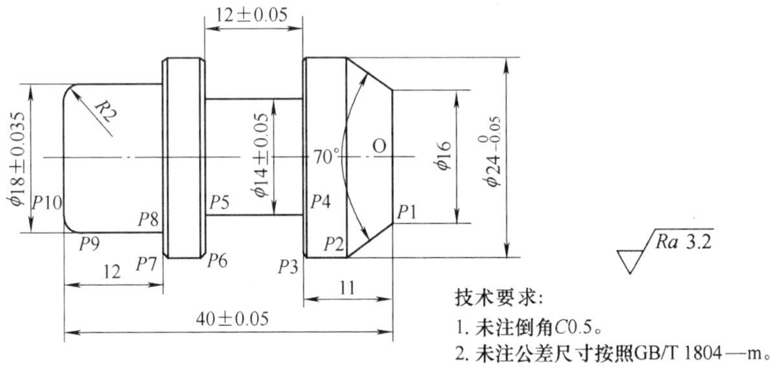

图 2-26　用复合固定循环指令切槽零件图

图 2-27　用复合固定循环指令切槽零件的三维效果

【相关知识】

知识一　G75 指令编程格式

1. 指令功能

在车削宽槽时，因需要安排先粗后精的加工工艺，若利用 G01 进行编程，程序段将会较多，而且将增加手工编程的难度。

G75 车削循环只需要编制出零件轨迹的精加工程序，便可以自动地完成加工轨迹的粗加工，同时再编写精加工轨迹的程序，又可以完成零件的精加工，这将大大地简化了程序并降低了手工编程的工作量，从而提高生产率。

2. 指令代码

华中系统：G75。

FANUC 系统：G75。

广数系统：G75。

3. 指令格式

华中系统、FANUC 系统与广数系统复合固定循环指令 G75 格式及参数含义见表 2-37。

表 2-37 复合固定循环指令 G75 格式及参数含义

系统	华中系统	FANUC 系统	广数系统
图示	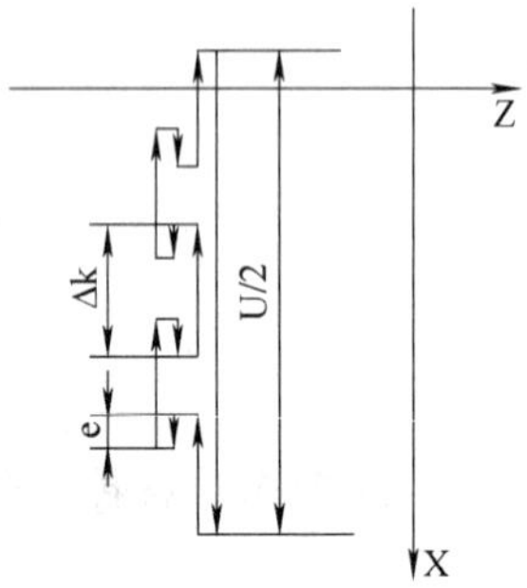	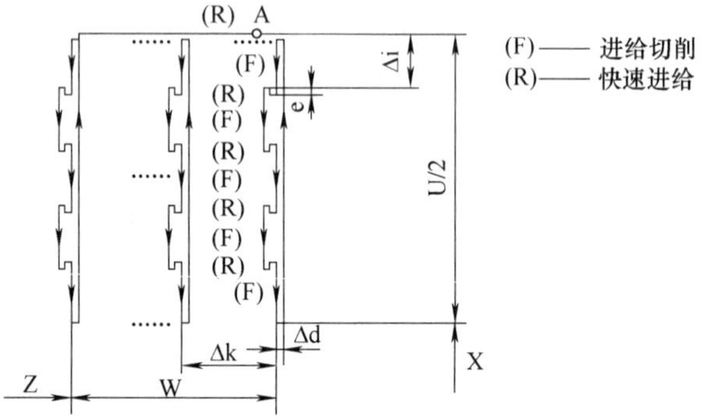	
指令格式	G75 X(U)__ Z(W)__ R(e)__ Q(Δk)__ F__	G75 R(e) G75 X(U) Z(W) P(Δi) Q(Δk) R(Δd) F(f)	G75 R(e) G75 X(U) Z(W) P(Δi) Q(Δk) R(Δd) F(f)
参数说明	X：绝对值编程时，为槽底终点在工件坐标系下的坐标；增量值编程时，为槽底终点相对于循环起点的有向距离，图形中用 U 表示 Z：绝对值编程时，为槽底终点在工件坐标系下的坐标；增量值编程时，为槽底终点相对于循环起点的有向距离，图形中用 W 表示 e：切槽每进一刀的退刀量，只能为正值 Δk：每次进刀的深度，只能为正值 F：进给速度	e：为退刀量，其值为模态值 X（U）__ Z（W）__：为切槽终点处坐标 Δi：为 X 方向的每次切削深度，用不带符号半径量表示，单位为 0.001mm Δk：为刀具完成一次径向切削后，在 Z 方向的偏移量，用不带符号半径量表示，单位为 0.001mm Δd：为刀具在切削底部的 Z 向退刀量，无要求时可省略 F：为径向切削时的进给速度	e：为退刀量，其值为模态值 X（U）__ Z（W）__：为切槽终点处坐标 Δi：为 X 方向的每次切削深度，用不带符号半径量表示，单位为 0.001mm Δk：为刀具完成一次径向切削后，在 Z 方向的偏移量，用不带符号半径量表示，单位为 0.001mm Δd：为刀具在切削底部的 Z 向退刀量，无要求时可省略 F：为径向切削时的进给速度

知识二 G72 指令编程格式

1. 指令功能

该循环与 G71 的区别仅在于粗加工切削方向平行于 X 轴。该指令执行精加工切削的方向与 G71 相同。

2. 指令代码

华中系统：G72。

FANUC 系统：G72。

广数系统：G72。

3. 指令格式

华中系统、FANUC 系统与广数系统复合固定循环指令 G72 格式及参数含义见表 2-38。

表 2-38　复合固定循环指令 G72 格式及参数含义

系统	华中系统	FANUC 系统	广数系统
图示	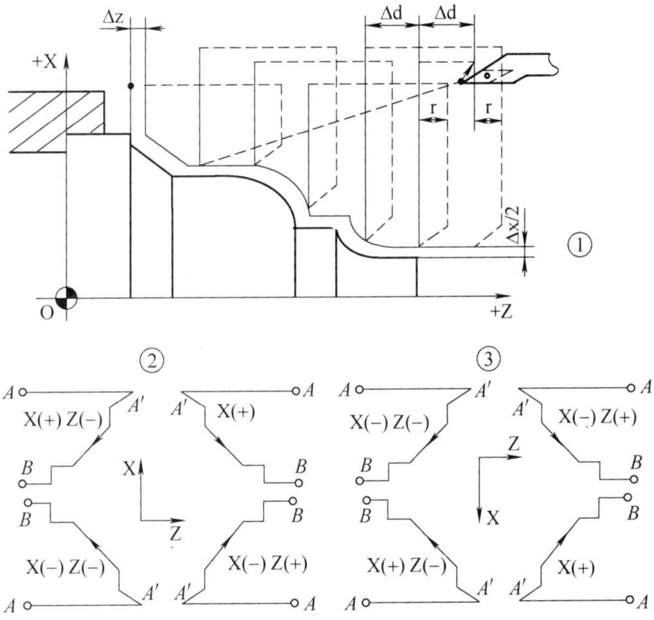G72 复合循环下 X(ΔU) 和 Z(ΔW) 的符号		
指令格式	G72 W(Δd) R(r) P(ns) Q(nf) X(Δx) Z(Δz) F(f) S(s) T(t)	G72 W(Δd) R(e) G72 P(ns) Q(nf) U(Δu) W(Δw) F(f) S(s) T(t)	G72 W(Δd) R(e) G72 P(ns) Q(nf) U(Δu) W(Δw) F(f) S(s) T(t)
参数说明	Δd：切削深度（每次切削量），指定时不加符号，方向由矢量决定 r：每次退刀量 ns：精加工路径第一程序段的顺序号 nf：精加工路径最后程序段的顺序号 Δx：X 方向精加工余量 Δz：Z 方向精加工余量 f、s、t：粗加工时 G71 中编程的 F、S、T 有效，而精加工时处于 ns 到 nf 程序段之间的 F、S、T 有效	Δd：切削深度（每次切削量），指定时不加符号，方向由矢量决定 e：每次退刀量 ns：精加工路径第一程序段的顺序号 nf：精加工路径最后程序段的顺序号 Δu：X 方向精加工余量 Δw：Z 方向精加工余量 f、s、t：粗加工时 G71 中编程的 F、S、T 有效，而精加工时处于 ns 到 nf 程序段之间的 F、S、T 有效	Δd：切削深度（每次切削量），指定时不加符号，方向由矢量决定 e：每次退刀量 ns：精加工路径第一程序段的顺序号 nf：精加工路径最后程序段的顺序号 Δu：X 方向精加工余量 Δw：Z 方向精加工余量 f、s、t：粗加工时 G71 中编程的 F、S、T 有效，而精加工时处于 ns 到 nf 程序段之间的 F、S、T 有效

知识三　加工工艺分析

1. 工具、量具和刀具的选择

(1) 工具的选择　工件装夹在自定心卡盘中，其余工具见表2-39。

表2-39　用复合固定循环指令切槽的加工工具、量具和刀具清单

工具、量具和刀具清单				图号	图2-26	
种类	序号	名称	规格	精度	单位	数量
工具	1	自定心卡盘			个	1
	2	卡盘扳手			副	1
	3	刀架扳手			副	1
	4	垫刀片			块	若干
量具	1	游标卡尺	0~150mm	0.02mm	把	1
	2	千分尺	0~25mm	0.01mm	把	1
刀具	1	外圆粗车刀	90°		把	1
	2	外圆精车刀	90°		把	1
	3	切槽粗车刀	4mm		把	1
	4	切槽精车刀	4mm		把	1

(2) 量具的选择　外径用外径千分尺测量，长度用游标卡尺测量，量具规格、参数见表2-39。

(3) 刀具的选择　外圆选用90°偏刀车削，切槽选用4mm切断刀（表2-39）。

2. 加工工艺

本课题零件比较简单，可用粗、精车刀加工零件的外轮廓，然后调用切断刀切槽，分粗、精车两把车刀，最后切断工件，具体加工工艺见表2-40。

表2-40　零件图2-26的加工工艺

工步号	工步内容	刀具号	切削用量		
			背吃刀量 a_p/mm	进给速度 f/mm·r^{-1}	主轴转速 n/r·min^{-1}
1	车右端面	T01	1~2	0.2	600
2	粗车外轮廓，留0.5mm精车余量	T01	1~2	0.2	600
3	精车外轮廓至尺寸要求	T02	0.25	0.1	800
4	粗车 ϕ14mm外槽留精车余量0.2mm	T03	4	0.08	400
5	精车 ϕ14mm外槽至尺寸要求	T04	4	0.08	500
6	粗车 ϕ16mm外槽留精车余量0.2mm	T03	4	0.08	400
7	精车 ϕ16mm外槽至尺寸要求	T04	4	0.08	500
8	切断，控制总长40mm	T03	4	0.08	400

3. 选择合理的切削用量参数值

加工材料为铝，该材料硬度较低，切削力较小，切削用量可选大些；但切槽时，由于切槽车刀强度较低，转速及进给速度应选择小些，具体参数见表2-40。

知识四　编制参考程序

1. 建立工件坐标系

根据工件坐标系建立原则，工件坐标系设置在工件右端面的轴线上，如图 2-26 所示。

2. 计算基点坐标

车外圆时，*P*1、*P*2、…、*P*10 基点坐标见表 2-41。

表 2-41　基点坐标

基点	坐标（X，Z）	基点	坐标（X，Z）
*P*1	(16，0)	*P*6	(24，-23)
*P*2	(24，-5.71)	*P*7	(24，-28)
*P*3	(24，-11)	*P*8	(18，-28)
*P*4	(14，-11)	*P*9	(18，-38)
*P*5	(14，-23)	*P*10	(14，-40)

3. 参考程序

华中系统程序名为 O0001；FANUC 系统程序名为 O0001；广数系统程序名为 O0001（毛坯材料为 ϕ25mm×100mm）。参考程序见表 2-42。

表 2-42　用复合固定循环指令切槽的参考程序

程序段号	程序内容（华中）	程序内容（FANUC）	程序内容（广数）	程序说明
N10	G40 G95 G21	G40 G99 G21	G40 G99 G21	设置初始状态
N20	S600 M3	S600 M3	S600 M3	设定主轴转速
N30	T0101	T0101	T0101	调用外圆车刀
N40	G00 X26 Z3 G42	G00 X26 Z3 G42	G00 X26 Z3 G42	刀具移动至切入点、调用刀具补偿指令
N50	G71 U1.5 R1 P110 Q140 X0.5 Z0 F0.2	G71 U1.5 R1	G71 U1.5 R1	调用粗车外圆循环指令 G71
N60		G71 P70 Q110 U0.5 W0 F0.2	G71 P70 Q110 U0.5 W0 F0.2	
N70	G00 X100 Z100	G00 X16	G00 X16	
N80	S800 M3 T0202	G01 Z0 F0.1	G01 Z0 F0.1	
N90	G00 X26 Z3	X24 Z-5.71	X24 Z-5.71	
N100	G00 X16	Z-40	Z-40	
N110	G01 Z0 F0.1	X26	X26	
N120	X24 Z-5.71	G00 X100 Z100	G00 X100 Z100	
N130	Z-40	S800 M3	S800 M3	
N140	X26	T0202	T0202	
N150	G00 X100 Z100 G40	G00 X26 Z3	G00 X26 Z3	
N160	T0303	G70 P70 Q110	G70 P70 Q110	
N170	S400 M03	G00 X100 Z100 G40	G00 X100 Z100 G40	
N180	G00 X25 Z-15	T0303	T0303	
N190	G75 X14 R1 Q4 F0.08	S400 M03	S400 M03	
N200	G00 X25 Z-18.5	G00 X25 Z-15	G00 X25 Z-15	

（续）

程序段号	程序内容（华中）	程序内容（FANUC）	程序内容（广数）	程序说明
N210	G75 X14 R1 Q4 F0.08	G75 R1	G75 R1	
N220	G00 X25 Z-21.5	G75 X15 Z-23 R1000 Q4000 F0.08	G75 X15 Z-23 R1000 Q4000 F0.08	
N230	G75 X14 R1 Q4 F0.08	G00 X100	G00 X100	
N240	G00 X25 Z-22	Z100	Z100	
N250	G75 X14 R1 Q4 F0.08	S500 M03	S500 M03	
N260	S500 M03 T0404	T0404	T0404	
N270	G00 X26 Z-15	G00 X26 Z-15	G00 X26 Z-15	
N280	G01 X16 F0.08	G01 X16 F0.08	G01 X16 F0.08	
N290	Z-23	Z-23	Z-23	
N300	X26	X26	X26	
N310	G00 X100 Z100	G00 X100 Z100	G00 X100 Z100	
N320	S400 M03 T0303	S400 M03	S400 M03	
N330	G00 X26 Z-44	T0303	T0303	
N340	G01 X13.5 F0.08	G00 X26 Z-44	G00 X26 Z-44	
N350	X26 F0.3	G01 X13.5 F0.08	G01 X13.5 F0.08	
N360	G72 W3.5 R1 P420 Q460 X0.2 Z0.2 F0.08	X26 F0.3	X26 F0.3	
N370		G72 W3.5 R1	G72 W3.5 R1	
N380	G00 X100 Z100	G72 P390 Q430 U0.2 W0.2 F0.08	G72 P390 Q430 U0.2 W0.2 F0.08	
N390	S500 M03	G00 Z-32	G00 Z-32	
N400	T0404	G01 X18	G01 X18	
N410	G00 X26 Z-44	Z-42	Z-42	
N420	G00 Z-32	G03 X14 Z-44 R2	G03 X14 Z-44 R2	
N430	G01 X18	G01 X26	G01 X26	
N440	Z-42	G00 X100 Z100	G00 X100 Z100	
N450	G03 X14 Z-44 R2	S500 M03 T0404	S500 M03 T0404	
N460	G01 X26	G00 X26 Z-44	G00 X26 Z-44	
N470	G00 X100 Z100	G70 P390 Q430	G70 P390 Q430	
N480	M05	G00 X100 Z100	G00 X100 Z100	
N490	M00	M05	M05	
N500	S400 M03	M00	M00	
N510	T0303	T0303 S400 M03	T0303 S400 M03	
N520	G00 X26 Z-44	G00 X26 Z-44	G00 X26 Z-44	
N530	G01 X2 F0.08	G01 X2 F0.08	G01 X2 F0.08	
N540	X26 F0.3	X26 F0.3	X26 F0.3	
N550	G00 X100 100	G00 X100 100	G00 X100 100	刀具退回换刀点
N560	M30	M30	M30	程序结束并返回起点

【技能训练】

1. 加工准备

1）检查毛坯尺寸。

2）开机（FANUC 系统、华中系统均需回机床零点）。

3）根据图样拟定好加工工艺。

4）根据图样输入加工程序（通过机床操作面板将程序输入到数控机床中）。

5）装夹工件伸出长度 50mm。

6）装夹刀具（按照参考程序将粗、精车外圆车刀依次装入相对应的刀位 T01、T02、T03、T04）。

2. 对刀

（1）外圆车刀对刀　两把车刀依次采用试切法对刀。通过对刀把操作得到的零偏值分别输入到各长度补偿中，以便加工时调用。对刀步骤同前面任务。

（2）切槽车刀对刀　对刀步骤同前面任务。

3. 空运行及仿真

对输入的程序进行空运行或仿真，以检测加工程序是否正确。

4. 零件自动加工及尺寸控制

选择自动加工模式，打开程序，调好进给倍率，按数控启动按钮，进行自动加工，加工过程中尺寸控制同前面任务；当程序运行到（华中系统 N490 段、FANUC 系统和广数系统 N500 段）停床，用游标卡尺进行检测。根据实际尺寸调刀具磨损量，程序从头开始顺序加工，直至尺寸要求为止。

5. 零件检测与评分

零件加工结束后进行检测。应把检测结果填写在表 2-43 中。

表 2-43　加工图 2-26 零件的评分表

班级		姓名		学号		
工件编号				总得分		
项目	序号	技术要求	配分	评分标准	检测记录	得分
零件图 2-26	1	$\phi 24_{-0.05}^{\ 0}$ mm	10			
	2	ϕ（14 ±0.05）mm	10			
	3	ϕ（18 ±0.035）mm	10			
	4	（12 ±0.05）mm	10			
	5	（40 ±0.05）mm	10			
	6	70°	5			
	7	R2mm	5			
其他	8	一般尺寸	10			
工艺	9	制订的切削加工工艺是否正确	5			
缺陷	10	工件缺陷	5			
程序	11	程序正确、合理	10			
操作	12	机床操作规范	5			
文明生产	13	人身、机床、刀具安全	5			

6. 加工结束并清理机床

【操作注意事项】

1）切槽车刀刀头强度较低，易折断，安装时应按照要求严格装夹。

2）首次使用切槽车削循环指令，尽可能采用单段运行，程序准确无误后再采用自动方式进行加工，以避免意外发生。

3）对刀时，刀具在接近工件过程中，进给倍率要小，以避免产生撞刀现象。

4）切断刀采用左侧刀尖作为刀位点，编程时刀头宽度尺寸应考虑在内。

【思考与练习】

编写如图 2-28 所示零件的加工程序并进行加工练习，毛坯为 ϕ25mm × 100mm 的合金铝。

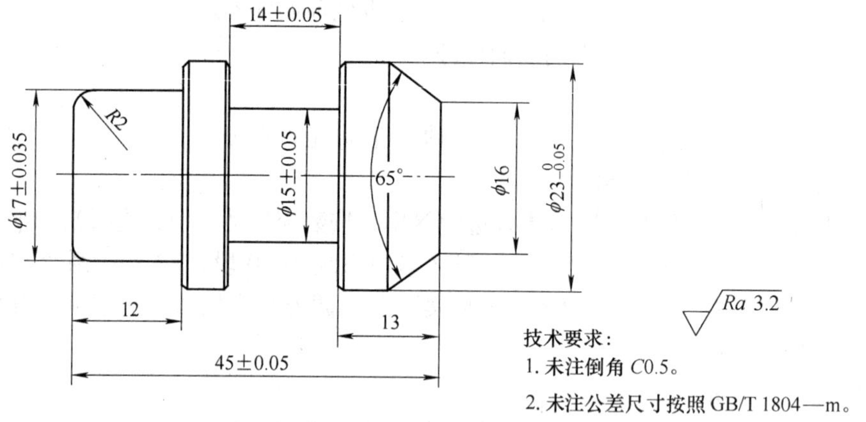

图 2-28 用复合固定循环指令加工练习零件图

任务八　成形面程序的编制及加工

【知识目标】

1）了解刀尖圆弧半径补偿功能的使用。

2）会判断刀尖圆弧半径补偿的方向。

3）掌握凸、凹圆弧面零件的加工工艺。

【技能目标】

1）掌握圆弧面的测量方法。

2）掌握各种凸、凹圆弧面的加工及尺寸的控制方法。

3）掌握刀尖圆弧半径补偿功能的使用。

4）完成如图 2-29 所示零件的加工，其三维效果如图 2-30 所示。材料为合金铝。

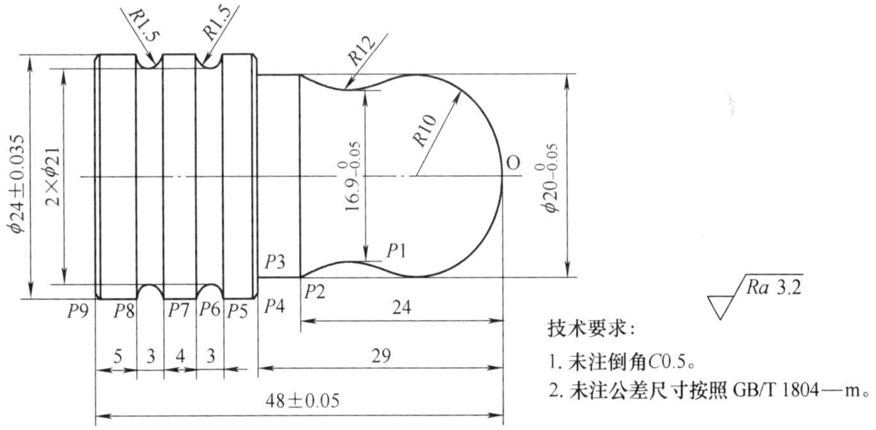

图 2-29　成形面的零件图

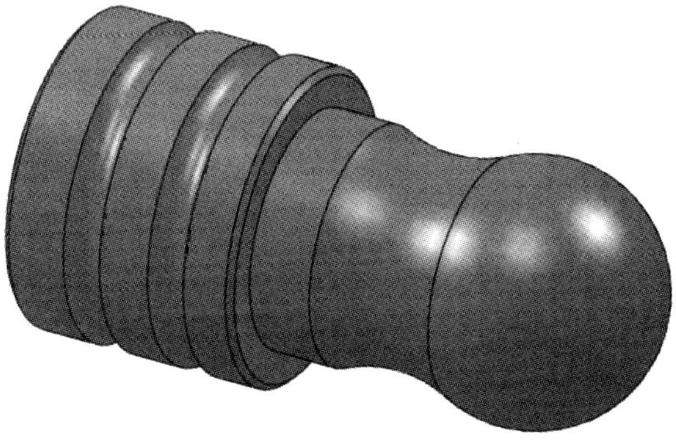

图 2-30　成形面零件的三维效果

【相关知识】

知识一 G40/G41/G42 指令在成形面加工中的应用

1. 刀具半径在成形面加工中产生的过切削或欠切削

数控车削加工时以刀尖为对刀点，当切削圆弧时，由于刀尖半径的存在而产生过切削或欠切削的现象，如图 2-31 所示。具有刀具半径补偿功能的数控系统可防止这种现象的产生。在编制零件加工程序时，以假想刀尖位置按零件轮廓编程，使用刀具半径补偿指令 G41/G42，由系统自动计算补偿值，生成刀具路径，完成对零件的合理加工。

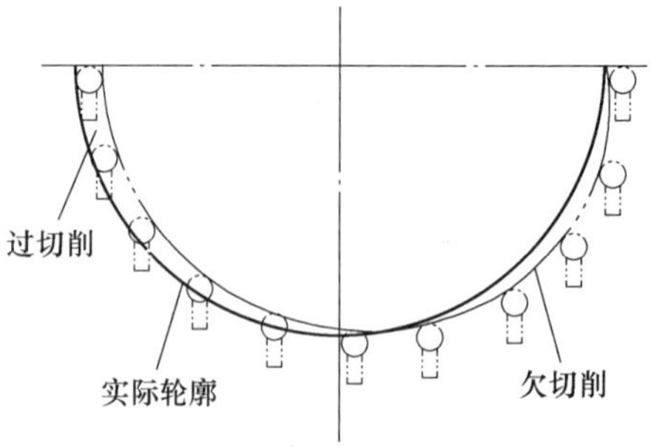

图 2-31 车成形面时产生的过切削和欠切削

在实际加工中，一般数控装置都有刀具半径补偿功能。有刀具半径补偿功能的数控系统，编程时不需要计算刀具中心的运动轨迹，只需按零件轮廓编程。使用刀具半径补偿指令，并在控制面板上手工输入刀具半径，数控装置便能自动地计算出刀具中心轨迹，并按刀具中心轨迹运动，即执行刀具半径补偿后，刀具自动偏离工件轮廓一个刀具半径值，从而加工出所要求的工件轮廓。

G41 指令为刀具半径左补偿，即刀具沿工件左侧运动方向时的半径补偿；G42 指令为刀具半径右补偿，即刀具沿工件右侧运动时的半径补偿；G40 指令为刀具半径补偿取消，使用该指令后，G41、G42 指令无效。G40 必须和 G41 或 G42 成对使用。G41、G42 指令的用法如图 2-32 所示。

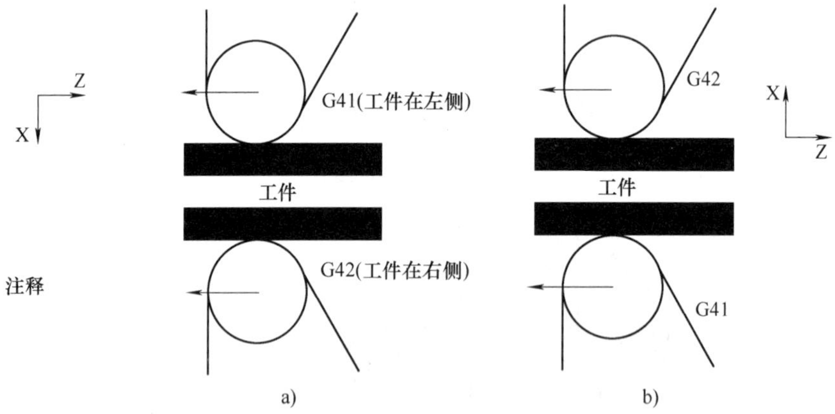

图 2-32 G41、G42 指令的用法
a）前置刀架方向选择 b）后置刀架方向选择

编程时应注意：

G41、G42 指令不能重复使用，即在程序中，前面有了 G41 或 G42 指令之后，不能再直接使用 G41 或 G42 指令。若想使用该指令，则必须先用 G40 指令解除原补偿状态后，再使用 G41 或 G42，否则无法完成该补偿指令。

“刀尖半径偏置”应当用G00或者G01功能来下达指令或取消。不论这个指令是不是带圆弧插补，刀具不会正确移动，并导致它逐渐偏离所执行的路径。因此，刀尖半径偏置的指令应当在切削进程启动之前完成；并且能够防止从工件外部起刀带来的过切现象。反之，要在切削进程之后用移动指令来执行偏置的取消。

2. 刀尖方位的确定

具备刀具半径补偿功能的数控系统，除利用刀具半径补偿指令外，还应根据刀具在切削时所摆的位置，选择假想刀尖的方位。按假想刀尖的方位，确定补偿量。假想刀尖的方位有8种位置可以选择（图2-33）。箭头表示刀尖方向，如果按刀尖圆弧中心编程，则选用0或9。

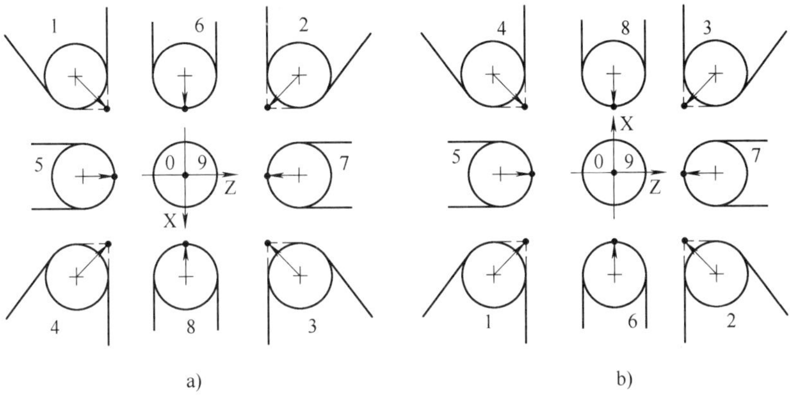

图2-33 假想刀尖的方位选择示意图

a）前置刀架刀尖方位 b）后置刀架刀尖方位

3. 刀尖圆弧半径的选择

选择刀尖圆弧半径的大小时，注意有以下几点。

1）刀尖圆弧半径不宜大于零件凹形轮廓的最小半径，以免发生加工干涉；该半径又不宜选择太小，否则会因其刀头强度太弱或刀体散热能力差，使车刀容易损坏。

2）刀尖圆弧半径应与最大进给量相适应，刀尖圆弧半径宜大于等于最大进给量的1.25倍，否则将恶化切削条件，甚至出现螺纹状表面和打刀等问题；另一方面，又要顾虑刀尖圆弧半径太大容易导致刀具切削时发生颤振，一般说来，刀尖圆弧半径在0.8mm以下时不容易导致加工颤振。

3）刀尖圆弧半径与进给量在几何学上与加工面的残留高度有关，从而影响到加工面的表面粗糙度。小进给量、大的刀尖圆弧半径，可减小残留高度，得到小的表面粗糙度值。

4）在CNC编程加工时，若考虑经测量认定的刀具圆弧半径，并进行刀尖半径补偿，该刀具圆弧相当于在加工轮廓上滚动切削，刀具圆弧制造精度和刀尖半径测量精度应当与轮廓的形状精度相适。

以上是对刀尖半径补偿概念及方位选择的一个简单概述，而在数控车床上进行加工时，首先要考虑刀偏的方向及方位，其次考虑刀尖半径 $r_{刀}$ 的大小在加工中是否干涉，然后考虑对刀时刀补值应该如何输入等。在加工中对刀时的刀补值为图2-34所示 *A*、*B* 两点。

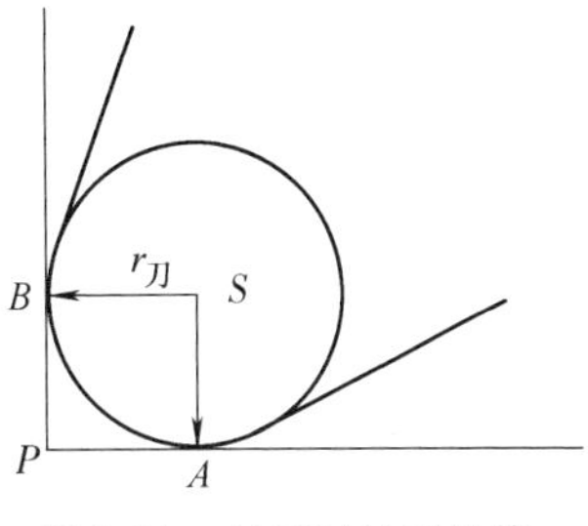

图2-34 对刀时的刀补值

知识二 加工工艺分析

1. 工具、量具和刀具的选择

（1）工具的选择 工件装夹在自定心卡盘中，其余工具见表2-44。

表2-44 成形面零件的加工工具、量具和刀具清单

工具、量具和刀具清单				图号	图2-29	
种类	序号	名称	规格	精度	单位	数量
工具	1	自定心卡盘			个	1
	2	卡盘扳手			副	1
	3	刀架扳手			副	1
	4	垫刀片			块	若干
量具	1	游标卡尺	0～150mm	0.02mm	把	1
	2	千分尺	0～25mm	0.01mm	把	1
	3	半径样板	R1～R7.5mm R7～R15.5mm			
	4	表面粗糙度样板				
刀具	1	外圆粗车刀	90°		把	1
	2	外圆精车刀	90°		把	1
	3	圆弧成形车刀	R1.5mm		把	1
	4	切断刀精车刀	4mm		把	1

（2）量具的选择 外径用外径千分尺测量，长度用游标卡尺测量，圆弧表面用半径样板检测，表面粗糙度用表面粗糙度样板对比，量具规格和参数见表2-44。

（3）刀具的选择 加工圆弧成形面时，使用的刀具有：成形车刀、尖形车刀、90°偏刀车削，4mm切断刀等，具体见表2-44。

2. 加工工艺

本课题零件图可用粗、精车两把车刀加工零件的外轮廓，其中圆弧面粗加工时因各处余量不同，应采用相应的方法进行解决，具体加工工艺见表2-45。

表2-45 零件图2-29的加工工艺

工步号	工步内容	刀具号	切削用量		
			背吃刀量 a_p/mm	进给速度 f/mm·r^{-1}	主轴转速 n/r·min^{-1}
1	车右端面	T01	1～2	0.2	600
2	粗车外轮廓，留0.5mm精车余量	T01	1～2	0.2	600
3	精车外轮廓至尺寸要求	T02	0.25	0.1	800
4	加工R12mm以及两个R1.5mm圆弧至尺寸	T03	1.5	0.08	400
5	切断，控制总长48mm	T04	4	0.08	400

3. 选择合理的切削用量参数值

加工材料为铝，该材料硬度较低，切削力较小，切削用量可选大些；粗加工凹圆弧表面余量不均匀，背吃刀量及进给速度可选择小些，具体参数见表2-45。

知识三　编制参考程序

1. 建立工件坐标系

根据工件坐标系建立原则，工件坐标系设置在工件右端面的轴线上，如图2-29所示。

2. 计算基点坐标

车外圆时，*P*1、*P*2、…、*P*9 基点坐标如图2-29所示，具体各基点坐标见表2-46。

表2-46　基点坐标

基点	坐标（X，Z）	基点	坐标（X，Z）
*P*1	(18.59，－13.68)	*P*6	(24，－36)
*P*2	(20，－24)	*P*7	(24，－40)
*P*3	(20，－29)	*P*8	(24，－43)
*P*4	(24，－29)	*P*9	(24，－48)
*P*5	(24，－33)		

3. 参考程序

华中系统程序名为O0001；FANUC系统程序名为O0001；广数系统程序名为O0001（毛坯材料为ϕ25mm×100mm）。参考程序见表2-47。

表2-47　成形面零件的参考程序

<table>
<tr><th>程序段号</th><th>程序内容（华中）</th><th>程序内容（FANUC）</th><th>程序内容（广数）</th><th>程序说明</th></tr>
<tr><td>N10</td><td>G40 G95 G21</td><td>G40 G99 G21</td><td>G40 G99 G21</td><td>设置初始状态</td></tr>
<tr><td>N20</td><td>S600 M3</td><td>S600 M3</td><td>S600 M3</td><td>设定主轴转速</td></tr>
<tr><td>N30</td><td>T0101</td><td>T0101</td><td>T0101</td><td>调用外圆车刀</td></tr>
<tr><td>N40</td><td>G00 X26 Z3 G42</td><td>G00 X26 Z3 G42</td><td>G00 X26 Z3 G42</td><td>刀具移动至切入点、调用刀具补偿指令</td></tr>
<tr><td>N50</td><td rowspan="2">G71 U1.5 R1 P110 Q170 X0.5 Z0 F0.2</td><td>G71 U1.5 R1</td><td>G71 U1.5 R1</td><td rowspan="2">调用粗车外圆循环指令G71</td></tr>
<tr><td>N60</td><td>G71 P70 Q130 U0.5 W0 F0.2</td><td>G71 P70 Q130 U0.5 W0 F0.2</td></tr>
<tr><td>N70</td><td>G00 X100 Z100</td><td>G00 X0</td><td>G00 X0</td><td></td></tr>
<tr><td>N80</td><td>S800 M3</td><td>G01 Z0 F0.1</td><td>G01 Z0 F0.1</td><td></td></tr>
<tr><td>N90</td><td>T0202</td><td>G03 X20 Z－10 R10</td><td>G03 X20 Z－10 R10</td><td></td></tr>
<tr><td>N100</td><td>G00 X26 Z3</td><td>G01 Z－29</td><td>G01 Z－29</td><td></td></tr>
<tr><td>N110</td><td>G00 X0</td><td>X24</td><td>X24</td><td></td></tr>
<tr><td>N120</td><td>G01 Z0 F0.1</td><td>Z－48</td><td>Z－48</td><td></td></tr>
<tr><td>N130</td><td>G03 X20 Z－10 R10</td><td>X26</td><td>X26</td><td></td></tr>
<tr><td>N140</td><td>G01 Z－29</td><td>G00 X100 Z100</td><td>G00 X100 Z100</td><td></td></tr>
</table>

（续）

程序段号	程序内容（华中）	程序内容（FANUC）	程序内容（广数）	程序说明
N150	X24	S800 M3 T0202	S800 M3 T0202	
N160	Z-48	G00 X26 Z3	G00 X26 Z3	
N170	X26	G70 P70 Q130	G70 P70 Q130	
N180	G00 X100 Z100 G40	G00 X100 Z100 G40	G00 X100 Z100 G40	刀具退回换刀点
N190	T0303	T0303	T0303	调用 $R1.5$mm 圆弧车刀
N200	S400 M03	S400 M03	S400 M03	设定主轴转速
N210	G42 G00 X22 Z-10	G42 G00 X22 Z-10	G42 G00 X22 Z-10	刀具移至切入点
N220	G01 X20 F0.08	G01 X20 F0.08	G01 X20 F0.08	刀具沿 X 轴进给
N230	G03 X18.59 Z-13.68 R10	G03 X18.59 Z-13.68 R10	G03 X18.59 Z-13.68 R10	加工 $R10$mm 后半段圆弧
N240	G02 X20 Z-24 R12	G02 X20 Z-24 R12	G02 X20 Z-24 R12	加工 $R12$mm 圆弧
N250	G01 U1 W-0.5	G01 U1 W-0.5	G01 U1 W-0.5	退刀倒毛刺
N260	G00 X26	G00 X26	G00 X26	刀具移至切入点
N270	Z-35-5	Z-35-5	Z-35-5	
N280	G01 X21 F0.08	G01 X21 F0.08	G01 X21 F0.08	刀具沿 X 轴进给
N290	X26 F0.5	X26 F0.5	X26 F0.5	刀具移至切入点
N300	Z-41.5	Z-41.5	Z-41.5	
N310	X21 F0.08	X21 F0.08	X21 F0.08	刀具沿 X 轴进给
N320	X26 F0.5	X26 F0.5	X26 F0.5	刀具沿 X 轴退刀
N330	G00 X100 Z100 G40	G00 X100 Z100 G40	G00 X100 Z100 G40	刀具退至换刀点
N340	M05	M05	M05	主轴停止
N350	M00	M00	M00	程序暂停
N360	S400 M03	S400 M03	S400 M03	设定主轴转速
N370	T0404	T0404	T0404	调用 4mm 切断刀
N380	G00 X26 Z-52	G00 X26 Z-52	G00 X26 Z-52	刀具移至切入点
N390	G01 X2 F0.08	G01 X2 F0.08	G01 X2 F0.08	刀具沿 X 轴进给
N400	X26 F0.3	X26 F0.3	X26 F0.3	刀具沿 X 轴退刀
N410	G00 X100 100	G00 X100 100	G00 X100 100	刀具退回换刀点
N420	M30	M30	M30	程序结束并返回起点

【技能训练】

1. 加工准备

1）检查毛坯尺寸。

2）开机（FANUC 系统、华中系统均需回机床零点）。

3）根据图样拟定好加工工艺。

4）根据图样输入加工程序（通过机床操作面板将程序输入到数控机床中）。

5）装夹工件伸出长度 60mm。

6）装夹刀具（按照参考程序将粗、精车外圆车刀，*R*1.5mm 圆弧车车刀，以及切断刀依次装入相对应的刀位 T01、T02、T03、T04）。

2. 对刀

四把刀依次采用试切法对刀。通过对刀把操作得到的零偏值分别输入到各长度补偿中，以便加工时调用。*R*1.5mm 圆弧车刀的切削刃为圆弧形，对刀刀位点应选取在刀尖顶点上，与编程时采用一致；切断刀选取左侧刀尖为刀位点。

3. 空运行及仿真

对输入的程序进行空运行或轨迹仿真，以检测加工程序是否正确。

4. 零件自动加工及尺寸控制

选择自动加工模式，打开程序，调好进给倍率，按数控启动按钮，进行自动加工，零件上圆弧表面形状主要用半径样板（俗称 R 规）检测。测量时，半径样板应沿零件直径方向，根据透光间隙，判别圆弧表面与半径样板的吻合程度；其他尺寸控制同前面所述；当程序运行到 N350 段停止，用游标卡尺进行检测。根据实际尺寸调刀具磨损量，程序从头开始顺序加工，直至达到尺寸要求为止。

5. 零件检测与评分

零件加工结束后进行检测。应把检测结果填写在表 2-48 中。

表 2-48　加工图 2-29 零件的评分表

班级		姓名		学号		
工件编号				总得分		
项目	序号	技术要求	配分	评分标准	检测记录	得分
零件图 2-29	1	$\phi(24\pm0.035)$ mm	10			
	2	$\phi16.9_{-0.05}^{0}$mm	10			
	3	$\phi20_{-0.05}^{0}$mm	10			
	4	(48 ± 0.05) mm	10			
	5	*R*1.5mm	10			
	6	*R*10mm	5			
	7	*R*12mm	5			
其他	8	一般尺寸	10			
工艺	9	制订的切削加工工艺是否正确	5			
缺陷	10	工件缺陷	5			
程序	11	程序正确、合理	10			
操作	12	机床操作规范	5			
文明生产	13	人身、机床、刀具安全	5			

6. 加工结束并清理机床

【操作注意事项】

1）圆弧车刀刀头强度较低，易折断，安装时应按照要求严格装夹。

2）首次使用切槽车削循环指令，尽可能采用单段运行，程序准确无误后再采用自动方式进行加工，以避免意外发生。

3）对刀时，刀具接近工件过程中，进给倍率要小，以避免产生撞刀现象。

4）切断刀采用左侧刀尖作为刀位点，编程时刀头宽度尺寸应考虑在内。

5）T03 号刀具使用刀尖半径补偿，应输入刀尖半径值及刀位号。

【思考与练习】

1）圆弧的加工方向应如何判别？

2）加工成形面时常采用哪些车刀？有何要求？

3）编写如图 2-35 所示零件的加工程序并进行加工练习，毛坯为 ϕ25mm × 100mm 的合金铝。

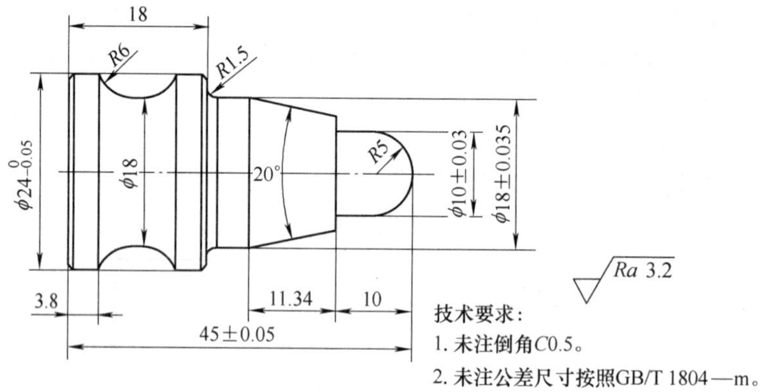

图 2-35　成形面零件的练习图

任务九　用复合固定循环指令加工成形面

【知识目标】

1）熟练掌握成形面的加工方法。

2）掌握用复合固定循环指令 G73（华中系统、FANUC 系统、广数系统）加工成形面。

3）会编制外成形面零件的加工工艺。

【技能目标】

1）掌握成形面零件的自动加工方式。

2）掌握刀尖圆弧半径补偿功能的使用。

3）掌握圆弧面的测量方法。

4）完成如图 2-36 所示零件的加工，其三维效果如图 2-37 所示。材料为铝。

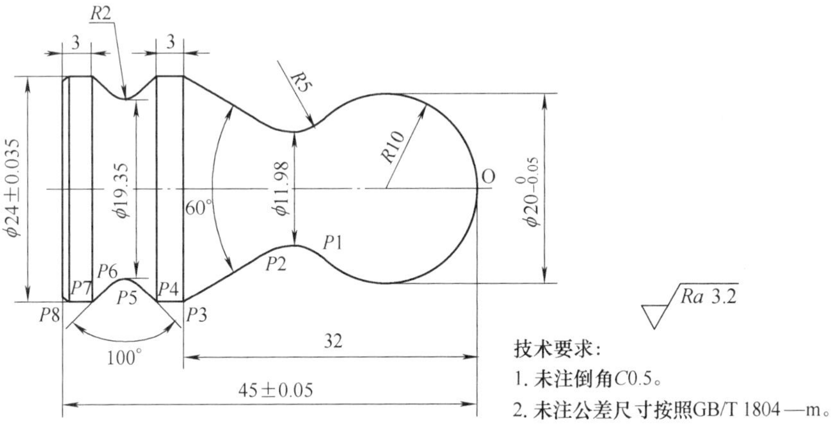

图 2-36　用复合固定循环指令加工成形面的零件图

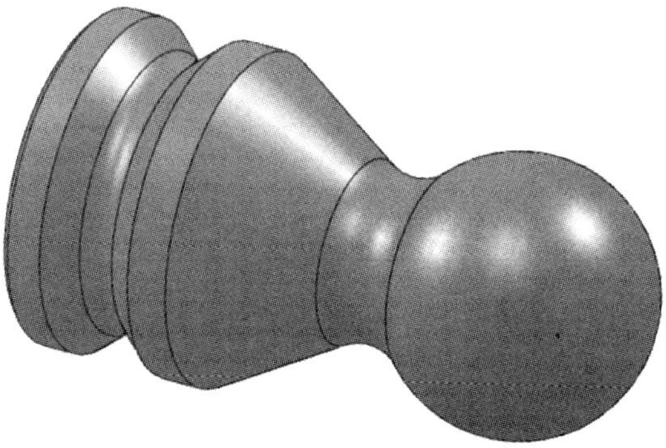

图 2-37　用复合固定循环指令加工成形面的三维效果

【相关知识】

知识一 指令编程格式

1. 指令功能

前文已经介绍了G71指令的功能和应用，其中G71指令受到系统条件的限制，切削方向由A到B方向决定，而且在X轴方向只能从A到B单调增大或减少，即如果台阶轴有凹下的形状（如槽形）时，凹下的部分是不能用G71指令进行粗加工的，这会在一定程度上制约其加工范围。特别是对于成形的铸件、锻件的粗加工，为了有效地加工和简化编程。可以使用G73复合固定循环指令加工（注：其中华中数控的G71指令是可以加工凹弧的，其功能作用与G73指令相似）。G73封闭切削循环加工，可以按同一轨迹重复切削，每次切削刀具向前移动一个给定的背吃刀量。

2. 指令代码

华中系统：G73。

FANUC系统：G73。

广数系统：G73。

3. 指令格式

华中系统、FANUC系统与广数系统复合固定循环指令G73格式及参数含义见表2-49。

表2-49 复合固定循环指令G73格式及参数含义

系统	华中系统	FANUC系统	广数系统
图示	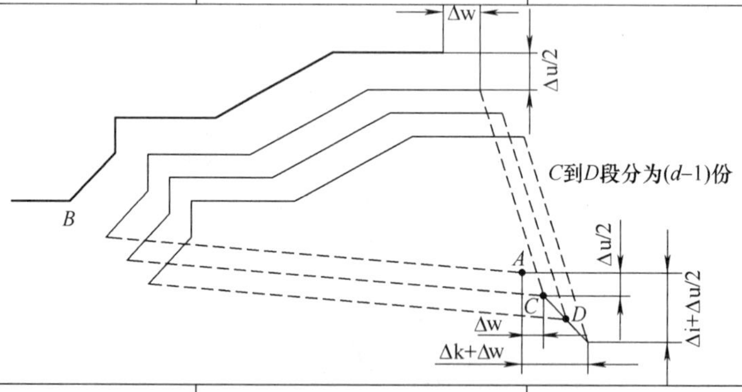		
指令格式	G73 U(ΔI) W(ΔK) R(r) P(ns) Q(nf) X(Δx) Z(Δz) F(f) S(s) T(t)	G73 U(Δi) W(Δk) R(d) G73 P(ns) Q(nf) U(Δu) W(Δw) F(f) S(s) T(t)	G73 U(Δi) W(Δk) R(d) G73 P(ns) Q(nf) U(Δu) W(Δw) F(f) S(s) T(t)
参数说明	ΔI：X轴方向总退刀量（半径量）；一般取加工轮廓的最大与最小半径差值 Δk：Z轴方向的粗加工总余量；为Z轴方向总退刀量；一般棒料不留退刀量，铸件、锻件取毛坯与加工尺寸Z向差值 r：粗切削次数 其余各项参数含义与G71指令相同	Δi：X轴方向总退刀量（半径量）；一般取加工轮廓的最大与最小半径差值 Δk：Z轴方向总退刀量；一般棒料不留退刀量，铸件、锻件取毛坯与加工尺寸Z向差值 d：粗切削次数 其余各项参数含义与G71指令相同	Δi：X轴方向总退刀量（半径量）；一般取加工轮廓的最大与最小半径差值 Δk：Z轴方向总退刀量；一般棒料不留退刀量，铸件、锻件取毛坯与加工尺寸Z向差值 d：粗切削次数 其余各项参数含义与G71指令相同

知识二 加工工艺分析

1. 工具、量具和刀具的选择

（1）工具选择 工件装夹在自定心卡盘中，其余工具见表2-50。

表2-50 成形面零件的加工工具、量具和刀具清单

工具、量具和刀具清单				图号	图2-36	
种类	序号	名称	规格	精度	单位	数量
工具	1	自定心卡盘			个	1
	2	卡盘扳手			副	1
	3	刀架扳手			副	1
	4	垫刀片			块	若干
量具	1	游标卡尺	0～150mm	0.02mm	把	1
	2	千分尺	0～25mm	0.01mm	把	1
	3	半径样板	$R1$～$R7.5$mm $R7$～$R15.5$mm		套	各1
	4	表面粗糙度样板			套	1
刀具	1	外圆粗车刀	90°		把	1
	2	外圆粗车刀	35°		把	1
	3	外圆精车刀	35°		把	1
	4	切断刀精车刀	4mm		把	1

（2）量具的选择 外径用外径千分尺测量，长度用游标卡尺测量，圆弧表面用半径样板检测，表面粗糙度用表面粗糙度样板对比，量具规格和参数见表2-50。

（3）刀具的选择 加工圆弧成形面时，使用的刀具有：尖形车刀、90°偏刀车削，4mm切断刀等，具体参数见表2-50。

2. 加工工艺

本课题零件图可用粗、精车刀加工零件的外轮廓，具体加工工艺见表2-51。

表2-51 零件图2-36加工工艺

工步号	工步内容	刀具号	切削用量		
			背吃刀量 a_p/mm	进给速度 f/mm·r^{-1}	主轴转速 n/r·min^{-1}
1	车右端面	T01	1～2	0.2	600
2	粗车零件整体外轮廓留0.5mm精车余量	T02	1	0.2	600
3	精车外轮廓至尺寸要求	T03	0.25	0.1	800
4	切断，控制总长48mm	T04	4	0.08	400

3. 选择合理的切削用量参数值

加工材料为铝，该材料硬度较低，切削力较小，切削用量可选大些；粗加工时选用的是35°尖刀，所以背吃刀量及进给速度可选择小些，具体参数见表2-51。

知识三 编制参考程序

1. 建立工件坐标系

根据工件坐标系建立原则，工件坐标系设置在工件右端面的轴线上，如图2-36所示。

2. 计算基点坐标

车外圆时，*P*1、*P*2、…、*P*8 基点坐标，如图2-36所示，具体各基点坐标见表2-52。

表2-52 基点坐标

基点	坐标（X，Z）	基点	坐标（X，Z）
*P*1	（14.63，－16.82）	*P*5	（20.28，－37.21）
*P*2	（13.29，－22.72）	*P*6	（20.28，－39.79）
*P*3	（24，－32）	*P*7	（24，－42）
*P*4	（24，－35）	*P*8	（24，－45）

3. 参考程序

华中系统程序名为O0001；FANUC系统程序名为O0001；广数系统程序名为O0001（毛坯材料为 ϕ25mm×100mm）。参考程序见表2-53。

表2-53 圆弧面零件的参考程序

程序段号	程序内容（华中）	程序内容（FANUC）	程序内容（广数）	程序说明
N10	G40 G95 G21	G40 G99 G21	G40 G99 G21	设置初始状态
N20	S600 M3	S600 M3	S600 M3	设定主轴转速
N30	T0202	T0202	T202	调用外圆车刀
N40	G00 X26 Z3 G42	G00 X26 Z3 G42	G00 X26 Z3 G42	刀具移动至切入点、调用刀具补偿指令
N50	G73 U7.5 W0.01 R7 P110 Q210 X0.5 Z0 F0.2	G73 U7.5 W0 R7	G73 U7.5 W0 R7	调用粗车外圆循环指令G73
N60		G73 P70 Q170 U0.5 W0 F0.2	G73 P70 Q170 U0.5 W0 F0.2	
N70	G00 X100 Z100	G00 X0	G00 X0	
N80	S800 M3	G01 Z0 F0.1	G01 Z0 F0.1	
N90	T0303	G03 X14.63 Z－16.82 R10	G03 X14.63 Z－16.82 R10	
N100	G00 X26 Z3	G02 X13.29 Z－22.72 R5	G02 X13.29 Z－22.72 R5	
N110	G00 X0	G01 X24 Z－32	G01 X24 Z－32	
N120	G01 Z0 F0.1	Z－35	Z－35	
N130	G03 X14.63 Z－16.82 R10	X20.28 Z－37.21	X20.28 Z－37.21	
N140	G02 X13.29 Z－22.72 R5	G02 X20.28 Z－39.79 R2	G02 X20.28 Z－39.79 R2	
N150	G01 X24 Z－32	G01 X24 Z－42	G01 X24 Z－42	
N160	Z－35	Z－45	Z－45	
N170	X20.28 Z－37.21	X26	X26	
N180	G02 X20.28 Z－39.79 R2	G00 X100 Z100	G00 X100 Z100	
N190	G01 X24 Z－42	S800 M3 T0303	S800 M3 T0303	

（续）

程序段号	程序内容（华中）	程序内容（FANUC）	程序内容（广数）	程序说明
N200	Z－45	G00 X26 Z3	G00 X26 Z3	
N210	X26	G70 P70 Q170	G70 P70 Q170	
N220	G00 X100 Z100 G40	G00 X100 Z100 G40	G00 X100 Z100 G40	
N230	M05	M05	M05	主轴停止
N240	M00	M00	M00	程序暂停
N250	S400 M03	S400 M03	S400 M03	设定主轴转速
N260	T0404	T0404	T0404	调用4mm切断刀
N270	G00 X26 Z－49	G00 X26 Z－49	G00 X26 Z－49	刀具移至切入点
N280	G01 X2 F0.08	G01 X2 F0.08	G01 X2 F0.08	刀具沿X轴进给
N290	X26 F0.3	X26 F0.3	X26 F0.3	刀具沿X轴退刀
N300	G00 X100 Z100	G00 X100 Z100	G00 X100 Z100	刀具退回换刀点
N310	M30	M30	M30	程序结束并返回起点

【技能训练】

1. 加工准备

1）检查毛坯尺寸。

2）开机（FANUC系统、华中系统均需回机床零点）。

3）根据图样拟定好加工工艺。

4）根据图样输入加工程序（通过机床操作面板将程序输入到数控机床中）。

5）装夹工件伸出长度55mm。

6）装夹刀具（按照参考程序将90°外圆车刀，粗、精车外圆车刀，以及切断刀依次装入相对应的刀位T01、T02、T03、T04）。

2. 对刀

四把车刀依次采用试切法对刀。通过对刀把操作得到的零偏值分别输入到各长度补偿中，以便加工时调用。35°度尖刀的对刀方式与外圆车刀一致；切断刀选取左侧刀尖作为刀位点。

3. 空运行及仿真

对输入的程序进行空运行或仿真，以检测加工程序是否正确。

4. 零件自动加工及尺寸控制

选择自动加工模式，打开程序，调好进给倍率，按数控启动按钮，进行自动加工，零件上圆弧表面形状主要用半径样板检测。测量时半径样板应沿零件直径方向，根据透光间隙，判别圆弧表面与半径样板的吻合程度；其他尺寸控制同前面所述；当程序运行到N240段停止，用游标卡尺进行检测。根据实际尺寸调刀具磨损量，程序从头开始顺序加工，直至尺寸达到要求为止。

5. 零件检测与评分

零件加工结束后进行检测。应把检测结果填写在表2-54中。

表 2-54　加工图 2-36 零件的评分表

班级		姓名		学号		
工件编号				总得分		
项目	序号	技术要求	配分	评分标准	检测记录	得分
零件图 2-36	1	ϕ（24 ±0.035） mm	10			
	2	ϕ19.35mm	10			
	3	$\phi20_{-0.05}^{0}$ mm	10			
	4	ϕ11.98mm	10			
	5	R2mm、R5mm、R10mm	15			
	6	60°、100°	10			
其他	7	一般尺寸	5			
工艺	8	制订的切削加工工艺是否正确	5			
缺陷	9	工件缺陷	5			
程序	10	程序正确、合理	10			
操作	11	机床操作规范	5			
文明生产	12	人身、机床、刀具安全	5			

6. 加工结束并清理机床

【操作注意事项】

1）首次使用复合固定循环指令 G73 时，尽可能采用单段运行，程序准确无误后再采用自动方式进行加工，以避免意外发生。

2）对刀时，刀具接近工件过程中，进给倍率要小，以避免产生撞刀现象。

3）切断刀采用左侧刀尖作为刀位点，编程时刀头宽度尺寸应考虑在内。

【思考与练习】

编写如图 2-38 所示零件的加工程序并进行加工练习，毛坯为 ϕ25mm × 100mm 的合金铝。

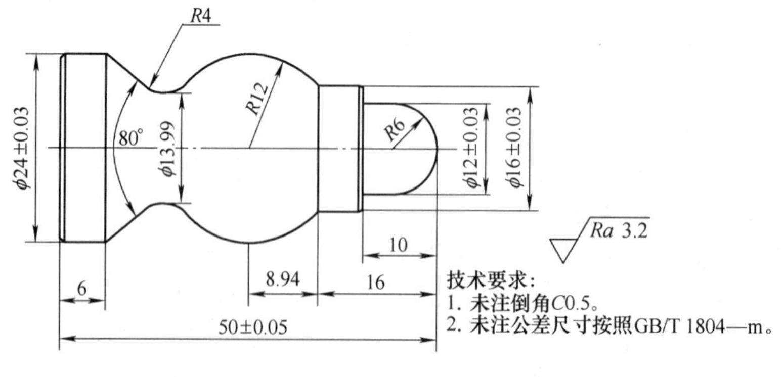

图 2-38　圆弧面零件练习图

任务十　综合技能训练与考核二

【知识目标】

1）会识读零件图。

2）制订槽类、成形面综合性零件的加工工艺。

3）会选择加工各种表面的刀具。

【技能目标】

1）掌握槽类、成形面零件的加工方法。

2）掌握外圆、长度、圆弧面尺寸的控制方法。

3）完成如图 2-39 所示零件的加工，其三维效果如图 2-40 所示。材料为铝。

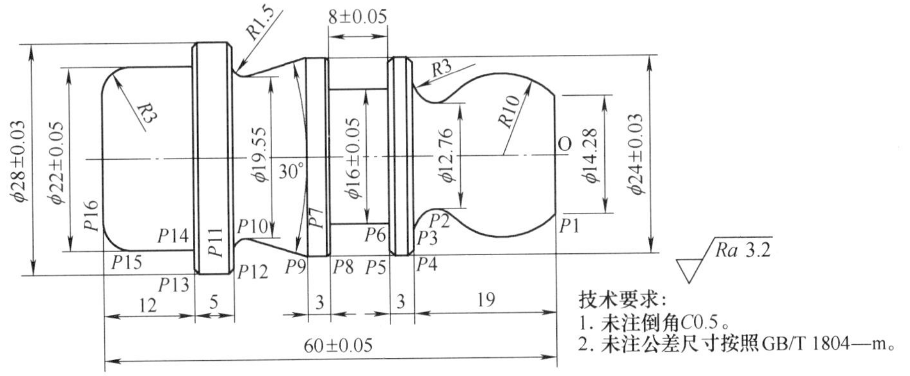

图 2-39　综合技能训练与考核二零件的零件图

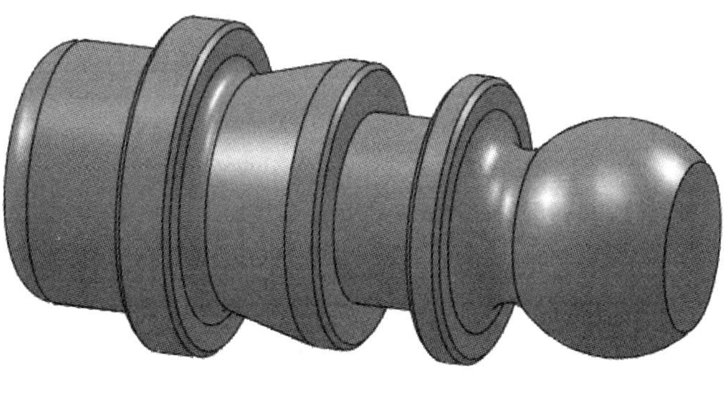

图 2-40　综合技能训练与考核二零件的三维效果

【相关知识】

知识一 加工工艺分析

1. 工具、量具和刀具的选择

（1）工具的选择 工件装夹在自定心卡盘中，其余工具见表2-55。

（2）量具的选择 外径用外径千分尺测量，长度用游标卡尺测量，锥度用游标万能角度尺测量，圆弧表面用半径样板测量，表面粗糙度用表面粗糙度样板比对，量具规格和参数见表2-55。

（3）刀具的选择 粗、精车外圆选用35°偏刀车削；外圆粗、精加工车刀副偏角应足够大，避免副切削刃切削时与工件产生干涉；切槽用切槽车刀，所有刀具规格和尺寸见表2-56。

表2-55 加工综合技能训练与考核二零件的加工工具、量具清单

工具、量具清单				图号	图2-39	
种类	序号	名称	规格	精度	单位	数量
工具	1	自定心卡盘			个	1
	2	卡盘扳手			副	1
	3	刀架扳手			副	1
	4	垫刀片			块	若干
量具	1	游标卡尺	0～150mm	0.02mm	把	1
	2	千分尺	0～25mm	0.01mm	把	1
	3	游标万能角度尺	0°～320°		把	1
	4	半径样板	$R1$～$R7.5$mm $R7$～$R15.5$mm		套	各1
	5	表面粗糙度样板			套	1

表2-56 加工综合技能训练与考核二零件的刀具卡

产品名称或代号	综合技能训练与考核二的零件图		零件名称		零件图号	图2-39
序号	刀具号	刀具名称	数量	加工表面	刀尖半径	刀尖方位
1	T01	35°硬质合金粗车刀	1	粗车外轮廓	0.4mm	33
2	T02	35°硬质合金精车刀	1	精车外轮廓	0.4mm	3
3	T03	硬质合金车刀	1	切槽、切断	4mm	
4	T04	90°硬质合金粗车刀	1	平端面	0.4mm	
编制		审核		批准	共1页	第1页

2. 加工工艺

若坯料较长，则夹住毛坯外圆，伸出约70mm，先利用35°尖刀加工零件所有外轮廓表面，然后用切槽车刀加工22mm、16mm的槽后进行切断，以保证零件位置精度。需采用掉头装夹车削，掉头装夹时应注意校正，以保证同轴度要求。

3. 选择合理的切削用量参数值

加工材料为铝，该材料硬度较低，切削力较小，切削用量可选大些，具体参数见表2-57。

表 2-57　综合训练图 2-39 的加工工艺

单位名称		产品名称或代号		零件名称			零件图号
		综合技能训练二的零件图		图 2-39			
工序号	程序编号	夹具名称		使用设备	数控系统		车间
001	O0001	自定心卡盘					实习车间
工步号	工步内容	刀具号	刀具规格/mm	背吃刀量 a_p/mm	进给速度 f/mm·r^{-1}	主轴转速 n/r·min^{-1}	备注
1	平端面	T04	20×20	1~2	0.2	600	手动
2	粗车所有外轮廓留精车余量0.5mm	T01	20×20	1~2	0.2	600	自动 O0001
3	精车所有外轮廓至尺寸要求	T02	20×20	0.25	0.1	800	自动 O0001
4	车槽 8mm×ϕ16mm 至尺寸	T03	20×20	4	0.08	400	自动 O0001
5	车槽 12mm×ϕ22mm 至尺寸	T03	20×20	4	0.08	400	自动 O0001
6	切断，保证总长	T03	20×20	4	0.08	400	手动
编制		审核		批准		共 1 页	第 1 页

知识二　编制参考程序

1. 建立工件坐标系

根据工件坐标系建立原则，工件坐标系设置在工件右端面的轴线上，如图2-39所示。

2. 计算基点坐标

车外圆时，$P1$、$P2$、…、$P16$ 基点坐标见表2-58。

表 2-58　基点坐标

基点	坐标（X，Z）	基点	坐标（X，Z）
$P1$	(14.28，0)	$P9$	(24，-33)
$P2$	(14.43，-13.92)	$P10$	(19.65，-41.11)
$P3$	(18.76，-19)	$P11$	(22.55，-43)
$P4$	(24，-19)	$P12$	(28，-43)
$P5$	(24，-22)	$P13$	(28，-48)
$P6$	(16，-22)	$P14$	(22，-48)
$P7$	(16，-30)	$P15$	(22，-57)
$P8$	(24，-30)	$P16$	(16，-60)

3. 参考程序

华中系统程序名为 O0001；FANUC 系统程序名为 O0001；广数系统程序名为 O0001（毛坯尺寸为 ϕ30mm×100mm）。参考程序见表 2-59。

表 2-59 综合技能训练与考核二零件的参考程序

程序段号	程序内容（华中）	程序内容（FANUC）	程序内容（广数）	程序说明
N10	G40 G95 G21	G40 G99 G21	G40 G99 G21	设置初始状态
N20	S600 M3	S600 M3	S600 M3	设定主轴转速
N30	T0101	T0202	T202	调用外圆车刀
N40	G00 X30 Z3 G42	G00 X30 Z3 G42	G00 X30 Z3 G42	刀具移动至进刀点、调用刀具补偿指令
N50	G73 U8.6 R10 P110 Q230 X0.5 Z0 F0.2	G73 U8.6 W0 R10	G73 U8.6 W0 R10	调用粗车外圆循环指令 G73
N60		G73 P70 Q190 U0.5 W0 F0.2	G73 P70 Q170 U0.5 W0 F0.2	
N70	G00 X100 Z100	G00 X14.28	G00 X14.28	
N80	S800 M3	G01 Z0 F0.1	G01 Z0 F0.1	
N90	T0202	G03 X14.43 Z-13.92 R10	G03 X14.43 Z-13.92 R10	
N100	G00 X30 Z3 G42	G02 X18.76 Z-19 R3	G02 X18.76 Z-19 R3	
N110	G00 X14.28	G01 X23	G01 X23	
N120	G01 Z0 F0.1	X24 W-0.5	X24 W-0.5	
N130	G03 X14.43 Z-13.92 R10	Z-33	Z-33	
N140	G02 X18.76 Z-19 R3	X19.65 Z-41.11	X19.65 Z-41.11	
N150	G01 X23	G02 X22.55 Z-43 R1.5	G02 X22.55 Z-43 R1.5	
N160	X24 W-0.5	G01 X27	G01 X27	
N170	Z-33	X28 W-0.5	X28 W-0.5	
N180	X19.65 Z-41.11	Z-60	Z-60	
N190	G02 X22.55 Z-43 R1.5	X32	X32	
N200	G01 X27	G00 X100 Z100	G00 X100 Z100	
N210	X28 W-0.5	S800 M3 T0303	S800 M3 T0303	
N220	Z-60	G00 X26 Z3	G00 X26 Z3	
N230	X32	G70 P70 Q190	G70 P70 Q190	
N240	G00 X100 Z100 G40	G00 X100 Z100 G40	G00 X100 Z100 G40	
N250	S400 M03	S400 M03	S400 M03	
N260	T0303	T0303	T0303	
N270	G00 X26 Z-26	G00 X26 Z-26	G00 X26 Z-26	
N280	G01 X17.2 F0.08	G01 X17.2 F0.08	G01 X17.2 F0.08	
N290	X26 F0.5	X26 F0.5	X26 F0.5	
N300	G72 W-3.5 R1 P350 Q400 X0.2 Z0.2 F0.08	G72 W3.5 R1	G72 W3.5 R1	
N310		G72 P320 Q370 U0.2 W0.2 F0.08	G72 P320 Q370 U0.2 W0.2 F0.08	

（续）

程序段号	程序内容（华中）	程序内容（FANUC）	程序内容（广数）	程序说明
N320	S500 M03	G00 Z -26.4	G00 Z -26.4	
N330	T0303	G01 X24 F0.08	G01 X24 F0.08	
N340	G00 X26 Z -26	X23 W -0.5	X23 W -0.5	
N350	G00 Z -26.4	X16	X16	
N360	G01 X24 F0.08	Z -26	Z -26	
N370	X23 W -0.5	X26	X26	
N380	X16	S500 M03 T0303	S500 M03 T0303	
N390	Z -26	G00 X26 Z -26	G00 X26 Z -26	
N400	X26	G70 P320 Q370	G70 P320 Q370	
N410	G00 X32	G00 X100 Z100	G00 X100 Z100	
N420	Z -64	G00 X32 Z -64	G00 X32 Z -64	
N430	G01 X16 F0.08	G01 X16 F0.08	G01 X16 F0.08	
N440	X32 F0.3	X32 F0.3	X32 F0.3	
N450	G72 W -3.5 R1 P500 Q560 X0.2 Z0.2 F0.08	G72 W3.5 R1	G72 W3.5 R1	
N460		G72 P470 Q530 U0.2 W0.2 F0.08	G72 P470 Q530 U0.2 W0.2 F0.08	
N470	S500 M03	G00 Z -51.5	G00 Z -51.5	
N480	T0303	G01 X28 F0.08	G01 X28 F0.08	
N490	G00 X32 Z -64	X27 W -0.5	X27 W -0.5	
N500	G00 Z -51.5	X22	X22	
N510	G01 X28 F0.08	Z -61	Z -61	
N520	X27 W -0.5	G03 X16 Z -64 R3	G03 X16 Z -64 R3	
N530	X22	G01 X32	G01 X32	
N540	Z -61	S500 M03 T0303	S500 M03 T0303	
N550	G03 X16 Z -64 R3	G00 X32 Z -64	G00 X32 Z -64	
N560	G01 X32	G70 P470 Q530	G70 P470 Q530	
N570	G00 X100 Z100	G00 X100 Z100 G40	G00 X100 Z100 G40	
N580	M05	M05	M05	主轴停止
N590	M00	M00	M00	程序暂停
N600	S400 M03	S400 M03	S400 M03	设定主轴转速
N610	T0303	T0303	T0303	调用4mm 切断刀
N620	G00 X32 Z -64	G00 X26 Z -49	G00 X26 Z -49	刀具移至切入点
N630	G01 X2 F0.08	G01 X2 F0.08	G01 X2 F0.08	刀具沿 X 轴进给
N640	X35 F0.3	X26 F0.3	X26 F0.3	刀具沿 X 轴退刀
N650	G00 X100 Z100	G00 X100 Z100	G00 X100 Z100	刀具退回换刀点
N660	M30	M30	M30	程序结束并返回起点

【技能训练】

1. 加工准备

1）检查毛坯尺寸。

2）开机（FANUC 系统、华中系统均需回机床零点）。

3）根据图样拟定好加工工艺。

4）根据图样输入加工程序（通过机床操作面板将程序输入到数控机床中）。

5）装夹工件伸出长度 70mm。

6）装夹刀具（按照参考程序将 90° 外圆车刀，粗、精车外圆车刀，以及切断刀依次装入相对应的刀位 T01、T02、T03、T04）。

2. 对刀

四把车刀依次采用试切法对刀。通过对刀把操作得到的零偏值分别输入到各长度补偿中，以便加工时调用。35°度尖刀的对刀方式与外圆车刀一致；切断刀选取左侧刀尖作为刀位点。

3. 空运行及仿真

对输入的程序进行空运行或仿真，以检测加工程序是否正确。

4. 零件自动加工及尺寸控制

选择自动加工模式，打开程序，调好进给倍率，按数控启动按钮，进行自动加工，零件上圆弧表面形状主要用半径样板检测。测量时，半径样板应沿零件直径方向，根据透光间隙，判别圆弧表面与半径样板的吻合程度；其他尺寸控制同前面所述；当程序运行到 N590 段停止，用游标卡尺进行检测。根据实际尺寸调刀具磨损量，程序从头开始顺序加工，直至尺寸要求为止。

5. 零件检测与评分

零件加工结束后进行检测。应把检测结果填写在表 2-60 中。

表 2-60　加工图 2-39 零件的评分表

班级		姓名		学号		
工件编号				总得分		
项目	序号	技术要求	配分	评分标准	检测记录	得分
零件图 2-39	1	ϕ（28 ±0.03）mm	10			
	2	ϕ（24 ±0.03）mm	10			
	3	ϕ（22 ±0.05）mm	10			
	4	ϕ（16 ±0.05）mm	10			
	5	ϕ19.55mm	5			
	6	ϕ12.76mm	5			
	7	（60 ±0.05）mm	5			
	8	（8 ±0.05）mm	5			
	9	R1.5mm、R3mm、R10mm	10			
	10	30°	2.5			
其他	11	一般尺寸	2.5			
工艺	12	制订的切削加工工艺是否正确	5			
缺陷	13	工件缺陷	5			
程序	14	程序正确、合理	5			
操作	15	机床操作规范	5			
文明生产	16	人身、机床、刀具安全	5			

6. 加工结束并清理机床

【操作注意事项】

1）使用复合固定循环指令 G73、G72 时，尽可能采用单段运行，程序准确无误后再采用自动方式进行加工，以避免发生意外。

2）对刀时，刀具接近工件过程中，进给倍率要小，以避免产生撞刀现象。

3）切断刀采用左侧刀尖作为刀位点，编程时刀头宽度尺寸应考虑在内。

【思考与练习】

编写如图 2-41 所示零件的加工程序并进行加工练习，毛坯为 ϕ30mm × 100mm 的合金铝。

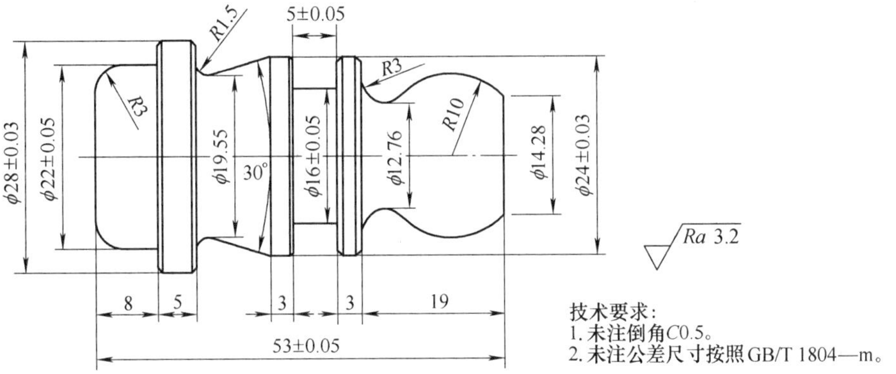

图 2-41　综合技能训练与考核二练习图

任务十一　加工普通圆柱外螺纹

【知识目标】

1）掌握螺纹加工指令 C32 及其应用。

2）了解普通圆柱外螺纹尺寸的计算方法。

3）会制订普通圆柱外螺纹的加工工艺。

【技能目标】

1）掌握外螺纹车刀的安装及对刀方法。

2）掌握普通圆柱外螺纹的加工方法及尺寸控制。

3）完成如图 2-42 所示零件的加工，其三维效果如图 2-43 所示。材料为合金铝。

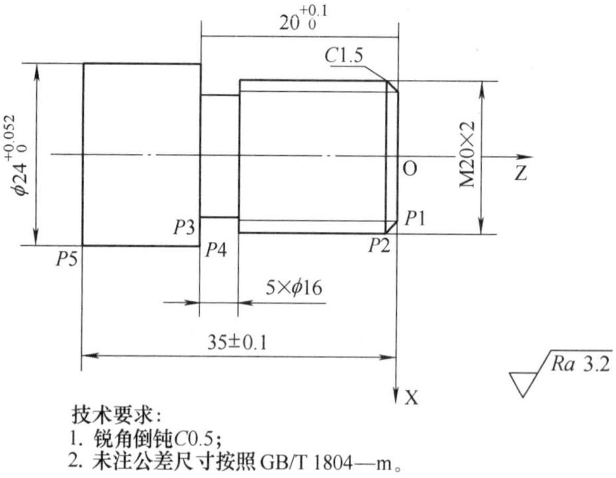

图 2-42　普通圆柱外螺纹零件图

图 2-43　普通圆柱外螺纹三维效果

【相关知识】

知识一　螺纹指令编程格式

1. 指令功能

用此指令功能可以加工的恒螺距螺纹有：内、外圆柱螺纹，内、外圆锥螺纹；单线螺纹、多线螺纹；多段连续螺纹。

2. 指令代码

华中系统：G32。

FANUC 系统：G32。

广数系统：G32。

3. 指令格式（表 2-61）

表 2-61　G32 指令格式及参数含义

数控系统	华中系统	FANUC 系统	广数系统
圆柱螺纹	指令格式：G32 Z ___ F ___ Z 为螺纹终点坐标，F 为导程 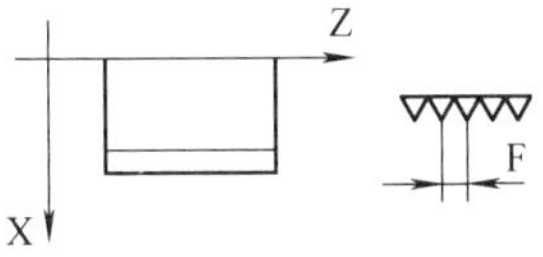		
圆锥螺纹 $\alpha<45°$	指令格式：G32 X ___ Z ___ F ___ X、Z 为螺纹终点坐标，F 为 Z 方向导程（因为 Z 方向位移较大） 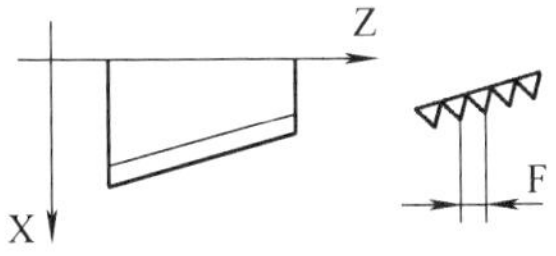		
圆锥螺纹 $\alpha>45°$	指令格式：G32 X ___ Z ___ F ___ X、Z 为螺纹终点坐标，F 为 X 方向导程（因为 *X* 方向位移较大） 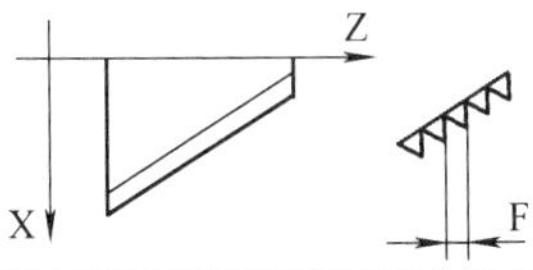		
端面螺纹	指令格式：G32 X ___ F ___ X 为螺纹终点坐标，F 为 X 方向导程 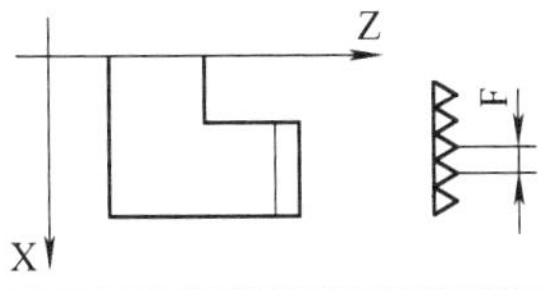		

4. 指令使用说明

1）使用螺纹切削指令时，进给倍率无效。

2）螺纹切削指令为模态代码，一经使用，持续有效，直到被同组的 G 代码（G00、

G01、G02、G03）取代为止。

3）加工螺纹时，刀具应处于螺纹起点位置。

4）由于数控机床伺服系统滞后，主轴加速和减速过程中，会在螺纹切削起点和终点产生不正确的导程。因此，在进刀和退刀时要留有一定空刀导入量和空刀退出量，即螺纹切削的起点与终点位置比实际螺纹要长，如图 2-44 所示。

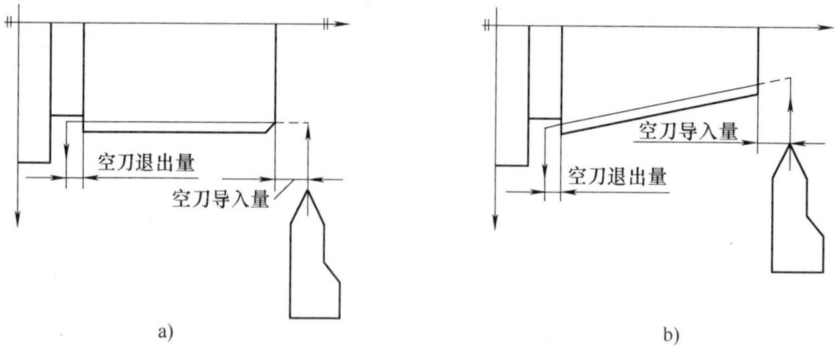

图 2-44　螺纹加工空刀导入量和空刀退出量

a）圆柱螺纹　b）圆锥螺纹

知识二　车削普通圆柱外螺纹的尺寸计算

1. 普通圆柱外螺纹主要参数及计算公式（表 2-62 和图 2-45）

表 2-62　普通圆柱外螺纹主要参数及计算公式

名　　称	代　　号	计算公式
牙型角	α	60°
螺距	P	
外螺纹大径	d	
外螺纹中径	d_2	$d_2 = d - 0.6495P$
原始三角形高度	H	$H = 0.6495P$
外螺纹小径	d_1	$d_1 = d - 2H = d - 1.299P$

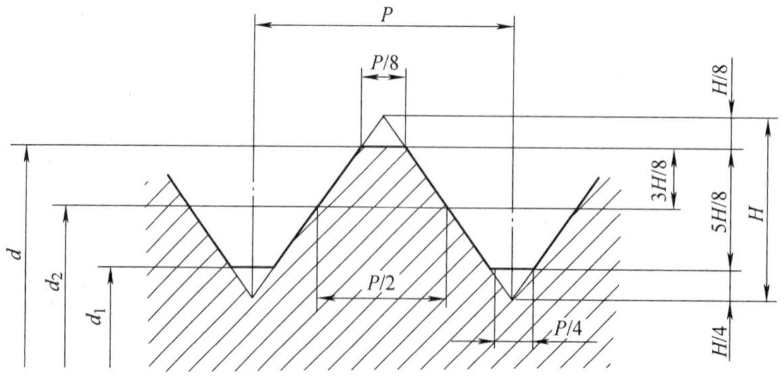

图 2-45　普通圆柱外螺纹的牙型参数

2. 车削外螺纹圆柱面及螺纹实际小径

车削塑性材料螺纹时，车刀起挤压作用，会使大径胀大，故外螺纹圆柱面直径应比螺纹公称直径（螺纹大径）小0.1～0.4mm，一般取 $d_{计} = d - 0.1P$。

螺纹实际牙型高度应考虑刀尖圆弧半径等因素的影响，一般取 $h_{1实} = 0.65P$；螺纹实际小径为 $d_{1实} = d - 2h_{1实} = d - 1.3P$。

知识三　案例

1. 制订加工工艺路线

（1）切削螺纹进给方式（表2-63）的选择　已知：螺距为2mm，采用直进法切削。

表2-63　切削螺纹进给方式

进给方式	图示	特点及应用
直进法	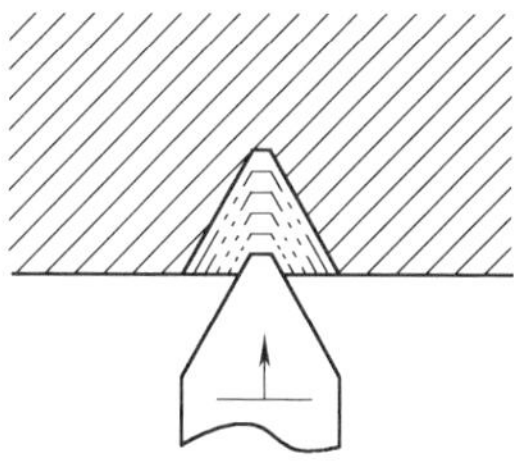	切削力大，易扎刀，切削用量低，牙型精度高 适用于加工 $P<3$mm 的普通螺纹及精加工 $P\geq3$mm 的螺纹
斜进法	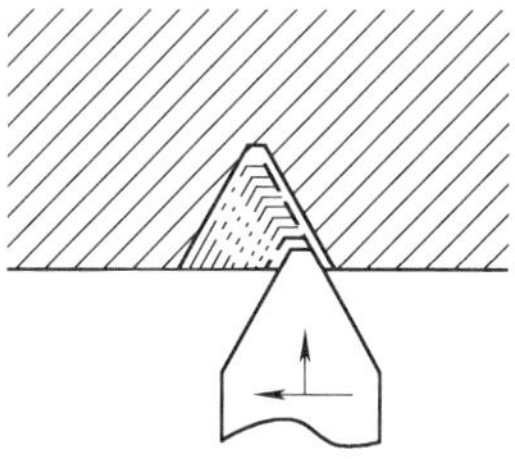	切削力小，不易扎刀，切削用量大，牙型精度低，表面粗糙度值大 适用于粗加工 $P\geq3$mm 的螺纹
左右切削法	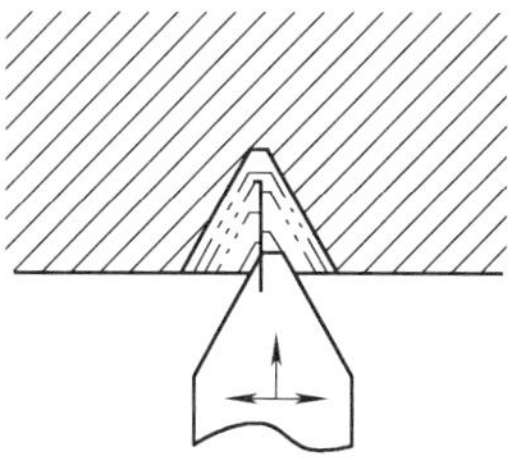	切削力小，不易扎刀，切削用量大，牙型精度低，表面粗糙度值小 适用于粗加工 $P\geq3$mm 的螺纹粗、精加工

（2）进给数次及背吃刀量的分配　采用直进法进给，刀具越接近螺纹牙底，切削面积越大；为避免因切削力过大而损坏刀具，背吃刀量应越来越小，如图2-46所示。用硬质合金刀具，为保证螺纹表面质量，最后一刀的背吃刀量一般不能小于0.1mm。

常见车削螺纹的进给次数及背吃刀量（米制螺纹）见表2-64。

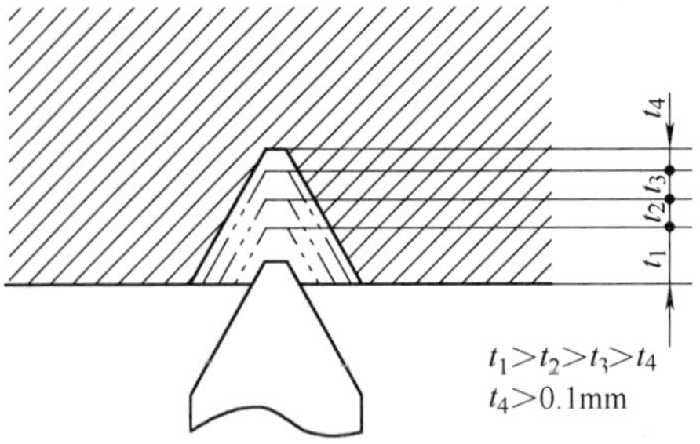

图 2-46 车削螺纹时背吃刀量的分配

表 2-64 常见车削螺纹的进给次数及背吃刀量（米制螺纹） （单位：mm）

螺距		1	1.5	2	2.5	3	3.5	4
实际牙型高度（半径）		0.65	0.975	1.3	1.625	1.95	2.275	2.6
背吃刀量（直径）		1.3	1.95	2.6	3.25	3.9	5.55	6.2
进给次数及背吃刀量（直径）	1	0.7	0.8	0.8	1.0	1.2	1.5	1.5
	2	0.4	0.5	0.6	0.7	0.7	0.7	0.8
	3	0.2	0.5	0.6	0.6	0.6	0.6	0.6
	4		0.15	0.4	0.4	0.4	0.6	0.6
	5			0.2	0.4	0.4	0.4	0.4
	6				0.15	0.4	0.4	0.4
	7					0.2	0.2	0.4
	8						0.15	0.3
	9							0.2

（3）加工工艺安排 车削螺纹前应先加工外圆柱面及螺纹退刀槽，然后粗、精加工螺纹，螺纹螺距为2mm，分5次进给（表2-64）完成。

2. 合理地选择切削用量

外圆、端面、切槽用量同前面所述，螺纹加工时切削速度应选择小值，背吃刀量随切削总深度增大而减小。具体切削用量见车削普通圆柱外螺纹的加工工艺（表2-65）。

表 2-65 车削普通圆柱外螺纹的加工工艺

工步号	工步内容	刀具号	切削用量		
			背吃刀量 a_p/mm	进给速度 f/mm · r^{-1}	主轴转速 n/r · min^{-1}
1	车右端面	T01	1～2	0.2	600
2	粗车 ϕ25mm 外圆、螺纹外圆，留 0.5mm 精车余量	T01	1～2	0.2	600
3	精车 ϕ25mm 外圆、螺纹外圆至尺寸	T02	0.25	0.1	800
4	车 5mm × ϕ16mm 螺纹退刀槽	T03	4	0.08	400
5	粗、精车 M20 ×2 螺纹至尺寸要求	T04	0.1～0.4	1	400
6	切断，控制工件总长（35 ±0.1）mm	T03	4	0.08	400

3. 工具、量具和刀具的选择

（1）工具选择　工件装夹在自定心卡盘中，其余参数见表2-66。

表2-66　加工普通圆柱外螺纹加工工具、量具和刀具清单

工具、量具和刀具清单				图号	图2-42	
种类	序号	名称	规格	精度	单位	数量
工具	1	自定心卡盘			个	1
	2	卡盘扳手			副	1
	3	刀架扳手			副	1
	4	垫刀片			块	若干
量具	1	游标卡尺	0～150mm	0.02mm	把	1
	2	千分尺	0～25mm	0.01mm	把	1
	3	螺纹环规	M22×2		副	1
	4	角度样板	60°		块	1
刀具	1	外圆粗车刀	90°		把	1
	2	外圆精车刀	90°		把	1
	3	切槽刀	4mm		把	1
	4	外螺纹刀	60°		把	1

（2）量具的选择　外径用外径千分尺测量，长度用游标卡尺测量，螺纹用螺纹环规测量，量具规格和参数见表2-66。

（3）刀具的选择　外圆选用90°偏刀车削，螺纹退刀槽用切槽车刀切削，螺纹选用外螺纹车刀切削，其中外螺纹车刀形状如图2-47所示，所有刀具规格和尺寸见表2-66。

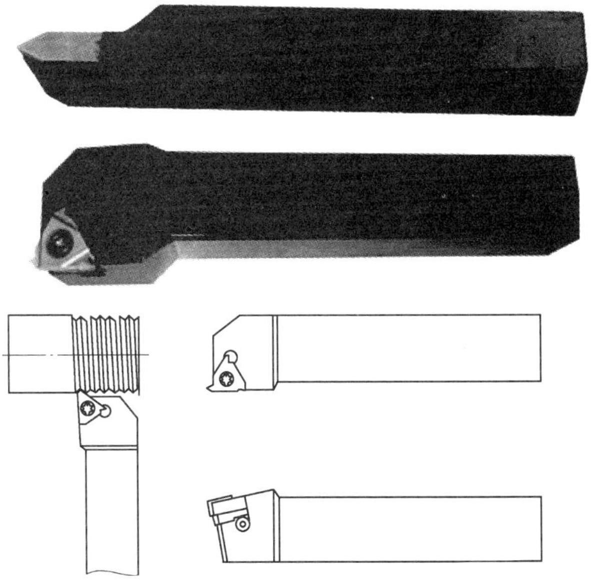

图2-47　外螺纹车刀形状

知识四 编制参考程序

1. 建立工件坐标系

根据工件坐标系建立原则，工件坐标系设置在工件右端面的轴线上，如图 2-42 所示。

2. 计算基点坐标

车外圆时，*P*1、*P*2、…、*P*5 基点坐标见表 2-67。

表 2-67 基点坐标

基点	坐标（X，Z）	基点	坐标（X，Z）
*P*1	(16.8，0)	*P*4	(25.0，-20)
*P*2	(19.8，-1.5)	*P*5	(25.0，-35)
*P*3	(19.8，-20)		

螺纹共分为 5 次进给完成，每次背吃刀量（直径）分别取 0.8mm、0.6mm、0.6mm、0.4mm、0.2mm，空刀导入量取 4mm，空刀退出量取 2mm，螺纹每次进给时起点、终点坐标见表 2-68。

表 2-68 螺纹每次进给时起点、终点坐标

进给数次	螺纹起点坐标（X、Z）	螺纹终点坐标（X、Z）	进给数次	螺纹起点坐标（X、Z）	螺纹终点坐标（X、Z）
1	(19.2，4)	(19.2，-17)	4	(17.6，4)	(17.6，-17)
2	(18.6，4)	(18.6，-17)	5	(17.4，4)	(17.4，-17)
3	(18.0，4)	(18.0，-17)			

3. 参考程序

华中系统程序名为 O0001；FANUC 系统程序名为 O0001；广数系统程序名为 O0001（毛坯材料为 ϕ28mm×100mm）。参考程序见表 2-69。

表 2-69 普通外螺纹的加工参考程序

程序段号	程序内容（华中）	程序内容（FANUC）	程序内容（广数）	程序说明
N10	G40 G95 G21	G40 G99 G21	G40 G99 G21	设置初始状态
N20	S600 M3	S600 M3	S600 M3	设定主轴转速
N30	T0101	T0101	T0101	调用外圆车刀
N40	G00 X30 Z3	G00 X30 Z3	G00 X30 Z3	刀具移动至进刀点
N50	G71 U1.5 R1 P110 Q170 X0.5 Z0 F0.2	G71 U1.5 R1	G71 U1.5 R1	调用粗车外圆循环指令 G71
N60		G71 P70 Q130 U0.5 W0 F0.2	G71 P70 Q130 U0.5 W0 F0.2	
N70	G00 X100 Z100	G00 X17.8	G00 X17.8	
N80	S800 M3	G01 Z0 F0.1	G01 Z0 F0.1	
N90	T0202	X19.8 Z-1	X19.8 Z-1	
N100	G00 X30 Z3	Z-20	Z-20	

（续）

程序段号	程序内容（华中）	程序内容（FANUC）	程序内容（广数）	程序说明
N110	G00 X17.8	X25	X25	
N120	G01 Z0 F0.1	Z - 40	Z - 40	
N130	X19.8 Z - 1	X26	X26	
N140	Z - 20	G00 X100 Z100	G00 X100 Z100	
N150	X25	S800 M03 T0202	S800 M03 T0202	
N160	Z - 40	G00 X30 Z3	G00 X30 Z3	
N170	X26	G70 P70 Q130	G70 P70 Q130	
N180	G00 X100 Z100	G00 X100 Z100	G00 X100 Z100	刀具退回换刀点
N190	M05	M05	M05	主轴停止
N200	M00	M00	M00	程序暂停
N210	T0303	T0303	T0303	调用4mm切断刀
N220	S400 M03	S400 M03	S400 M03	设定主轴转速
N230	G00 X26 Z - 20	G00 X26 Z - 20	G00 X26 Z - 20	刀具移动至切入点
N240	G01 X16 F0.08	G01 X16 F0.08	G01 X16 F0.08	刀具沿X轴进刀
N250	G00 X26	G00 X26	G00 X26	刀具沿X轴退刀
N260	Z - 19	Z - 19	Z - 19	刀具沿Z轴退刀
N270	G01 X16F0.08	G01 X16 F0.08	G01 X16 F0.08	刀具沿X轴进给
N280	Z - 20	Z - 20	Z - 20	精车ϕ16mm外圆
N290	X26	X26	X26	刀具沿X轴退刀
N300	G00 X100 Z100	G00 X100 Z100	G00 X100 Z100	刀具退回换刀点
N310	M05	M05	M05	主轴停止
N320	M00	M00	M00	程序暂停
N330	S400 M03	S400 M03	S400 M03	设定主轴转速
N340	T0404	T0404	T0404	调用普通外螺纹车刀
N350	G00 X19.2 Z4	G00 X19.2 Z4	G00 X19.2 Z4	刀具移动至进刀点
N360	G32 Z - 17 F2	G32 Z - 17 F2	G32 Z - 17 F2	第1次进给切削螺纹
N370	G00 X22	G00 X22	G00 X22	刀具沿X轴退刀
N380	Z4	Z4	Z4	刀具沿Z轴退刀
N390	X18.6	X18.6	X18.6	刀具沿X轴进给
N400	G32 Z - 17 F2	G32 Z - 17 F2	G32 Z - 17 F2	第2次进给切削螺纹
N410	G00 X22	G00 X22	G00 X22	刀具沿X轴退刀
N420	Z4	Z4	Z4	刀具沿Z轴退刀
N430	X18	X18	X18	刀具沿X轴进给
N440	G32 Z - 17 F2	G32 Z - 17 F2	G32 Z - 17 F2	第3次进给切削螺纹
N450	G00 X22	G00 X22	G00 X22	刀具沿X轴退刀
N460	Z4	Z4	Z4	刀具沿Z轴退刀

（续）

程序段号	程序内容（华中）	程序内容（FANUC）	程序内容（广数）	程序说明
N470	X17.6	X17.6	X17.6	刀具沿 X 轴进给
N480	G32 Z-17 F2	G32 Z-17 F2	G32 Z-17 F2	第 4 次进给切削螺纹
N490	G00 X22	G00 X22	G00 X22	刀具沿 X 轴退刀
N500	Z4	Z4	Z4	刀具沿 Z 轴退刀
N510	X17.4	X17.4	X17.4	刀具沿 X 轴进给
N520	G32 Z-17 F2	G32 Z-17 F2	G32 Z-17 F2	第 5 次进给切削螺纹
N530	G00 X22	G00 X22	G00 X22	刀具沿 X 轴退刀
N540	X100 Z100	X100 Z100	X100 Z100	刀具退回换刀点
N550	M05	M05	M05	主轴停止
N560	M00	M00	M00	程序暂停
N570	T0303	T0303	T0303	调用 4mm 切断刀
N580	S400	S400	S400	设定主轴转速
N590	G00 X30 Z-39	G00 X30 Z-39	G00 X30 Z-39	刀具移动至进给点
N600	G01 X2.5 F0.08	G01 X2.5 F0.08	G01 X2.5 F0.08	切断取总长 35mm
N610	G00 X30	G00 X30	G00 X30	刀具沿 X 轴退刀
N620	X100 Z100	X100 Z100	X100 Z100	刀具退回换刀点
N630	M30	M30	M30	程序结束并返回起点

【技能训练】

1. 加工准备

1）检查毛坯尺寸。

2）开机（FANUC 系统、华中系统均需回机床零点）。

3）根据图样拟定好加工工艺。

4）根据图样输入加工程序（通过机床操作面板将程序输入到数控机床中）。

5）校验加工程序是否正确。

6）装夹工件伸出长度 45mm。

7）装夹刀具（按照参考程序将粗、精车外圆车刀，切断刀，螺纹车刀依次装入相对应的刀位 T01、T02、T03、T04）。

2. 对刀

四把车刀依次采用试切法对刀。通过对刀把操作得到的零偏值分别输入到各长度补偿中，以便加工时调用。其中螺纹车刀取刀尖作为刀位点，对刀步骤如下。

（1）X 轴对刀　主轴正转，移动螺纹车刀，使刀尖轻轻碰至工件外圆（可以取外圆车刀试车削的外圆尺寸）或车一段外圆面，Z 方向退出刀具；停床，测量外圆直径，如图 2-48a 所示。然后进行面板操作，面板操作步骤同其他车刀对刀步骤一致。

（2）Z 轴对刀　主轴正转，使螺纹车刀刀尖与工件右端面对齐，如图 2-48b 所示，然后进行面板操作，面板操作步骤同其他车刀对刀步骤一致。

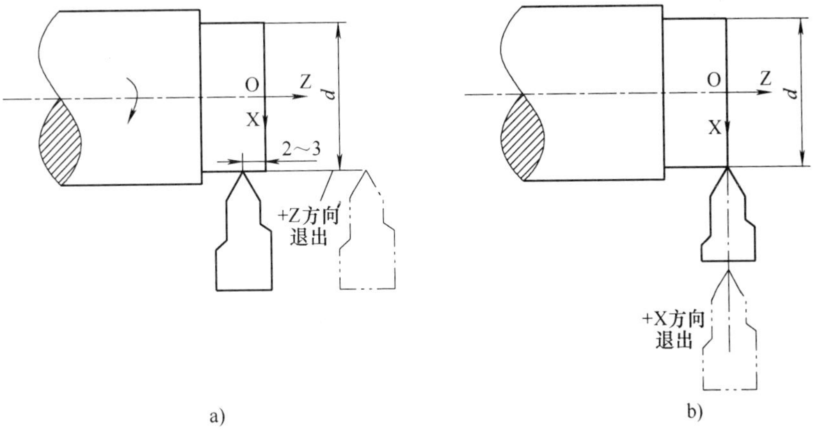

图 2-48　螺纹车刀对刀示意图

a）X 轴对刀示意图　b）Z 轴对刀示意图

3. 零件自动加工及尺寸的控制方法

选择自动加工模式，打开程序，调好进给倍率，按数控启动按钮，进行自动加工，加工过程中尺寸控制如下。

外圆及长度尺寸控制同前面所述。螺纹尺寸控制是将螺纹车刀设置一定磨损量，当程序运行到 N560 段，停床用螺纹环规检测。根据螺纹旋合松紧程度调小刀具磨损量，重新运行螺纹加工程序段，直至尺寸要求为止（以螺纹塞规通端能通过，止端通不过为合格）。

4. 零件检测与评分

零件加工结束后进行检测。应把检测结果填写在表 2-70 中。

表 2-70　加工图 2-42 零件的评分表

班级		姓名		学号		
工件编号				总得分		
项目	序号	技术要求	配分	评分标准	检测记录	得分
零件图 2-42	1	$\phi24^{+0.052}_{0}$ mm	10			
	2	(35 ±0.1) mm	10			
	3	$20^{+0.1}_{0}$ mm	10			
	4	5mm × ϕ16mm	5			
	5	M20 ×2	15			
	6	C1.5mm	5			
	7	Ra3.2μm	10			
其他	8	一般尺寸	10			
工艺	9	制订的切削加工工艺是否正确	5			
缺陷	10	工件缺陷	5			
程序	11	程序正确、合理	5			
操作	12	机床操作规范	5			
文明生产	13	人身、机床、刀具安全	5			

5. 加工结束并清理机床

【操作注意事项】

1）螺纹切削时必须采用专用的螺纹车刀。螺纹车刀角度的选取由螺纹牙型确定。

2）螺纹车刀安装时，刀尖应与工件旋转轴线等高，刀具两侧刃角平分线必须垂直于工件轴线，否则车削出的螺纹牙型会往一边倾斜。

3）螺纹加工期间一定要保持主轴转速不变。

4）空刀退出量设置不能过大，预防螺纹车刀退出时撞到台阶面。

5）首次切削尽可能采用单段加工，熟练以后再采用自动加工方式。

【思考与练习】

1）螺纹加工时为何要设置空刀导入量及空刀退出量？

2）M12、M14、M16、M18、M20、M24 螺纹的粗牙螺距分别为多少？

3）螺纹加工的进给方式有哪几种？各有何特点？

4）螺纹车刀安装时有何要求？

5）编写如图 2-49 所示零件的加工程序并进行加工练习，毛坯为 ϕ25mm × 100mm 的棒料。

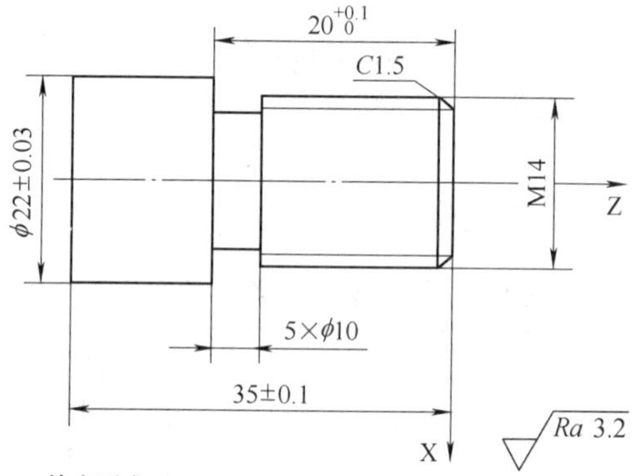

技术要求：
1. 锐角倒钝 C0.5。
2. 未注公差尺寸按照 GB/T 1804—m。

图 2-49 普通外螺纹的加工练习图

任务十二 用复合固定循环指令加工外螺纹

【知识目标】

1）掌握螺纹切削单一固定循环指令及其应用（G92、G82）。

2）掌握螺纹切削复合循环指令及其应用（G76）。

3）掌握计算圆锥螺纹尺寸的方法。

4）掌握制订圆锥螺纹的加工工艺。

【技能目标】

1）掌握圆锥螺纹车刀的安装及对刀方法。

2）掌握圆锥螺纹的加工方法。

3）完成如图 2-50 所示零件的加工，其三维效果如图 2-51 所示，材料为铝。

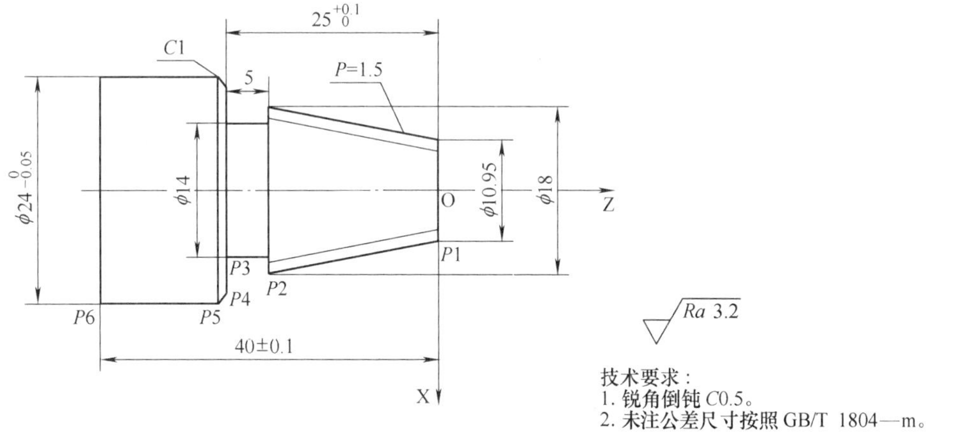

图 2-50 普通圆锥外螺纹零件图

【相关知识】

知识一 指令编程格式

1. 指令功能

应用 G32 切削螺纹只能完成车削螺纹的一步加工，而车削螺纹前的定位，以及车削螺纹的退刀都需要另有程序来控制，这样将会增加手工编程的工作量。

图 2-51 普通圆锥外螺纹三维效果

（1）单一固定循环指令 G92（G82）螺纹切削循环就能解决上述的问题。G92（G82）指令一条程序段，就能完成螺纹加工的定位、切削，以及退刀，同时它还有螺纹收尾功能，不开退刀槽，也能实现车削螺纹的退刀。

（2）复合循环指令　设置相关参数后，就可以自动完成内、外圆柱螺纹，以及内、外圆锥螺纹的加工。

2. 指令格式

华中系统、FANUC 系统与广数系统螺纹循环指令格式及参数含义见表 2-71。

表 2-71　螺纹循环指令格式及参数含义

<table>
<tr><td>系统</td><td>华中系统</td><td>FANUC 系统</td><td>广数系统</td></tr>
<tr><td rowspan="4">图示</td><td>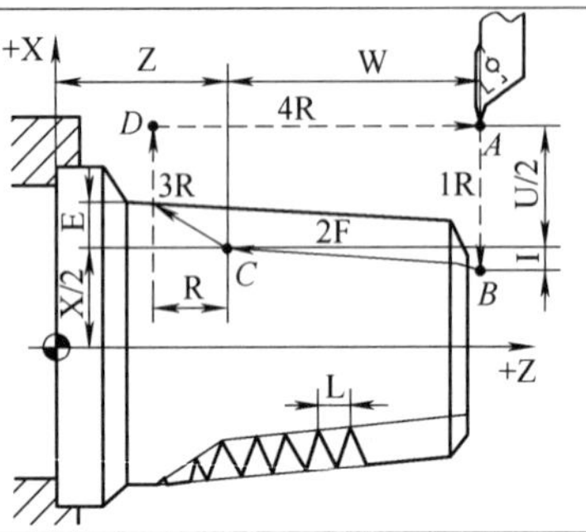
</td><td colspan="2">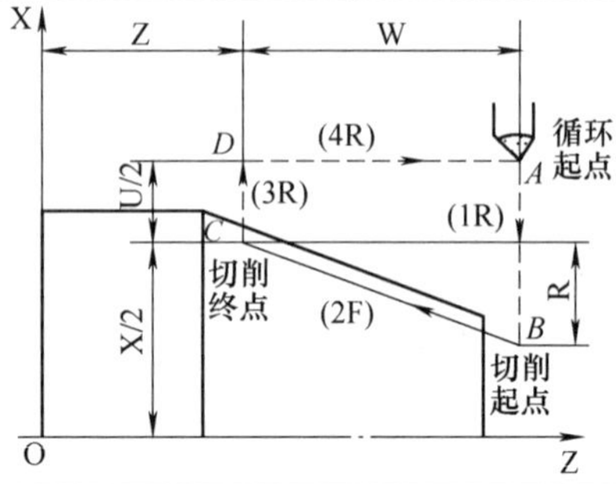
</td></tr>
<tr><td colspan="3">锥螺纹切削循环</td></tr>
<tr><td>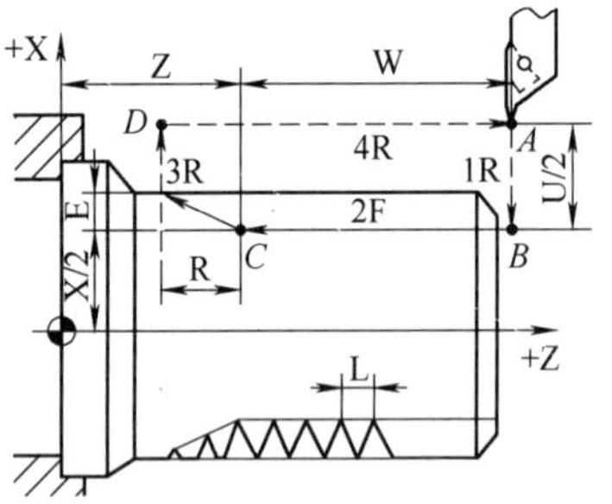
</td><td colspan="2">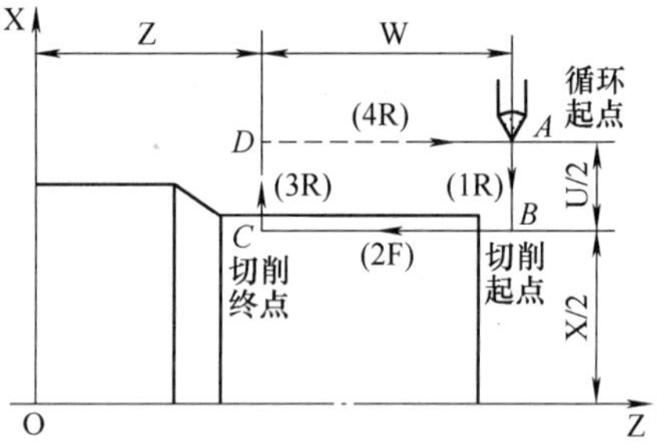
</td></tr>
<tr><td colspan="3">直螺纹切削循环</td></tr>
<tr><td>指令格式</td><td>G82 X（U）__ Z（W）__ I __ R __ E __ C __ P __ F（J）__</td><td>G92 X（U）__ Z(W)__ F __ R __</td><td>G92 X（U）__ Z(W)__ F __ R __</td></tr>
<tr><td>参数说明</td><td>X、Z：绝对值编程时，为螺纹终点工件坐标系下的坐标；增量值编程时，为螺纹终点相对于循环起点方向距离，图形中用 U、W 表示
I：螺纹起点与螺纹终点的半径差。其符号为差的符号（无论是绝对值编程还是增量值编程）
R、E：螺纹切削的回退量，R、E 均为向量，R 为 Z 向回退量；E 为 X 向回退量，R、E 可以省略，表示不用回退功能
C：螺纹线数，为 0 或 1 时切削单线螺纹
P：单线螺纹切削时，为主轴基准脉冲处距离切削起始点的主轴转角（默认值为 0）；多线螺纹切削时，为相邻螺纹线的切削起始点之间对应的主轴转角
F：螺纹导程</td><td>X、Z：绝对值编程时，为螺纹终点工件坐标系下的坐标；增量值编程时，为螺纹终点相对于循环起点方向距离，图形中用 U、W 表示
F：螺纹导程
R：圆锥螺纹在切削长度下，大径与小径在半径上的差值</td><td>X、Z：绝对值编程时，为螺纹终点工件坐标系下的坐标；增量值编程时，为螺纹终点相对于循环起点方向距离，图形中用 U、W 表示
F：螺纹导程
R：圆锥螺纹在切削长度下，大径与小径在半径上的差值</td></tr>
</table>

（续）

系统	华中系统	FANUC 系统	广数系统
图示	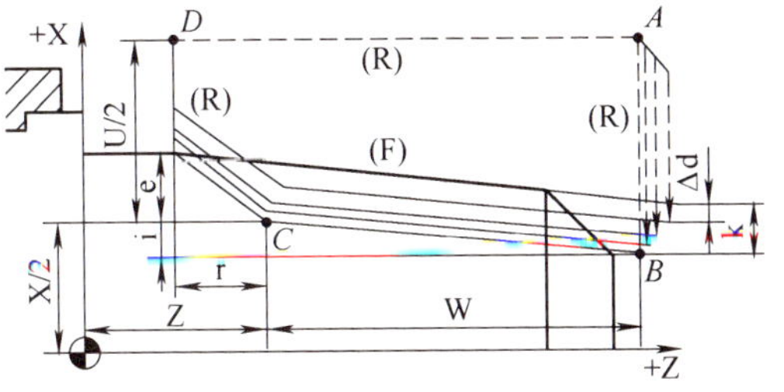	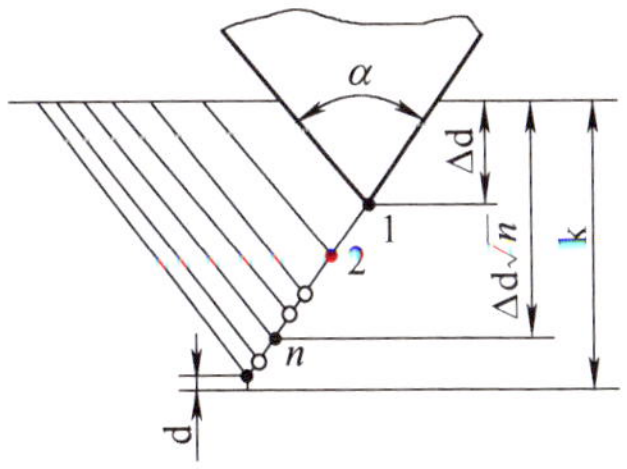	
指令格式	G76 C(c) R(r) E(e) A(a) X(x) Z(z) I(i) K(k) U(d) V(Δdmin) Q(Δd) P(p) F(L)	G76 P(m) (r)(a) Q(Δd min) R(d) G76 X(U) Z(W) R(i) P(k) Q(Δd) F(L)	G76 P(m) (r) (a) Q ($a_p$min) R(a_p) G76 X(U) Z(W) R(i) P(k) Q($a_p$max) F(L)
参数说明	c：精整次数（1~99），为模态值 r：螺纹 *Z* 向退尾长度，为模态值 e：螺纹 *X* 向退尾长度，为模态值 a：刀尖角度（两位数字），为模态值；在 80°、60°、55°、30°、29° 和 0° 六个角度中选一个 x、z：绝对值编程时，为有效螺纹终点 *C* 的坐标；增量值编程时，为有效螺纹终点 *C* 相对于循环起点 *A* 的有向距离（用 G91 指令定义为增量编程，用 G90 定义为绝对编程） i：螺纹两端的半径差 如 i=0，为直螺纹（圆柱螺纹）切削方式； k：螺纹高度（半径值） d：精加工余量（半径值） Δdmin：最小切削深度（半径值） 当第 *n* 次切削深度（$\Delta d\sqrt{n}-\Delta d\sqrt{n-1}$），小于 Δdmin 时，则切削深度设定为 Δdmin Δd：第一次切削深度（半径值） p：主轴基准脉冲处距离切削起始点的主轴转角 L：加工螺纹的导程，单线时为螺距	m：精加工次数（01~99），为模态值 r：螺纹退尾倒角量，数值介于（0~99）之间，为模态值 a：螺纹刀具的刀尖角，也是螺纹的牙型角，为模态值 Δdmin：螺纹切削时，粗加工的最小切削深度，半径指定 d：精加工余量 X(U) Z(W)：螺纹加工的终点坐标 i：螺纹两端的半径差，i=0 为圆柱螺纹，可省略 k：螺纹牙高，半径值 Δd：粗车螺纹时第一刀的切削深度，半径指定 L：加工螺纹的导程，单线时为螺距	m：精加工次数（01~99），为模态值 r：螺纹退尾倒角量，数值介于（0~99）之间，为模态值 a：螺纹刀具的刀尖角，也是螺纹的牙型角，为模态值 $a_p$min：螺纹切削时，粗加工的最小切削深度，半径指定 a_p 精加工余量 X(U) Z(W)：螺纹加工的终点坐标 i：螺纹两端的半径差，i=0 为圆柱螺纹，可省略 k：螺纹牙高，半径值 $a_p$max：粗车螺纹时第一刀的切削深度，半径指定 L：加工螺纹的导程，单线时为螺距

知识二　加工工艺分析

1. 工具、量具和刀具的选择

（1）工具的选择　工件装夹在自定心卡盘中，其余工具见表 2-72。

表 2-72 普通圆锥外螺纹的加工工具、量具和刀具清单

工具、量具和刀具清单				图号	图 2-50	
种类	序号	名称	规格	精度	单位	数量
工具	1	自定心卡盘			个	1
	2	卡盘扳手			副	1
	3	刀架扳手			副	1
	4	垫刀片			块	若干
量具	1	游标卡尺	0~150mm	0.02mm	把	1
	2	千分尺	0~25mm	0.01mm	把	1
	3	圆锥螺纹环规			副	1
	4	角度样板	60°		块	1
刀具	1	外圆粗车刀	90°		把	1
	2	外圆精车刀	90°		把	1
	3	切槽车刀	4mm		把	1
	4	外螺纹刀	60°		把	1

（2）量具的选择　外径用外径千分尺测量，长度用游标卡尺测量，螺纹用圆锥螺纹环规测量，量具规格和参数见表 2-72。

（3）刀具的选择　外圆选用 90° 偏刀车削，螺纹退刀槽用切槽车刀切削，圆锥螺纹选用外螺纹车刀加工，所有刀具规格和尺寸见表 2-72。

2. 加工工艺

本课题零件比较简单，先粗、精车外圆轮廓，再加工螺纹退刀槽，最后加工圆锥螺纹。圆锥螺纹可用 G32、G92（G82）指令加工，也可使用螺纹复合循环切削指令 G76 加工。本课题采用螺纹复合循环指令 G76 加工，具体步骤见表 2-73。

表 2-73 普通圆锥外螺纹加工工艺

工步号	工步内容	刀具号	切削用量		
			背吃刀量 a_p/mm	进给速度 f/mm · r^{-1}	主轴转速 n/r · min^{-1}
1	车右端面	T01	1~2	0.2	600
2	粗车 ϕ24mm 外圆、螺纹外圆，留 0.5mm 精车余量	T01	1~2	0.2	600
3	精车 ϕ24mm 外圆、螺纹外圆至尺寸	T02	0.2	0.1	800
4	车削 5mm × ϕ14mm 螺纹退刀槽	T03	4	0.08	400
5	粗、精车圆锥螺纹至尺寸要求	T04	0.1~0.4	1	400
6	切断，控制工件总长（40 ±0.1）mm	T03	4	0.08	400

3. 圆锥螺纹切削数值计算

车削外螺纹前外圆直径公式为 $d_{计} = d - 0.1P$，故螺纹大端直径为 ϕ17.85mm，小端直径为 ϕ10.8mm。

螺纹实际牙型高度 $h_{1实} = (0.65 \times 1.5)\text{mm} = 0.975\text{mm}$。

螺纹终点小径为（18 −2 ×0. 975）mm =16. 05mm。

空刀导入量取 3mm，空刀退刀量取 2mm。

4. 选择合理的切削用量及确定圆锥螺纹切削循环参数值

加工材料为铝，该材料硬度较低，切削力较小，切削用量可选大些，具体参数见表 2-73。

知识二　编制参考程序

1. 建立工件坐标系

根据工件坐标系建立原则，工件坐标系设置在工件右端面的轴线上，如图 2-50 所示。

2. 计算基点坐标

车外圆时，*P*1、*P*2、…、*P*6 基点坐标见表 2-74。

表 2-74　基点坐标

基点	坐标（X，Z）	基点	坐标（X，Z）
*P*1	（10. 95，0）	*P*4	（22，−25）
*P*2	（18，−20）	*P*5	（24，−26）
*P*3	（18，−25）	*P*6	（24，−45）

3. 参考程序

华中系统程序名为 O0001；FANUC 系统程序名为 O0001；广数系统程序名为 O0001（毛坯材料为 ϕ25mm ×100mm）。参考程序见表 2-75。

表 2-75　普通圆锥外螺纹的加工参考程序

程序段号	程序内容（华中）	程序内容（FANUC）	程序内容（广数）	程序说明
N10	G40 G95 G21	G40 G99 G21	G40 G99 G21	设置初始状态
N20	S600 M3	S600 M3	S600 M3	设定主轴转速
N30	T0101	T0101	T0101	调用外圆车刀
N40	G00 X26 Z3	G00 X26 Z3	G00 X26 Z3	刀具移动至进刀点
N50	G71 U1. 5 R1 P110 Q180 X0. 5 Z0 F0. 2	G71 U1. 5 R1	G71 U1. 5 R1	调用外圆粗加工指令
N60		G71 P70 Q140 U0. 5 W0 F0. 2	G71 P70 Q140 U0. 5 W0 F0. 2	
N70	G00 X100 Z100	G00 X10. 95	G00 X10. 95	
N80	S800 M3	G01 Z0 F0. 1	G01 Z0 F0. 1	
N90	T0202	X18 Z −20	X18 Z −20	
N100	G00 X26 Z3	Z −25	Z −25	
N110	G00 X10. 95	X22	X22	
N120	G01 Z0 F0. 1	X24 Z −26	X24 Z −26	
N130	X18 Z −20	Z −45	Z −45	
N140	Z −25	X26	X26	
N150	X22	G00 X100 Z100	G00 X100 Z100	
N160	X24 Z −26	S800 M03 T0202	S800 M03 T0202	
N170	Z −45	G00 X26 Z3	G00 X26 Z3	

（续）

程序段号	程序内容（华中）	程序内容（FANUC）	程序内容（广数）	程序说明
N180	X26	G70 P70 Q140	G70 P70 Q140	
N190	G00 X100 Z100	G00 X100 Z100	G00 X100 Z100	刀具退回换刀点
N200	M05	M05	M05	
N210	M00	M00	M00	
N220	T0303	T0303	T0303	调用4mm切断刀
N230	S400 M03	S400 M03	S400 M03	主轴以400r/min正转
N240	G00 X26 Z－25	G00 X26 Z－25	G00 X26 Z－25	刀具移动至切入点
N250	G01 X14 F0.08	G01 X14 F0.08	G01 X14 F0.08	刀具沿X轴进给
N260	G00 X26	G00 X26	G00 X26	刀具沿X轴退刀
N270	Z－24	Z－24	Z－24	刀具沿Z轴退刀
N280	G01 X14 F0.08	G01 X14 F0.08	G01 X14 F0.08	刀具沿X轴进给
N290	Z－25	Z－25	Z－25	精车 ϕ14mm外圆至尺寸
N300	X26	X26	X26	刀具沿X轴退刀
N310	G00 X100 Z100	G00 X100 Z100	G00 X100 Z100	刀具退回换刀点
N320	M05	M05	M05	
N330	M00	M00	M00	
N340	S400 M03	S400 M03	S400 M03	主轴以400r/min正转
N350	T0404	T0404	T0404	调用外螺纹车刀
N360	G00 X19 Z3	G00 X19 Z3	G00 X19 Z3	刀具移至螺纹循环起点位置
N370	G76 C2 A60 X16.05 Z－22 I－3.525 K0.975 U0.1 V0.1 Q0.25 F1.5	G76 P020060 Q100 R0.1	G76 P020060 Q100 R0.1	螺纹循环指令进行加工
N380		G76 X16.05 Z－22 R－3.525 P975 Q200 F1.5	G76 X16.05 Z－22 R－3.525 P975 Q200 F1.5	
N390	G00 X100 Z100	G00 X100 Z100	G00 X100 Z100	刀具退回换刀点
N400	M05	M05	M05	
N410	M00	M00	M00	
N420	S400 M03	S400 M03	S400 M03	主轴以400r/min正转
N430	T0303	T0303	T0303	调用4mm切断刀
N440	G00 X26 Z－44	G00 X26 Z－44	G00 X26 Z－44	刀具移动至切入点
N450	G01 X2 F0.08	G01 X2 F0.08	G01 X2 F0.08	切断取总长35mm
N460	X26 F0.2	X26 F0.2	X26 F0.2	刀具沿X轴退刀
N470	G00 X100 Z100	G00 X100 Z100	G00 X100 Z100	刀具退回换刀点
N480	M30	M30	M30	程序结束并返回起点

【技能训练】

1. 加工准备

1）检查毛坯尺寸。

2）开机（FANUC系统、华中系统均需回机床零点）。

3）根据图样拟定好加工工艺。

4）根据图样输入加工程序（通过机床操作面板将程序输入到数控机床中）。

5）校验加工程序是否正确。

6）装夹工件伸出长度45mm。

7）装夹刀具（按照参考程序将粗、精车外圆车刀，切断刀，螺纹车刀依次装入相对应的刀位T01、T02、T03、T04）。

2. 对刀

四把车刀依次采用试切法对刀。通过对刀把操作得到的零偏值分别输入到各长度补偿中，以便加工时调用。其中螺纹车刀取刀尖作为刀位点，对刀步骤同上一节内容。

3. 空运行及仿真

对输入的程序进行空运行或仿真，以检测加工程序是否正确。

4. 零件自动加工及尺寸控制

选择自动加工模式，打开程序，调好进给倍率，按数控启动按钮，进行自动加工，加工过程中，尺寸控制同前面所述；锥度尺寸控制只能通过修改程序来调整，当程序运行到N410段停止，用螺纹环规检测。根据螺纹旋合松紧程度调小刀具磨损量，重新运行螺纹加工程序段，直至尺寸要求为止。

5. 零件检测与评分

零件加工结束后进行检测。应把检测结果填写在表2-76中。

表2-76　加工图2-50零件的评分表

班级		姓名		学号		
工件编号				总得分		
项目	序号	技术要求	配分	评分标准	检测记录	得分
零件图2-50	1	$\phi 24_{-0.05}^{0}$mm	10			
	2	（40±0.1）mm	10			
	3	$25_{0}^{+0.1}$mm	10			
	4	5mm×ϕ14mm	5			
	5	$C1$	5			
	6	$Ra3.2\mu m$	5			
螺纹大径	7	ϕ18mm	5			
螺纹小径	8	ϕ10.95mm	5			
螺距	9	1.5mm	10			
其他	10	一般尺寸	10			
工艺	11	制订的切削加工工艺是否正确	5			
缺陷	12	工件缺陷	5			
程序	13	程序正确、合理	5			
操作	14	机床操作规范	5			
文明生产	15	人身、机床、刀具安全	5			

6. 加工结束并清理机床

【操作注意事项】

1）螺纹车刀应垂直于工件轴线而不是垂直于圆锥表面。

2）主轴转速的变化会导致加工出不正确的螺距，因此在螺纹切削期间不能使用恒线速切削速度控制指令。

3）螺纹在加工期间进给倍率无效（固定在100%），主轴倍率固定在100%。

4）圆锥螺纹切削期间，刀具循环起点应处于大于螺纹直径大端的位置，以防发生撞刀或扎刀现象。

【思考与练习】

1）比较华中系统、FANUC系统、广数系统螺纹切削单一固定循环指令、复合循环指令有何区别？

2）编写如图2-52所示零件的加工程序并进行加工练习，材料为合金铝。

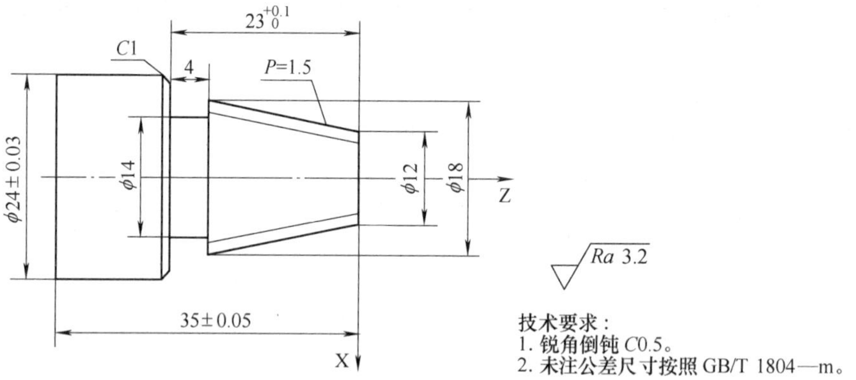

图2-52 普通圆锥外螺纹加工练习图

任务十三　综合技能训练与考核三

【知识目标】

1）会识读零件图。

2）制订槽类、螺纹、成形面综合性零件的加工工艺。

3）会选择加工各种表面的刀具。

【技能目标】

1）掌握槽类、螺纹、成型面综合性零件的加工方法。

2）掌握外圆、长度、螺纹、圆弧面尺寸的控制方法。

3）完成如图 2-53 所示零件的加工，其三维效果如图 2-54 所示。材料为铝。

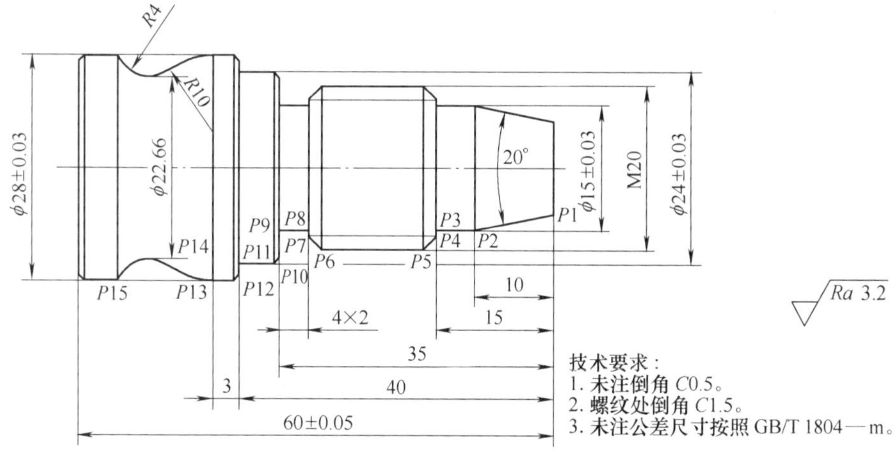

图 2-53　综合技能训练与考核三零件的零件图

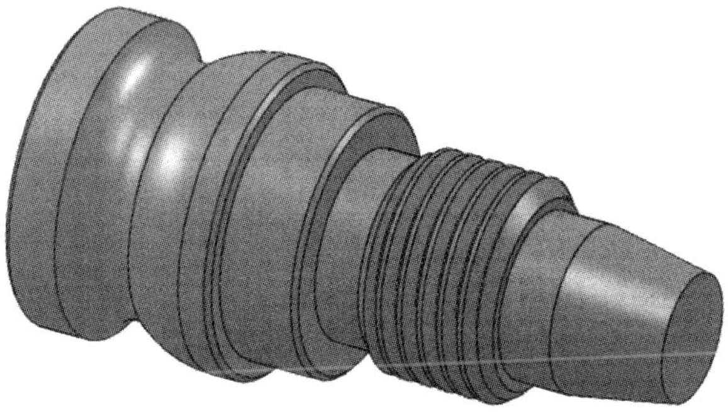

图 2-54　综合技能训练与考核三零件的三维效果

【相关知识】

知识一　加工工艺分析

1. 工具、量具和刀具的选择

（1）工具的选择　工件装夹在自定心卡盘中，其余工具见表2-77。

（2）量具的选择　外径用外径千分尺测量，长度用游标卡尺测量，锥度用游标万能角度尺测量，圆弧表面用半径样板测量，螺纹尺寸用螺纹环规检测，表面粗糙度用表面粗糙度样板比对，量具规格和参数见表2-77。

（3）刀具的选择　粗、精车外圆选用35°偏刀车削，外圆粗、精加工车刀的副偏角应足够大，避免副切削刃切削时与工件产生干涉；切槽用切槽车刀；螺纹用普通螺纹车刀车削，所有刀具规格和尺寸见表2-78。

表2-77　综合技能训练与考核三零件的加工工具、量具清单

工具、量具清单				图号	图2-53	
种类	序号	名称	规格	精度	单位	数量
工具	1	自定心卡盘			个	1
	2	卡盘扳手			副	1
	3	刀架扳手			副	1
	4	垫刀片			块	若干
量具	1	游标卡尺	0～150mm	0.02mm	把	1
	2	千分尺	0～25mm	0.01mm	把	1
	3	游标万能角度尺	0°～320°		把	1
	4	半径样板	$R1 \sim R7.5$mm $R7 \sim R15.5$mm		套	各1
	5	表面粗糙度样板			套	1

表2-78　综合技能训练与考核三零件的加工刀具卡

产品名称或代号		综合技能训练	零件名称		零件图号	图2-53
序号	刀具号	刀具名称	数量	加工表面	刀尖半径	刀尖方位
1	T01	35°硬质合金粗车刀	1	粗车外轮廓	0.4mm	3
2	T02	35°硬质合金精车刀	1	精车外轮廓	0.4mm	3
3	T03	硬质合金粗车刀	1	切槽、切断	4mm	
4	T04	60°硬质合金粗车刀	1	车削螺纹、圆弧	0.2mm	

编制		审核		批准		共1页	第1页

2. 加工工艺

若坯料较长，则夹住毛坯外圆，一端伸出约70mm，先利用35°尖刀加工零件所有轮廓表面；用切槽车刀加工螺纹退刀槽；用螺纹刀加工螺纹、成形面圆弧部分；用切槽车刀切断。保证零件位置精度。需采用掉头装夹车削，掉头装夹时应注意校正，以保证同轴度要求。

3. 选择合理的切削用量参数值

加工材料为铝，该材料硬度较低，切削力较小，切削用量可选大些，具体参数见表2-79。

表 2-79 综合技能训练与考核三的加工工艺

单位名称		产品名称或代号		零件名称			零件图号
		综合技能训练三的零件图		图 2-53			
工序号	程序编号	夹具名称		使用设备	数控系统		车间
001	00001	自定心卡盘					实习车间
工步号	工步内容	刀具号	刀具规格/mm	背吃刀量 a_p/mm	进给速度 f/mm · r^{-1}	主轴转速 n/r · min^{-1}	备注
1	平端面	T01	20×20	1～2	0.2	600	手动
2	粗车所有外轮廓留 0.5mm 精车余量	T01	20×20	1～2	0.2	600	自动 00001
3	精车所有外轮廓至尺寸要求	T02	20×20	0.25	0.1	800	自动 00001
4	车削螺纹退刀槽	T03	20×20	4	0.08	400	自动 00001
5	粗、精车 M20 螺纹至尺寸要求	T04	20×20	0.1～0.4	2.5	400	自动 00001
6	粗车成形面轮廓留 0.5mm 精车余量	T04	20×20	1～2	0.2	600	自动 00001
7	精车成形面轮廓至尺寸要求	T04	20×20	0.25	0.1	800	自动 00001
6	切断，保证总长	T03	20×20	4	0.08	400	手动
编制		审核		批准		共 1 页	第 1 页

知识二 编制参考程序

1. 建立工件坐标系

根据工件坐标系建立原则，工件坐标系设置在工件右端面的轴线上，如图 2-53 所示。

2. 计算基点坐标

车外圆时，*P*1、*P*2、…、*P*16 基点坐标见表 2-80。

表 2-80 基点坐标

基点	坐标（X，Z）	基点	坐标（X，Z）
*P*1	（11.47，0）	*P*9	（16，-35）
*P*2	（15，-10）	*P*10	（24，-35）
*P*3	（15，-15）	*P*11	（24，-40）
*P*4	（17，-15）	*P*12	（28，-40）
*P*5	（19.75，-17.5）	*P*13	（28，-43）
*P*6	（19.75，-29.5）	*P*14	（24.18，-48.88）
*P*7	（17，-31）	*P*15	（28，-55）
*P*8	（16，-31）	*P*16	（28，-60）

3. 参考程序

华中系统程序名为O0001；FANUC系统程序名为O0001；广数系统程序名为O0001（毛坯材料为ϕ30mm×100mm）。参考程序见表2-81。

表2-81 综合技能训练与考核三零件的参考程序

程序段号	程序内容（华中）	程序内容（FANUC）	程序内容（广数）	程序说明
N10	G40 G95 G21	G40 G99 G21	G40 G99 G21	设置初始状态
N20	S600 M3	S600 M3	S600 M3	设定主轴转速
N30	T0101	T0202	T202	调用外圆车刀
N40	G00 X30 Z3 G42	G00 X30 Z3 G42	G00 X30 Z3 G42	刀具移动至进刀点、调用刀具补偿指令
N50	G71 U1 R1 P110 Q240 X0.5 Z0 F0.2	G71 U1 R1	G71 U1 R1	调用粗车外圆循环指令G71
N60		G71 P70 Q200 U0.5 W0 F0.2	G71 P70 Q200 U0.5 W0 F0.2	
N70	G00 X100 Z100	G00 X11.47	G00 X11.47	
N80	S800 M3	G01 Z0 F0.1	G01 Z0 F0.1	
N90	T0202	X15 Z-10	X15 Z-10	
N100	G00 X30 Z3 G42	Z-15	Z-15	
N110	G00 X11.47	X17	X17	
N120	G01 Z0 F0.1	X19.75 Z-17.5	X19.75 Z-17.5	
N130	X15 Z-10	Z-35	Z-35	
N140	Z-15	X23	X23	
N150	X17	X24 W-0.5	X24 W-0.5	
N160	X19.75 Z-17.5	Z-40	Z-40	
N170	Z-35	X27	X27	
N180	X23	X28 W-0.5	X28 W-0.5	
N190	X24 W-0.5	Z-60	Z-60	
N200	Z-40	X32	X32	
N210	X27	G00 X100 Z100	G00 X100 Z100	
N220	X28 W-0.5	S800 M3 T0202	S800 M3 T0202	
N230	Z-60	G00 X30 Z3	G00 X30 Z3	
N240	X32	G70 P70 Q200	G70 P70 Q200	
N250	G00 X100 Z100 G40	G00 X100 Z100 G40	G00 X100 Z100 G40	
N260	S400 M03	S400 M03	S400 M03	
N270	T0303	T0303	T0303	
N280	G00 X25 Z-35	G00 X25 Z-35	G00 X25 Z-35	
N290	G01 X16 F0.08	G01 X16 F0.08	G01 X16 F0.08	
N300	X21 F0.3	X21 F0.3	X21 F0.3	
N310	W1.5	W1.5	W1.5	
N320	X19.75 F0.08	X19.75 F0.08	X19.75 F0.08	
N330	X17 W-1.5	X17 W-1.5	X17 W-1.5	
N340	X16	X16	X16	
N350	X26 F0.5	X26 F0.5	X26 F0.5	

（续）

程序段号	程序内容（华中）	程序内容（FANUC）	程序内容（广数）	程序说明
N360	G00 X100 Z100	G00 X100 Z100	G00 X100 Z100	
N370	S400 M03	S400 M03	S400 M03	
N380	T0404	T0404	T0404	
N390	G00 X21 Z -10	G00 X21 Z -10	G00 X21 Z -10	
N400	G76 C2 A60 X16.75 Z -32 K1.625 U0.1 V0.1 Q0.25 F2.5	G76 P020060 Q100 R0.1	G76 P020060 Q100 R0.1	
N410		G76 X16.75 Z -32 P1625 Q200 F2.5	G76 X16.75 Z -32 P1625 Q200 F2.5	
N420	G00 X100 Z100	G00 X100 Z100	G00 X100 Z100	
N430	S600 M03	T0404 S600 M03	T0404 S600 M03	
N440	T0404	G00 X30 Z -42	G00 X30 Z -42	
N450	G00 X30 Z -42	G73 U3.5 W0 R4	G73 U3.5 W0 R4	
N460	G73 U3.5 W0.01 R4 P500 Q540 X0.5 Z0 F0.2	G73 P480 Q520 U0.5 W0 F0.2	G73 P480 Q520 U0.5 W0 F0.2	
N470		G01 X28 Z -43 F0.08	G01 X28 Z -43 F0.08	
N480	S800 M03	G03 X24.18 Z -48.88 R10	G03 X24.18 Z -48.88 R10	
N490	T0404	G02 X28 Z -55 R4	G02 X28 Z -55 R4	
N500	G00 X30 Z -42	G01 U1 W -0.5	G01 U1 W -0.5	
N510	G01 X28 Z -43 F0.08	G01 X32	G01 X32	
N520	G03 X24.18 Z -48.88 R10	G00 X100 Z100	G00 X100 Z100	
N530	G02 X28 Z -55 R4	S500 M03 T0404	S500 M03 T0404	
N540	G01 U1 W -0.5	G00 X30 Z -42	G00 X30 Z -42	
N550	G01 X32	G70 P480 Q520	G70 P480 Q520	
N560	G00 X100 Z100	G00 X100 Z100	G00 X100 Z100	
N570	M05	M05	M05	主轴停止
N580	M00	M00	M00	程序暂停
N590	S400 M03	S400 M03	S400 M03	设定主轴转速
N600	T0303	T0303	T0303	调用 4mm 切断刀
N610	G00 X32 Z -64	G00 X32 Z -64	G00 X32 Z -64	刀具移至切入点
N620	G01 X2 F0.08	G01 X2 F0.08	G01 X2 F 0.08	刀具沿 X 轴进给
N630	X35 F0.3	X35 F0.3	X35 F0.3	刀具沿 X 轴退刀
N640	G00 X100 Z100	G00 X100 Z100	G00 X100 Z100	刀具退回换刀点
N650	M30	M30	M30	程序结束并返回起点

【技能训练】

1. 加工准备

1）检查毛坯尺寸。

2）开机（FANUC 系统、华中系统均需回机床零点）。

3）根据图样拟定好加工工艺。

4）根据图样输入加工程序（通过机床操作面板将程序输入到数控机床中）。

5）装夹工件伸出长度70mm。

6）装夹刀具（按照参考程序将粗、精车90°外圆车刀，切断刀以及外螺纹车刀依次装入相对应的刀位T01、T02、T03、T04）。

2. 对刀

四把车刀依次采用试切法对刀。通过对刀把操作得到的零偏值分别输入到各长度补偿中，以便加工时调用。螺纹车刀的对刀方式与前面内容一致；切断刀选取左侧刀尖作为刀位点。

3. 空运行及仿真

对输入的程序进行空运行或仿真，以检测加工程序是否正确。

4. 零件自动加工及尺寸控制

选择自动加工模式，打开程序，调好进给倍率，按数控启动按钮，外圆及长度尺寸控制同前面所述。进行自动加工，螺纹尺寸控制是将螺纹车刀设置一定的磨损量，当程序运行到N420段停止，用螺纹环规检测。根据螺纹旋合松紧程度调小刀具磨损量，重新运行螺纹加工程序段，直至尺寸要求为止（以螺纹塞规通端能通过，止端通不过为合格）；零件上圆弧表面形状主要用半径样板检测，测量时半径样板应沿零件直径方向，根据透光间隙，判别圆弧表面与半径样板的吻合程度；当程序运行到N580段停止，用游标卡尺进行检测，根据实际尺寸调刀具磨损量，重新运行成形面加工程序段，直至尺寸要求为止。

5. 零件检测与评分

零件加工结束后进行检测。应把检测结果填写在表2-82中。

表2-82 加工图2-53零件的评分表

班级		姓名		学号		
工件编号				总得分		
项目	序号	技术要求	配分	评分标准	检测记录	得分
零件图2-53	1	ϕ（28±0.03）mm	10			
	2	ϕ（24±0.03）mm	10			
	3	ϕ（15±0.03）mm	10			
	4	ϕ22.66mm	5			
	5	（60±0.05）mm	10			
	6	4mm×2mm	5			
	7	R10mm	5			
	8	R4mm	5			
	9	20°	5			
	10	M20	10			
其他	11	一般尺寸	2.5			
工艺	12	制订的切削加工工艺是否正确	5			
缺陷	13	工件缺陷	2.5			
程序	14	程序正确、合理	5			
操作	15	机床操作规范	5			
文明生产	16	人身、机床、刀具安全	5			

6. 加工结束并清理机床

【操作注意事项】

1）由于对刀时存在的误差，易造成废品，故加工前，外圆粗、精车刀和螺纹车刀刀具磨损号中 X 轴可预设一定数值作为尺寸控制余量，一般为 0.3 ~0.5mm。

2）FANUC 系统校验程序后需重新回机床参考点；广数系统校验程序后需重新对刀。

3）安装切槽车刀时，应使刀头与工件轴线垂直，否则易产生副后刀面与工件的干涉从而损坏刀具；螺纹车刀刀头也应垂直工件轴线，否则螺纹牙型会歪斜。

【思考与练习】

编写如图 2-55 所示零件的加工程序并进行加工练习，毛坯为 ϕ30mm × 100mm 的合金铝。

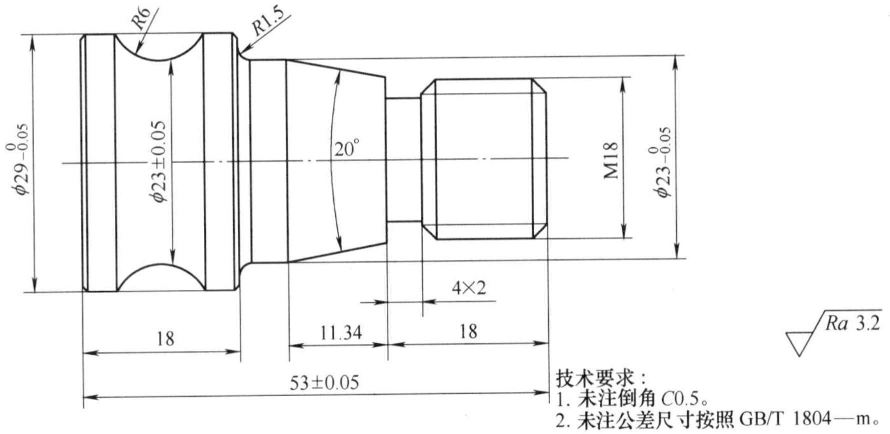

图 2-55　综合技能训练三练习图

项目三

数控车床加工套类零件

建议课时分配表

名　　称	课时（节）
任务一　通孔程序的编制及加工	12
任务二　用复合固定循环指令加工通孔	6
任务三　内锥台阶孔程序的编制及加工	12
任务四　用复合固定循环指令加工内锥台阶孔	12
任务五　内沟槽和普通内螺纹程序的编制及加工	12
任务六　用复合固定循环指令加工内沟槽和普通内角螺纹	12
任务七　综合技能训练与考核四	6
合　　计	72

任务一　通孔程序的编制及加工

【知识目标】

1）掌握平面选择指令 G17、G18 的含义及应用。

2）掌握通孔加工刀具的选择。

3）会制订通孔的加工工艺。

【技能目标】

1）掌握钻中心孔、钻孔的方法。

2）掌握通孔加工方法及尺寸的控制方法。

3）完成如图 3-1 所示零件的加工，其三维效果如图 3-2 所示。材料为铝。

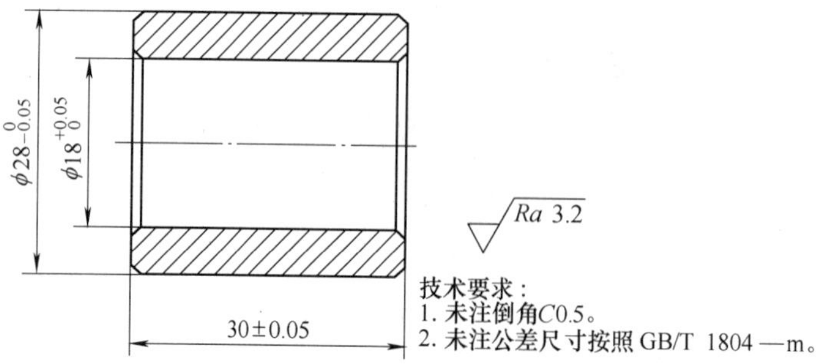

图 3-1　通孔加工零件图

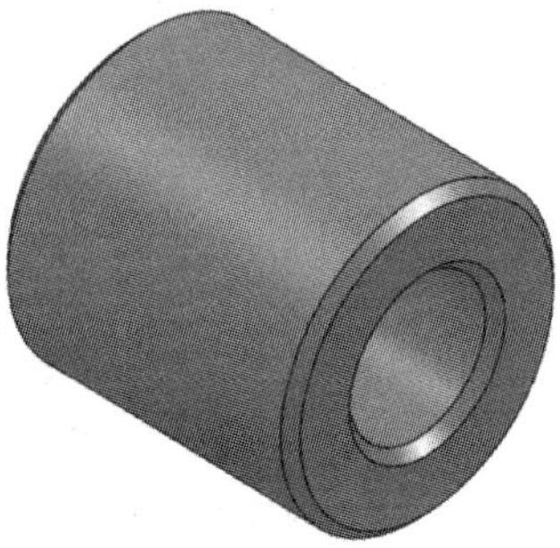

图 3-2　通孔加工的三维效果

【相关知识】

知识一　编程指令

（1）平面选择指令的功能（G17、G18）　在进行圆弧插补，刀尖半径补偿，长度补偿时，必须首先确定一个平面，即确定一个由两个坐标轴构成的坐标平面。在此平面内可以进行圆弧插补，刀尖半径补偿和在所选平面的垂直坐标轴上进行刀具长度补偿。数控车床的Z、X两个坐标轴能构成ZX平面。坐标平面及代码见表3-1与图3-3。

表3-1　坐标平面及代码

指令代码	坐标平面	垂直坐标轴（钻削时长度补偿轴）
G17	XY平面	Z
G18	ZX平面	Y
G19	YZ平面	X

（2）平面选择指令的使用　数控车床在ZX平面内进行零件加工，即G18平面（图3-3）。

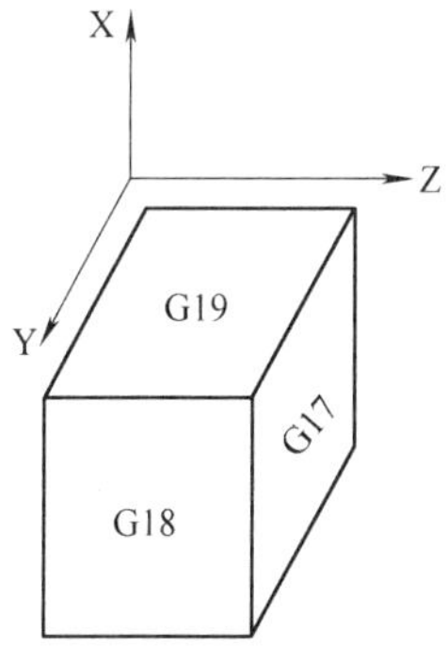

图3-3　坐标平面及代码

知识二　加工工艺分析

1. 工具、量具和刀具的选择

（1）工具的选择　工件装夹在自定心卡盘中。其余工具见表3-2。

（2）量具的选择　外径用外径千分尺测量，长度用游标卡尺测量，内孔使用内径百分表测量，表面粗糙度用表面粗糙度样板对比。量具规格和参数见表3-2。

（3）刀具的选择　外圆选用90°偏刀车削外圆、端面，内孔车刀加工内孔，其结构和外形如图3-4所示。所有刀具规格和尺寸见表3-2。

此外，车内孔前还需用中心钻钻中心孔及麻花钻钻孔；因内孔孔径为ϕ18mm，所以宜选取ϕ16mm的麻花钻钻孔，具体见表3-2。

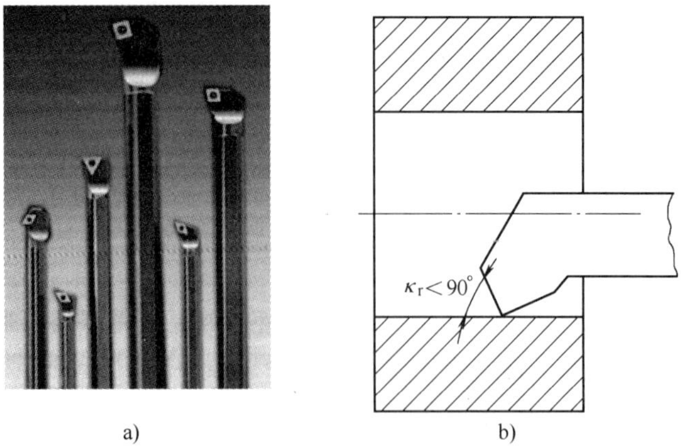

图 3-4　内孔（通孔）车刀结构和外形

a）通孔车刀的外形　b）通孔车刀架构参数

表 3-2　通孔零件的加工工具、量具和刀具清单

工具、量具和刀具清单				图号	图 3-1	
种类	序号	名称	规格	精度	单位	数量
工具	1	自定心卡盘			个	1
	2	卡盘扳手			副	1
	3	刀架扳手			副	1
	4	垫刀片			块	若干
	5	钻夹头			个	1
量具	1	游标卡尺	0 ~ 150mm	0. 02mm	把	1
	2	千分尺	0 ~ 25mm	0. 01mm	把	1
	3		25 ~ 50mm	0. 01mm	把	1
	4	内径百分表	18 ~ 35mm	0. 01mm	把	1
	5	表面粗糙度样板			套	1
刀具	1	外圆粗车刀	90°		把	1
	2	中心钻	A3		把	1
	3	麻花钻	ϕ16mm		把	1
	4	内孔车刀	<90°		把	1
	5	切断刀	4mm		把	1

2. 加工工艺

本课题零件的内孔分粗、精车，用一把车刀加工其内轮廓。具体加工工艺见表 3-3。

表 3-3　加工图 3-1 零件的加工工艺

工步号	工步内容	刀具号	切削用量		
			背吃刀量 a_p/mm	进给速度 f/mm · r^{-1}	主轴转速 n/r · min^{-1}
1	车右端面	T01	1 ~ 2	0. 2	600
2	钻 ϕ16mm 的内孔				400
3	粗车零件内轮廓 ϕ28mm 留 0. 5mm 精车余量	T01	1	0. 2	600

（续）

工步号	工步内容	刀具号	切削用量		
			背吃刀量 a_p/mm	进给速度 f/mm · r^{-1}	主轴转速 n/r · min^{-1}
4	精内外轮廓至尺寸要求	T01	0.25	0.1	800
5	粗车零件外轮廓 ϕ18mm 留 0.5mm 精车余量	T02	1	0.2	600
6	精车外轮廓至尺寸要求	T02	0.25	0.1	800
7	切断，控制总长 30mm	T04	4	0.08	400

3. 选择合理的切削用量参数值

加工材料为铝，该材料硬度较低，切削力较小，切削用量可选大些。具体参数见表 3-3。

知识三 编制参考程序

1. 建立工件坐标系

根据工件坐标系建立原则，工件坐标系设置在工件右端面的轴线上，如图 3-1 所示。

2. 计算基点坐标

（略）。

3. 参考程序

华中系统程序名为 O0001；FANUC 系统程序名为 O0001；广数系统程序名为 O0001（毛坯材料为 ϕ30mm × 100mm）。参考程序见表 3-4。

表 3-4 通孔零件的加工参考程序

程序段号	程序内容（华中）	程序内容（FANUC）	程序内容（广数）	程序说明
N10	G40 G95 G21	G40 G99 G21	G40 G99 G21	设置初始状态
N20	S600 M3	S600 M3	S600 M3	设定主轴转速
N30	T0101	T0101	T0101	调用内孔车刀
N40	G00 X28.5 Z3	G00 X28.5 Z3	G00 X28.5 Z3	刀具移动至切入点
N50	G01 Z-30 F0.2	G01 Z-30 F0.2	G01 Z-30 F0.2	刀具向 Z 轴进给
N60	X31 F0.3	X31 F0.3	X31 F0.3	刀具向 X 轴退刀
N70	S800 M03	S800 M03	S800 M03	设定主轴转速
N80	T0101	T0101	T0101	调用外圆车刀
N90	G00 Z3	G00 Z3	G00 Z3	刀具向 Z 轴退刀
N100	X27	X27	X27	刀具向 X 轴进给
N110	G01 Z0 F0.1	G01 Z0 F0.1	G01 Z0 F0.1	刀具向 Z 轴进给
N120	X28 Z-0.5	X28 Z-0.5	X28 Z-0.5	倒角 C0.5mm
N130	Z-30	Z-30	Z-30	刀具向 Z 轴进给
N140	X31 F0.3	X31 F0.3	X31 F0.3	刀具向 X 轴退刀
N150	G00 X100 Z100	G00 X100 Z100	G00 X100 Z100	刀具退回换刀点
N160	S600 M03	S600 M03	S600 M03	设定粗车主轴转速

（续）

程序段号	程序内容（华中）	程序内容（FANUC）	程序内容（广数）	程序说明
N170	T0202	T0202	T0202	调用内孔车刀
N180	G00 X17.5 Z3	G00 X17.5 Z3	G00 X17.5 Z3	刀具移动至切入点
N190	G01 Z-30 F0.2	G01 Z-30 F0.2	G01 Z-30 F0.2	刀具向Z轴进给
N200	X17 F0.3	X17 F0.3	X17 F0.3	刀具向X轴退刀
N210	S800 M03	S800 M03	S800 M03	设定精车主轴转速
N220	T0202	T0202	T0202	调用内孔车刀
N230	G00 Z3	G00 Z3	G00 Z3	刀具向Z轴退刀
N240	X19	X19	X19	刀具向X轴进给
N250	G01 Z0 F0.1	G01 Z0 F0.1	G01 Z0 F0.1	刀具向Z轴进给
N260	X18 Z-0.5	X18 Z-0.5	X18 Z-0.5	倒角 $C0.5$mm
N270	Z-30	Z-30	Z-30	刀具向Z轴进给
N280	X17.5	X17.5	X17.5	刀具向X轴退刀
N290	G00 Z3	G00 Z3	G00 Z3	刀具向Z轴退刀
N300	X100 Z100	X100 Z100	X100 Z100	刀具退回换刀点
N310	M05	M05	M05	主轴停止
N320	M00	M00	M00	程序暂停
N330	S400 M03	S400 M03	S400 M03	设定切断主轴转速
N340	T0404	T0404	T0404	调用4mm切断车刀
N350	G00 X32 Z-34	G00 X32 Z-34	G00 X32 Z-34	刀具移至切入点
N360	G01 X17 F0.08	G01 X17 F0.08	G01 X17 F0.08	刀具向X轴进给
N370	X35 F0.5	X35 F0.5	X35 F0.5	刀具向X轴退刀
N380	G00 X100 Z100	G00 X100 Z100	G00 X100 Z100	刀具退回换刀点
N390	M30	M30	M30	程序结束

【技能训练】

1. 加工准备

1）检查毛坯尺寸。

2）开机（FANUC系统、华中系统均需回机床零点）。

3）根据图样拟定好加工工艺。

4）根据图样输入加工程序（通过机床操作面板将程序输入到数控机床中）。

5）装夹工件伸出长度40mm。

6）装夹刀具（按照参考程序将外圆车刀、内孔车刀、切断刀依次装入相对应的刀位T01、T02、T04）。

2. 对刀

内孔车刀对刀方法：

（1）X方向对刀　用内孔车刀试车一内孔，试车长度为3~5mm，然后沿+Z方向退刀，如图3-5所示。停机床测量内孔直径尺寸，将其值输入到相对应的刀具直径补偿中。

（2）Z 方向对刀　移动内孔车刀使用刀尖碰至工件端面，刀具沿 -X 方向退刀（使刀尖与工件接触不到即可），如图 3-6 所示，然后将刀具位置数据输入到相对应刀具长度补偿中。外圆车刀对刀步骤同前面所述，ϕ16mm 的麻花钻直接装至机床尾座将内孔钻出即可。

3. 空运行及仿真

对输入的程序进行空运行或仿真，以检测加工程序是否正确。

4. 零件自动加工及尺寸控制

选择自动加工模式，打开程序，调好进给倍率，按数控启动按钮，进行自动加工，加工过程中，外圆尺寸控制同前文所述；内孔尺寸通过设置刀具磨损量及加工过程中试切、测试来保证。程序运行到 N320 段停床测量。根据测量结果，修改刀具磨损量，继续运行精车内孔程序段，直至达到尺寸要求为止。

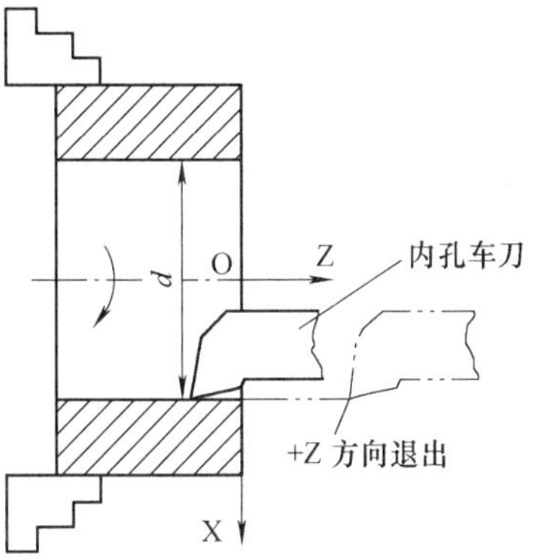

图 3-5　内孔车刀 X 方向对刀示意图

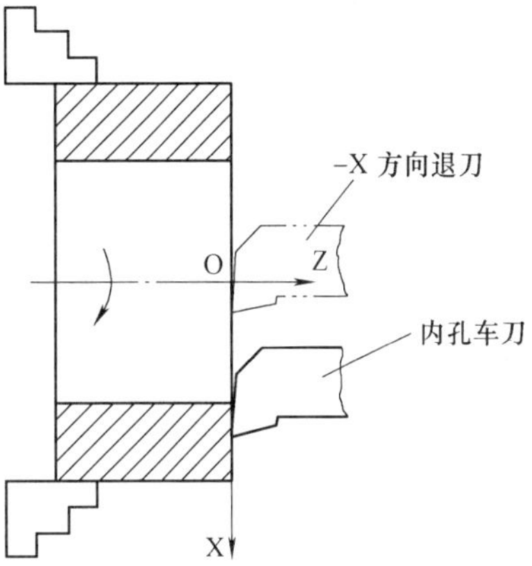

图 3-6　内孔车刀 Z 方向对刀示意图

5. 零件检测与评分

零件加工结束后进行检测。应把检测结果填写在表 3-5 中。

表 3-5　加工图 3-1 零件的评分表

班级		姓名		学号		
工件编号				总得分		
项目	序号	技术要求	配分	评分标准	检测记录	得分
零件图 3-1	1	$\phi 28_{-0.05}^{0}$ mm	10			
	2	$\phi 18_{0}^{+0.05}$ mm	20			
	3	(30 ±0.05) mm	10			
	4	C0.5（4 处）	20			
表面粗糙度	5	*Ra*3.2μm	10			
工艺	6	制订的切削加工工艺是否正确	5			
缺陷	7	工件缺陷	5			
程序	8	程序正确、合理	10			
操作	9	机床操作规范	5			
文明生产	10	人身、机床、刀具安全	5			

6. 加工结束并清理机床

【操作注意事项】

1）刀具、工件应按要求装夹；安装麻花钻时，应严格要求钻头与工件的同轴度（钻孔前检查机床尾座有无偏心），以防因偏心而折断钻头。

2）车内孔前，应先检测内孔车刀是否与工件发生干涉。

3）车内孔时，X 轴退刀方向与车外圆相反，且退刀距离不能太大，以防止车刀背面碰撞到工件。

4）控制孔径尺寸时，刀具磨损量的设置、修改与外圆加工相反。

【思考与练习】

1）不通孔车刀与通孔车刀有何区别？

2）编写如图 3-7 所示零件的加工程序并进行加工练习，毛坯为 ϕ30mm × 100mm 的合金铝。

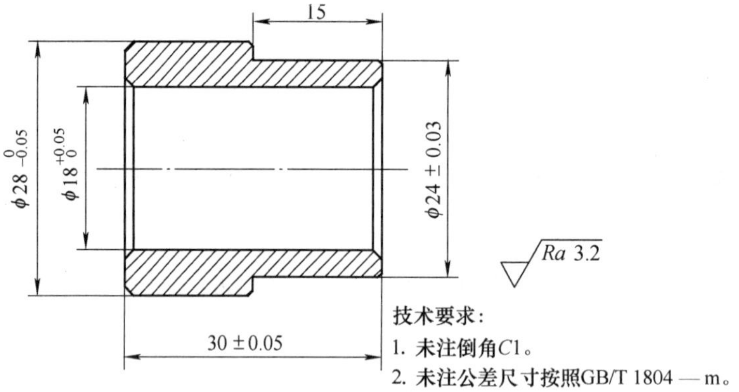

图 3-7 通孔加工练习零件图

任务二　用复合固定循环指令加工通孔

【知识目标】

1）掌握复合固定循环 G71 指令加工通孔。
2）掌握通孔加工刀具的选择。
3）会制订通孔的加工工艺。

【技能目标】

1）熟练掌握平面选择指令 G17、G18 的应用。
2）掌握通孔的加工方法及尺寸控制方法。
3）完成如图 3-8 所示零件的加工，其三维效果如图 3-9 所示。材料为铝。

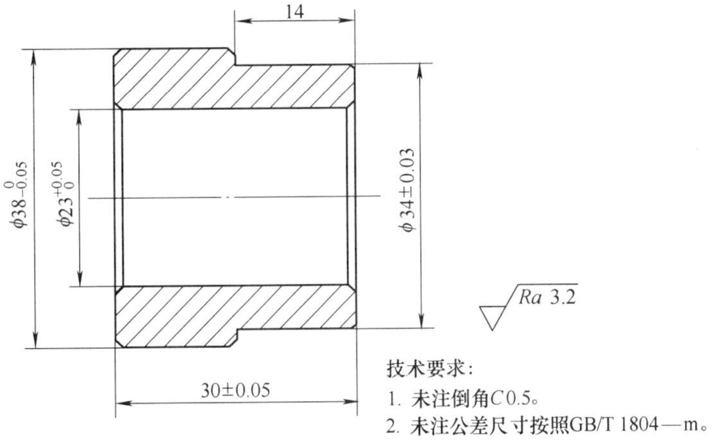

图 3-8　用复合固定循环指令加工通孔零件图

图 3-9　用复合固定循环指令加工通孔的三维效果

【相关知识】

知识一 指令编程格式

1. 指令功能

在车削通孔时，由于既要考虑进给路线较短，又要安排先粗后精的加工工艺，如果还是利用 G01 或 G80（G90）指令进行编程，程序段将会较多，同时在编制形状复杂的台阶轴时，将增加手工编程的难度。

G71 车削循环指令只需要编制出零件轨迹的精加工程序，便可以自动地完成加工轨迹的粗加工，同时再利用 G70 精车循环指令调用精加工轨迹的程序，即可以完成零件的精加工，这将大大地简化程序和手工编程的工作量，从而提高生产率（G70 精车循环指令只是限定于 FANUC 系统、广数系统。对于华中系统，G71 指令后面需多加一次精加工定位即可实行精车程序）。

2. 指令代码

华中系统：G71。

FANUC 系统：G71、G70。

广数系统：G71、G70。

3. 指令格式

华中系统、FANUC 系统与广数系统复合循环指令 G71 和精车指令 G70 的格式及参数含义见表 2-7。

知识二 加工工艺分析

1. 工具、量具和刀具的选择

（1）工具的选择 工件装夹在自定心卡盘中，其余工具见表 3-6。

（2）量具的选择 外径用外径千分尺测量，长度用游标卡尺测量，内孔使用内径百分表测量，表面粗糙度用表面粗糙度样板对比。量具规格和参数见表 3-6。

（3）刀具的选择 外圆选用 90°偏刀车削外圆、端面，内孔车刀加工内孔。所有刀具规格和尺寸见表 3-6。

此外，车内孔前还需用中心钻钻中心孔并麻花钻钻孔，内孔孔径为 ϕ23mm，宜选取 ϕ20mm 的麻花钻钻孔。具体参数见表 3-6。

表 3-6 通孔零件的加工工具、量具和刀具清单

工具、量具和刀具清单				图号	图 3-8	
种类	序号	名称	规格	精度	单位	数量
工具	1	自定心卡盘			个	1
	2	卡盘扳手			副	1
	3	刀架扳手			副	1
	4	垫刀片			块	若干
	5	钻夹头			个	1

（续）

种类	序号	名称	规格	精度	单位	数量
量具	1	游标卡尺	0～150mm	0.02mm	把	1
	2	千分尺	0～25mm	0.01mm	把	1
	3		25～50mm	0.01mm	把	1
	4	内径百分表	18～35mm	0.01mm	把	1
	5	表面粗糙度样板			套	1
刀具	1	外圆粗车刀	90°		把	1
	2	中心钻	A3		把	1
	3	麻花钻	ϕ20mm		把	1
	4	内孔车刀	<90°		把	1
	5	切断刀	4mm		把	1

2. 加工工艺

本课题零件的内孔可分粗、精车，用一把车刀进行加工，具体加工工艺见表3-7。

表3-7 加工图3-8零件的加工工艺

工步号	工步内容	刀具号	切削用量		
			背吃刀量 a_p/mm	进给速度 f/mm·r^{-1}	主轴转速 n/r·min^{-1}
1	车右端面	T01	1～2	0.2	600
2	钻 ϕ20mm 的内孔				400
3	粗车零件外轮廓 ϕ38mm、ϕ34mm 留 0.5mm 精车余量	T01	1	0.2	600
4	精车外轮廓至尺寸要求	T01	0.25	0.1	800
5	粗车零件内轮廓 ϕ23mm 留 0.5mm 精车余量	T03	1	0.2	600
6	精车内轮廓至尺寸要求	T03	0.25	0.1	800
7	切断，控制总长 30mm	T04	4	0.08	400

3. 选择合理的切削用量参数值

加工材料为铝，该材料硬度较低，切削力较小，切削用量可选大些，具体见表3-7。

知识三 编制参考程序

1. 建立工件坐标系

根据工件坐标系建立原则，工件坐标系设置在工件右端面的轴线上，如图3-8所示。

2. 计算基点坐标

（略）

3. 参考程序

华中系统程序名为O0001；FANUC系统程序名为O0001；广数系统程序名为O0001（毛坯材料为 ϕ40mm×100mm）。参考程序见表3-8。

表 3-8　用复合固定循环指令加工通孔的参考程序

程序段号	程序内容（华中）	程序内容（FANUC）	程序内容（广数）	程序说明
N10	G40 G95 G21	G40 G99 G21	G40 G99 G21	设置初始状态
N20	S600 M3	S600 M3	S600 M3	设定主轴转速
N30	T0101	T0101	T0101	调用外圆车刀
N40	G00 X40 Z3	G00 X40 Z3	G00 X40 Z3	刀具移动至切入点
N50	G71 U1.5 R1 P110 Q180 X0.5 Z0 F0.2	G71 U1.5 R1	G71 U1.5 R1	
N60		G71 P70 Q140 U0.5 W0 F0.2	G71 P70 Q140 U0.5 W0 F0.2	
N70	G00 X100 Z100	G00 X32	G00 X32	
N80	S800 M3	G01 Z0 F0.1	G01 Z0 F0.1	
N90	T0101	X34 Z-1	X34 Z-1	
N100	G00 X40 Z3	Z-14	Z-14	
N110	G00 X32	X36	X36	
N120	G01 Z0 F0.1	X38 Z-15	X38 Z-15	
N130	X34 Z-1	Z-30	Z-30	
N140	Z-14	X41	X41	
N150	X36	G00 X100 Z100	G00 X100 Z100	
N160	X38 Z-15	S800 M03 T0101	S800 M03 T0101	
N170	Z-30	G00 X40 Z3	G00 X40 Z3	
N180	X41	G70 P70 Q140	G70 P70 Q140	
N190	G00 X100 Z100	G00 X100 Z100	G00 X100 Z100	
N200	S600 M03	S600 M03	S600 M03	
N210	T0303	T0303	T0303	
N220	G00 X20 Z3	G00 X20 Z3	G00 X20 Z3	
N230	G71 U1.5 R0.2 P290 Q330 X-0.5 Z0 F0.2	G71 U1.5 R0.2	G71 U1.5 R0.2	
N240		G71 P250 Q290 U-0.5 W0 F0.2	G71 P250 Q290 U-0.5 W0 F0.2	
N250	G00 X100 Z100	G00 X25	G00 X25	
N260	S600 M03	G01 Z0 F0.1	G01 Z0 F0.1	
N270	T0303	X23 Z-1	X23 Z-1	
N280	G00 X20 Z3	Z-30	Z-30	
N290	G00 X25	X20	X20	
N300	G01 Z0 F0.1	G00 Z3	G00 Z3	
N310	X23 Z-1	G00 X100 Z100	G00 X100 Z100	
N320	Z-30	S800 M03 T0303	S800 M03 T0303	
N330	X20	G00 X40 Z3	G00 X40 Z3	
N340	G00 Z3	G70 P250 Q290	G70 P250 Q290	
N350	X100 Z100	G00 X100 Z100	G00 X100 Z100	
N360	M05	M05	M05	主轴停止
N370	M00	M00	M00	程序暂停
N380	S400 M03	S400 M03	S400 M03	设定切断主轴转速
N390	T0404	T0404	T0404	调用 4mm 切断刀
N400	G00 X42 Z-34	G00 X42 Z-34	G00 X42 Z-34	刀具移至切入点
N410	G01 X21 F0.08	G01 X21 F0.08	G01 X21 F0.08	刀具向 X 轴进给
N420	X45 F0.5	X45 F0.5	X45 F0.5	刀具向 X 轴退刀
N430	G00 X100 Z100	G00 X100 Z100	G00 X100 Z100	刀具退回换刀点
N440	M30	M30	M30	程序结束

【技能训练】

1. 加工准备

1）检查毛坯尺寸。

2）开机（FANUC 系统、华中系统均需回机床零点）。

3）根据图样拟定好加工工艺。

4）根据图样输入加工程序（通过机床操作面板将程序输入到数控机床中）。

5）装夹工件伸出长度 40mm。

6）装夹刀具（按照参考程序将外圆车刀、内孔车刀、切断刀依次装入相对应的刀位 T01、T03、T04）。

2. 对刀

外圆车刀、内孔车刀、切断刀的对刀步骤同前文所述。

3. 空运行及仿真

对输入的程序进行空运行或仿真，以检测加工程序是否正确。

4. 零件自动加工及尺寸控制

选择自动加工模式，打开程序，调好进给倍率，按数控启动按钮，进行自动加工，加工过程中外圆尺寸控制同前文所述。内孔尺寸通过设置刀具磨损量及加工过程中试切、测试来保证。程序运行到 N370 段停床测量。根据测量结果，修改刀具磨损量，继续运行精车内孔程序段，直至尺寸达到要求为止。

5. 零件检测与评分

零件加工结束后进行检测。应把检测结果填写在表 3-9 中。

表 3-9 加工图 3-8 零件的评分表

班级		姓名		学号		
工件编号				总得分		
项目	序号	技术要求	配分	评分标准	检测记录	得分
零件图 3-8	1	$\phi 38_{-0.05}^{0}$ mm	10			
	2	ϕ（34 ±0.03）mm	10			
	3	$\phi 23_{0}^{+0.05}$ mm	15			
	4	（30 ±0.05）mm	10			
	5	C0.5mm（4 处）	15			
表面粗糙度	6	$Ra3.2\mu m$	15			
工艺	7	制订的切削加工工艺是否正确	5			
缺陷	8	工件缺陷	5			
程序	9	程序正确、合理	10			
操作	10	机床操作规范	5			
文明生产	11	人身、机床、刀具安全	5			

6. 加工结束并清理机床

【操作注意事项】

1）手动钻孔及中心孔时，进给速度要均匀，以防止中心钻及钻头折断。

2）车内孔前，应先检测内孔车刀是否与工件发生干涉。

3）控制孔径尺寸时，刀具磨损量的设置、修改与外圆加工时相反。

4）使用循环指令加工内孔时要考虑 X 轴退刀距离不能太大，一般取 0.1 ~ 0.5mm，以防止刀背面碰撞到工件。

【思考与练习】

1）循环指令 G71 加工外圆和内孔时有何区别?

2）编写如图 3-10 所示零件的加工程序并进行加工练习，毛坯为 ϕ30mm × 100mm 的合金铝。

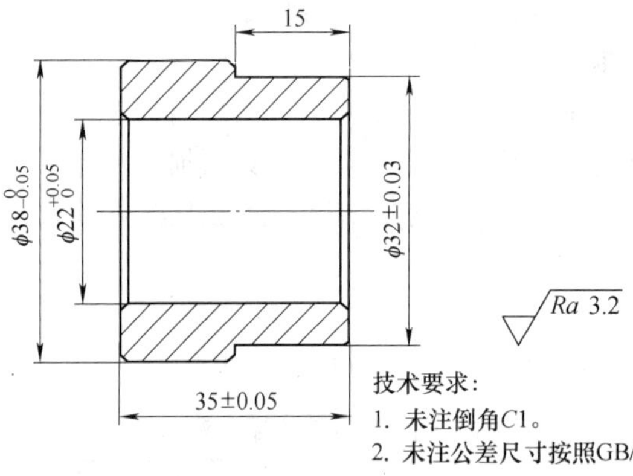

图 3-10　用复合固定循环指令加工通孔练习图

任务三　内锥台阶孔程序的编制及加工

【知识目标】

1）掌握恒定切削速度功能指令加工台阶孔、内锥。

2）会制订掉头加工、台阶孔、内锥的加工工艺。

3）能合理选用切削用量。

【技能目标】

1）掌握内锥台阶孔的加工方法及尺寸控制方法。

2）完成如图 3-11 所示零件的加工，其三维效果如图 3-12 所示。材料为铝。

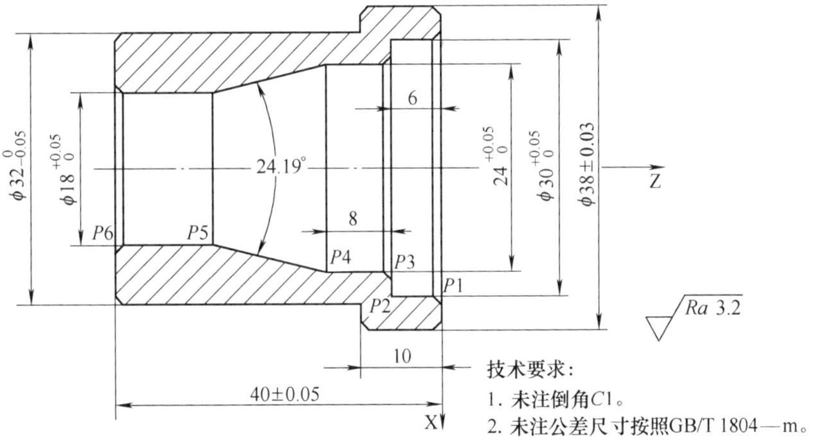

图 3-11　内锥台阶孔的零件图

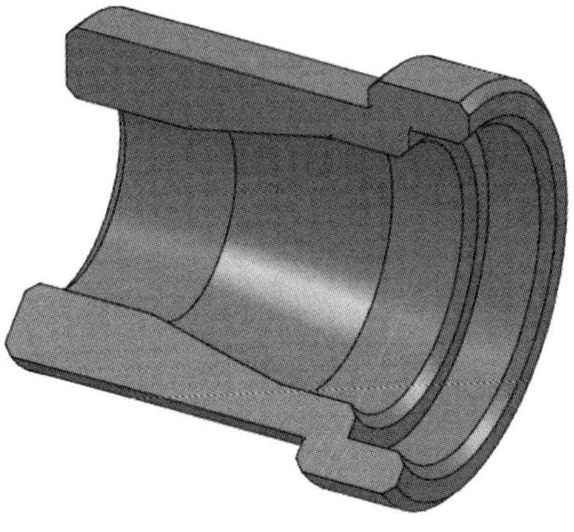

图 3-12　内锥台阶孔的三维效果

【相关知识】

知识一 恒定切削速度功能指令（G96、G97）

1. 指令功能

使用恒定切削速度功能后，可以使刀具切削点的切削速度始终为常数（主轴转速 × 直径 = 常数）。如图 3-13 所示，切削速度不随刀具位置而发生变化，而是根据切削工件时直径发生变化，主轴转速随之变化，以保证各点切削速度 v_a、v_b、v_c 恒定。

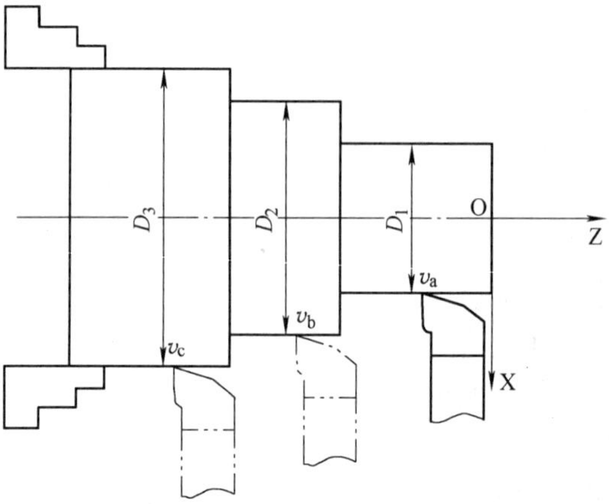

图 3-13 恒定切削速度主轴转速与直径关系

2. 指令代码

G96——恒定切削速度有效。

G97——取消恒定切削速度。

3. 指令格式

华中系统、FANUC 系统与广数系统恒定切削速度功能指令格式及参数含义见表 3-10。

表 3-10 恒定切削速度功能指令格式及参数含义

系统	华中系统	FANUC 系统	广数系统
指令格式	G96 S___恒定切削速度有效 S 表示切削速度（m/min） G46 X_P_极限转速限定 X：恒定切削速度时主轴最低速限定（r/min） P：恒定切削速度时主轴最高速限定（r/min） G97 S___取消恒定切削速度 S 表示主轴速度（r/min）	G96 S___恒定切削速度有效 S 表示切削速度（m/min） G50 S___主轴最高转速 S 表示主轴速度（r/min） G97 S___取消恒定切削速度 S 表示主轴速度（r/min）	G96 S___恒定切削速度有效 S 表示切削速度（m/min） G50 S___主轴最高转速 S 表示主轴速度（r/min） G97 S___取消恒定切削速度 S 表示主轴速度（r/min）

4. 指令使用说明

1）主轴必须为受控主轴，该指令才能生效。

2）当工件从大直径加工到小直径时，主轴转速可能提高得非常快，因此使用恒定切削速度时，必须设定主轴最高转速。

3）用 G00 快速移动指令时，主轴转速不变。

4）取消恒定切削速度后，S 地址下的数值生效，单位为 r/min。如果没有重新写地址 S，则主轴以原先 G96 功能生效前的转速旋转。

5. 编程示例（表 3-11）

表 3-11 恒定切削速度功能编程示例

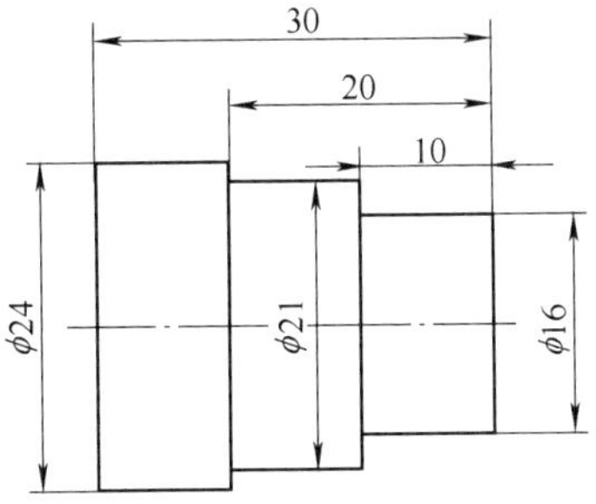

程序段号	程序内容（华中）	程序内容（FANUC）	程序内容（广数）	程序说明
N10	G40 G95 G21	G40 G99 G21	G40 G99 G21	设置初始状态
N20	S600 M3 G97	S600 M3 G97	S600 M3 G97	设定主轴转速
N30	T0101	T0101	T0101	调用外圆车刀
N40	G00 X16 Z3 G42	G00 X16 Z3 G42	G00 X16 Z3 G42	刀具移至切入点，调用刀尖圆弧补偿
N50	G96 S100	G96 S100	G96 S100	设置恒定切削速度功能，切削速度为 100m/min，最高转速为 1600r/min
N60	G46 X500 P1600	G50 S1600	G50 S1600	
N70	G01 Z-10 F0.2	G01 Z-10 F0.2	G01 Z-10 F0.2	车外圆
N80	X21	X21	X21	
N90	Z-20	Z-20	Z-20	
N100	X24	X24	X24	
N110	Z-30	Z-30	Z-30	
N120	X26	X26	X26	
N130	G97 S600	G97 S600	G97 S600	取消恒定切削速度功能，主轴转速为 600r/min
N140	G00 X100 Z100 G40	G00 X100 Z100 G40	G00 X100 Z100 G40	刀具退回换刀点，并取消刀尖圆弧补偿
N150	M30	M30	M30	程序结束并返回起点

知识二 加工工艺分析

1. 工具、量具和刀具的选择

（1）工具的选择 工件装夹在自定心卡盘中；掉头装夹用百分表校正，其余工具见表3-12。

（2）量具的选择 外径用外径千分尺测量，长度用游标卡尺测量，内孔使用内径百分表测量，内锥面用游标万能角度尺测量，表面粗糙度用表面粗糙度样板对比，量具规格和参数见表3-12。

（3）刀具的选择 外圆选用90°偏刀车削外圆、端面，内孔车刀加工内孔。所有刀具规格和尺寸见表3-12。此外，车内孔前还需用中心钻钻中心孔及麻花钻钻孔。

表3-12 内锥台阶孔零件的加工工、量和刀具清单

工具、量具和刀具清单				图号	图3-11	
种类	序号	名称	规格	精度	单位	数量
工具	1	自定心卡盘			个	1
	2	卡盘扳手			副	1
	3	刀架扳手			副	1
	4	垫刀片			块	若干
	5	钻夹头			个	1
	6	磁性表座			个	1
量具	1	游标卡尺	0~150mm	0.02mm	把	1
	2	千分尺	0~25mm	0.01mm	把	1
	3		25~50mm	0.01mm	把	1
	4	内径百分表	18~35mm	0.01mm	把	1
	5	表面粗糙度样板			套	1
	6	百分表	0~10mm	0.01mm	个	1
	7	游标万能角度尺	0°~320°			
刀具	1	外圆粗车刀	90°		把	1
	2	中心钻	A3		把	1
	3	麻花钻	ϕ16mm		把	1
	4	内孔车刀	<90°		把	1
	5	切断刀	4mm		把	1

2. 加工工艺

本课题零件的内孔可分粗、精车，用一把车刀加工，具体加工工艺见表3-13。

表 3-13 加工图 3-11 零件的加工工艺

工步号	工步内容	刀具号	切削用量		
			背吃刀量 a_p/mm	进给速度 f/mm · r^{-1}	主轴转速 n/r · min^{-1}
1	车右端面	T01	1~2	0.2	600
2	钻 ϕ16mm 的内孔			0.1	400
3	粗车零件外轮廓 ϕ38mm、ϕ32mm 留 0.5mm 精车余量	T01	1	0.2	600
4	精车外轮廓至尺寸要求	T01	0.25	0.1	800
5	切断、控制总长 30mm 留 0.5mm 余量	T04	4	0.08	400
6	掉头装夹 ϕ32mm 外圆，车端面，控制总长（40 ±0.05）mm		0.5	0.1	800
7	粗车零件内轮廓 ϕ30mm、ϕ24mm、ϕ18mm 留 0.5mm 精车余量	T03	1	0.2	600
8	精车 ϕ30mm、ϕ24mm、ϕ18mm 内轮廓至尺寸要求	T03	0.25	0.1	800

3. 选择合理地切削用量参数值

加工材料为铝，该材料硬度较低，切削力较小，切削用量可选大些，具体见表 3-13。

知识三 编制参考程序

1. 建立工件坐标系

加工工件左侧表面时，取左侧端面与工件轴线交点为工件坐标原点，如图 3-11 所示。加工右侧端面时，则取右侧端面与工件轴线交点为工件原点。本课题零件左侧的加工程序略。

2. 计算基点坐标

基点坐标按各极限尺寸的平均值进行计算，内轮廓的各基点坐标见表 3-14。

表 3-14 基点坐标

基点	坐标（X，Z）	基点	坐标（X，Z）
*P*1	（30，0）	*P*4	（24，-14）
*P*2	（30，-6）	*P*5	（18，-28）
*P*3	（24，-6）	*P*6	（18，-40）

3. 参考程序

华中系统程序名为 O0001；FANUC 系统程序名为 O0001；广数系统程序名为 O0001（毛坯材料为 ϕ40mm × 100mm）。参考程序见表 3-15。

表 3-15　加工图 3-11 零件的加工程序

程序段号	程序内容（华中）	程序内容（FANUC）	程序内容（广数）	程序说明
N10	G40 G95 G21	G40 G99 G21	G40 G99 G21	设置初始状态
N20	S600 M3	S600 M3	S600 M3	设定主轴转速
N30	T0404	T0404	T0404	调用内孔车刀
N40	G00 X17.5 Z3	G00 X17.5 Z3	G00 X17.5 Z3	刀具移动至切入点
N50	G01 Z-40 F0.2	G01 Z-40 F0.2	G01 Z-40 F0.2	刀具向 Z 轴进给
N60	X18.3	X18.3	X18.3	刀具向 X 轴退刀
N70	G00 Z3	G00 Z3	G00 Z3	刀具向 Z 轴退刀
N80	X22	X22	X22	刀具向 X 轴进给
N90	G01 Z-10 F0.2	G01 Z-10 F0.2	G01 Z-10 F0.2	刀具向 Z 轴进给
N100	X17.5 Z-28	X17.5 Z-28	X17.5 Z-28	刀具向 X、Z 轴进给
N110	X18.3	X18.3	X18.3	刀具向 X 轴退刀
N120	G00 Z3	G00 Z3	G00 Z3	刀具向 Z 轴退刀
N130	X26	X26	X26	刀具向 X 轴进给
N140	G01 Z-6 F0.2	G01 Z-6 F0.2	G01 Z-6 F0.2	刀具向 Z 轴进给
N150	X23.5 Z-8.25	X23.5 Z-8.25	X23.5 Z-8.25	刀具向 X、Z 轴进给
N160	Z-14	Z-14	Z-14	刀具向 Z 轴进给
N170	X23	X23	X23	刀具向 X 轴退刀
N180	G00 Z3	G00 Z3	G00 Z3	刀具向 Z 轴退刀
N190	X32	X32	X32	刀具向 X 轴进给
N200	G01 Z0 F0.2	G01 Z0 F0.2	G01 Z0 F0.2	刀具向 Z 轴进给
N210	X-29.5 Z-1.25	X-29.5 Z-1.25	X-29.5 Z-1.25	刀具向 X、Z 轴进给
N220	Z-6	Z-6	Z-6	刀具向 Z 轴进给
N230	X23	X23	X23	刀具向 X 轴退刀
N240	G00 Z100	G00 Z100	G00 Z100	刀具向 Z 轴退刀
N245	S800 M3	S800 M3	S800 M3	设定主轴转速
N250	T0404	T0404	T0404	调用内孔车刀
N260	G96 S100	G96 S100	G96 S100	设置恒定切削速度功能，切削速度为 100m/min，最高转速为 1600r/min
N270	G46 X800 P1600	G50 S1600	G50 S1600	
N280	G00 X32 Z3	G00 X32 Z3	G00 X32 Z3	刀具移至切入点
N290	G01 Z0 F0.1	G01 Z0 F0.1	G01 Z0 F0.1	内孔精加工程序路线
N300	X30 Z-1	X30 Z-1	X30 Z-1	
N310	Z-6	Z-6	Z-6	
N320	X26	X26	X26	
N330	X24 W-1	X24 W-1	X24 W-1	
N340	Z-14	Z-14	Z-14	
N350	X18 Z-28	X18 Z-28	X18 Z-28	
N360	Z-40	Z-40	Z-40	
N370	X17.8	X17.8	X17.8	
N380	G00 Z3	G00 Z3	G00 Z3	刀具向 Z 轴退刀
N390	G97 X100 Z100	G97 X100 Z100	G97 X100 Z100	刀具退回换刀点、取消恒定切削速度控制
N400	M30	M30	M30	程序结束

【技能训练】

1. 加工准备

1）检查毛坯尺寸。

2）开机（FANUC 系统、华中系统均需回机床零点）。

3）根据图样拟定好加工工艺。

4）根据图样输入加工程序（通过机床操作面板将程序输入到数控机床中）。

5）装夹工件伸出长度 50mm，切断后掉头装夹用百分表校正。

6）装夹刀具（按照参考程序将外圆车刀、切断刀、内孔车刀依次装入相对应的刀位 T01、T02、T04）。

2. 对刀

外圆车刀、内孔车刀、切断刀的对刀步骤同前面所述。

3. 空运行及仿真

对输入的程序进行空运行或仿真，以检测加工程序是否正确。

4. 零件自动加工及尺寸控制

选择自动加工模式，打开程序，调好进给倍率，按数控启动按钮，进行自动加工，加工过程中，外圆尺寸控制同前面所述；内孔尺寸通过设置刀具磨损量及加工过程中试切、测试来保证。程序运行结束后进行测量。根据测量结果，修改刀具磨损量，继续运行精车内孔程序段，直至尺寸达到要求为止。

5. 零件检测与评分

零件加工结束后进行检测。应把检测结果填写在表 3-16 中。

表 3-16　加工图 3-11 零件的评分表

班级		姓名		学号		
工件编号				总得分		
项目	序号	技术要求	配分	评分标准	检测记录	得分
外圆	1	$\phi(38\pm0.03)$ mm	10			
	2	$\phi32_{-0.05}^{0}$ mm	10			
内孔	3	$\phi30_{0}^{+0.05}$ mm	10			
	4	$\phi24_{0}^{+0.05}$ mm	10			
	5	$\phi18_{0}^{+0.05}$ mm	10			
长度	6	(40 ± 0.05) mm	10			
锥度	7	24.19°	5			
倒角	8	*C*1（6 处）	6			
表面粗糙度	9	*Ra*3.2μm	6			
工艺	10	制订的切削加工工艺是否正确	5			
缺陷	11	工件缺陷	4			
程序	12	程序正确、合理	5			
操作	13	机床操作规范	4			
文明生产	14	人身、机床、刀具安全	5			

6. 加工结束并清理机床

【操作注意事项】

1）手动钻孔及中心孔时，进给速度要均匀，以防止中心钻或钻头折断。

2）车内孔前，应先检测内孔车刀是否与工件发生干涉。

3）控制孔径尺寸时，刀具磨损量的设置、修改与外圆加工相反。

4）工件掉头，加工右侧端面及内孔时，刀具都应重新对刀。

5）对于套类零件夹紧力不宜过大，以防止工件变形。

【思考与练习】

1）简述华中系统、FANUC 系统、广数系统恒定切削速度功能在应用中有何区别。

2）编写如图 3-14 所示零件的加工程序并进行加工练习，毛坯为 ϕ40mm × 100mm 的合金铝。

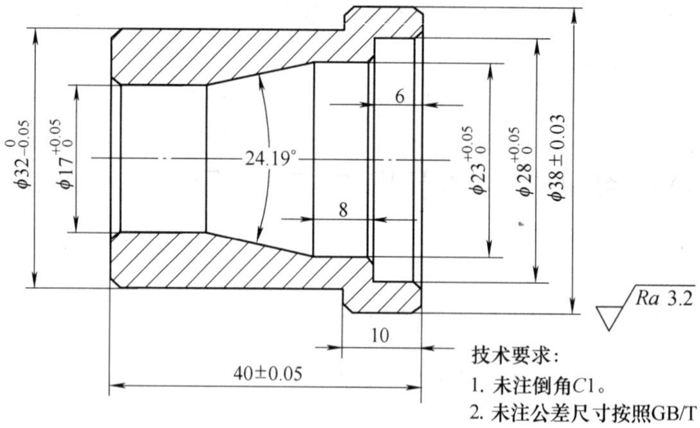

图 3-14　内锥台阶孔的练习零件图

任务四　用复合固定循环指令加工内锥台阶孔

【知识目标】

1）掌握用复合固定循环指令 G71 加工内锥台阶孔。

2）会制订内锥台阶孔的加工工艺。

3）会选择内轮廓加工的循环参数。

【技能目标】

1）熟练掌握内锥台阶孔的加工方法及尺寸控制方法。

2）完成如图 3-15 所示零件的加工，其三维效果如图 3-16 所示。材料为铝。

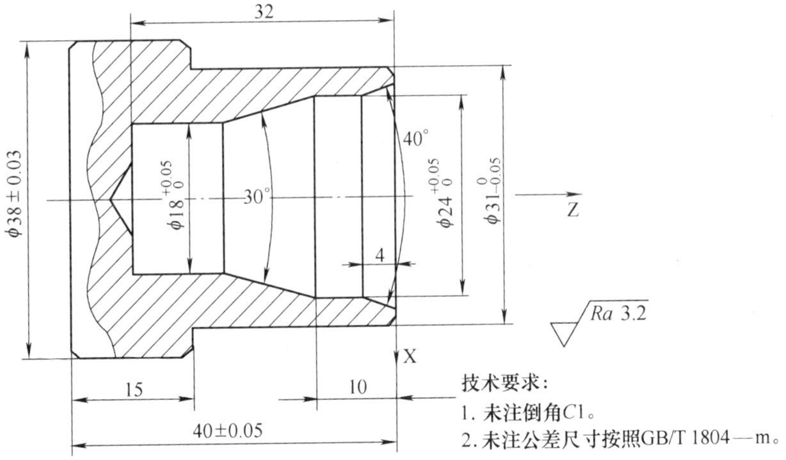

图 3-15　用复合固定循环指令加工内锥台阶孔的零件图

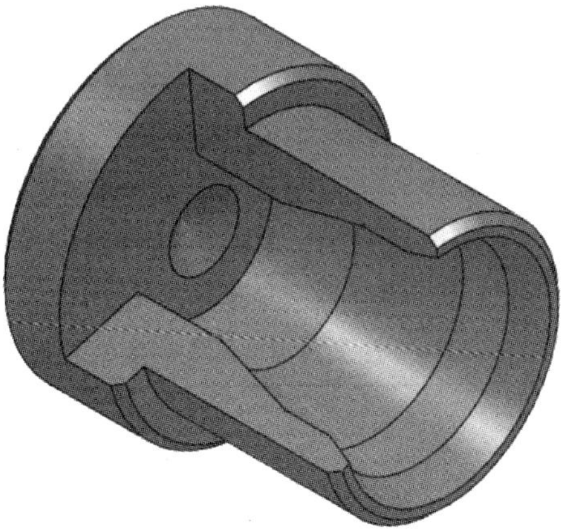

图 3-16　用复合固定循环指令加工内锥台阶孔的三维效果

【相关知识】

知识一　指令编程格式

1. 指令功能

在车削通孔时，由于既要考虑走刀路线较短，又要安排先粗后精的加工工艺，如果还是利用 G01 或 G80（G90）指令进行编程，程序段将会较多，同时在编制形状复杂的台阶轴时，将增加手工编程的难度。

G71 车削循环指令只需要编制出零件轨迹的精加工程序，便可以自动地完成加工轨迹的粗加工，同时再利用 G70 精车循环指令调用精加工轨迹的程序，即可以完成零件的精加工，这将大大地简化程序和手工编程的工作量，从而提高生产率（G70 精车循环指令只是限定于 FANUC 系统、广数系统。华中系统 G71 指令后面需多加一次精加工定位才可实行精车程序）。

2. 指令代码

华中系统：G71。

FANUC 系统：G71、G70。

广数系统：G71、G70。

3. 指令格式

华中系统、FANUC 系统与广数系统复合循环指令 G71 和精车指令 G70 格式及参数含义见表 2-7。

知识二　加工工艺分析

1. 工具、量具和刀具的选择

（1）工具的选择　工件装夹在自定心卡盘中，其余工具见表 3-17。

（2）量具的选择　外径用外径千分尺测量，长度用游标卡尺测量，内孔使用内径百分表测量，锥度用游标万能角度尺测量，表面粗糙度用表面粗糙度样板对比。量具规格和参数见表 3-17。

（3）刀具的选择　选用 90° 偏刀车削外圆、端面，用内孔车刀加工内孔，所有刀具规格和尺寸见表 3-17。

此外，车内孔前还需用中心钻钻中心孔并用麻花钻钻孔，最小内孔孔径为 ϕ18mm，宜选取 ϕ16mm 的麻花钻钻孔，具体参数见表 3-17。

表 3-17　用复合固定循环指令加工内锥台阶孔的加工工具、量具和刀具清单

工具、量具和刀具清单				图号	图 3-15	
种类	序号	名称	规格	精度	单位	数量
工具	1	自定心卡盘			个	1
	2	卡盘扳手			副	1
	3	刀架扳手			副	1
	4	垫刀片			块	若干

（续）

种类	序号	名称	规格	精度	单位	数量
工具	5	钻夹头			个	1
	6	磁性表座			个	1
量具	1	游标卡尺	0~150mm	0.02mm	把	1
	2	千分尺	0~25mm	0.01mm	把	1
	3		25~50mm	0.01mm	把	1
	4	内径百分表	18~35mm	0.01mm	把	1
	5	表面粗糙度样板			套	1
	6	百分表	0~10mm	0.01mm	个	1
	7	游标万能角度尺	0°~320°	0.02mm	把	1
刀具	1	外圆粗车刀	90°		把	1
	2	中心钻	A3		把	1
	3	麻花钻	ϕ16mm		把	1
	4	内孔车刀	<90°		把	1
	5	切断刀	4mm		把	1

2. 加工工艺

本课题零件的内孔可分粗、精车，用把车刀进行加工，具体加工工艺见表3-18。

表3-18　加工图3-15零件的加工工艺

工步号	工步内容	刀具号	切削用量		
			背吃刀量 a_p/mm	进给速度 f/mm·r^{-1}	主轴转速 n/r·min^{-1}
1	车右端面	T01	1~2	0.2	600
2	钻 ϕ16mm 的内孔深32mm				400
3	粗车零件内轮廓 ϕ24mm、ϕ18mm 留0.5mm精车余量	T03	1	0.2	600
4	精车内轮廓至尺寸要求	T03	0.25	0.1	800
5	粗车零件外轮廓 ϕ31mm、ϕ38mm 留0.5mm精车余量	T01	1	0.2	600
6	精车外轮廓至尺寸要求	T01	0.25	0.1	800
7	切断，控制总长30mm	T04	4	0.08	400

3. 选择合理的切削用量参数值

加工材料为铝，该材料硬度较低，切削力较小，切削用量可选大些，具体见表3-18。

知识三　编制参考程序

1. 建立工件坐标系

根据工件坐标系建立原则，工件坐标系设置在工件右端面的轴线上，如图3-15所示。

2. 计算基点坐标

（略）。

3. 参考程序

华中系统程序名为O0001；FANUC系统程序名为O0001；广数系统程序名为O0001（毛坯材料为ϕ40mm×100mm）。参考程序见表3-19。

表3-19 用复合固定循环指令加工内锥台阶孔的参考程序

程序段号	程序内容（华中）	程序内容（FANUC）	程序内容（广数）	程序说明
N10	G40 G95 G21	G40 G99 G21	G40 G99 G21	设置初始状态
N20	S600 M3	S600 M3	S600 M3	设定主轴转速
N30	T0303	T0303	T0303	调用内孔车刀
N40	G00 X16 Z3	G00 X16 Z3	G00 X16 Z3	刀具移动至切入点
N50	G71 U1.5 R0.2 P110 Q170 X-0.5 Z0 F0.2	G71 U1.5 R0.2	G71 U1.5 R0.2	
N60		G71 P70 Q140 U-0.5 W0 F0.2	G71 P70 Q140 U-0.5 W0 F0.2	
N70	G00 X100 Z100	G00 X26.91	G00 X26.91	
N80	S800 M3	G01 Z0 F0.1	G01 Z0 F0.1	
N90	T0303	X24 Z-4	X24 Z-4	
N100	G00 X16 Z3	Z-10	Z-10	
N110	G00 X26.91	X18 Z-21.2	X18 Z-21.2	
N120	G01 Z0 F0.1	Z-32	Z-32	
N130	X24 Z-4	X16	X16	
N140	Z-10	G0 Z3	G0 Z3	
N150	X18 Z-21.2	G00 X100 Z100	G00 X100 Z100	
N160	Z-32	S800 M03 T0303	S800 M03 T0303	
N170	X16	G00 X16 Z3	G00 X16 Z3	
N180	G0 Z3	G70 P70 Q130	G70 P70 Q130	
N190	G00 X100 Z100	G00 X100 Z100	G00 X100 Z100	
N200	S600 M03	S600 M03	S600 M03	
N210	T0101	T0101	T0101	
N220	G00 X40 Z3	G00 X40 Z3	G00 X40 Z3	
N230	G71 U1.5 R1 P290 Q360 X0.5 Z0 F0.2	G71 U1.5 R1	G71 U1.5 R1	
N240		G71 P250 Q290 U0.5 W0 F0.2	G71 P250 Q290 U0.5 W0 F0.2	
N250	G00 X100 Z100	G00 X29	G00 X29	
N260	S800 M03	G01 Z0 F0.1	G01 Z0 F0.1	
N270	T0101	X31 Z-1	X31 Z-1	
N280	G00 X40 Z3	Z-25	Z-25	

（续）

程序段号	程序内容（华中）	程序内容（FANUC）	程序内容（广数）	程序说明
N290	G00 X29	X36	X36	
N300	G01 Z0 F0.1	X38 Z－26	X38 Z－26	
N310	X31 Z－1	Z－40	Z－40	
N320	Z－25	X41	X41	
N330	X36	G00 X100 Z100	G00 X100 Z100	
N340	X38 Z－26	S800 M03 T0101	S800 M03 T0101	
N350	Z－40	G00 X40 Z3	G00 X40 Z3	
N360	X41	G70 P250 Q320	G70 P250 Q320	
N370	G00 X100 Z100	G00 X100 Z100	G00 X100 Z100	
N380	M05	M05	M05	主轴停止
N390	M00	M00	M00	程序暂停
N400	S400 M03	S400 M03	S400 M03	设定切断主轴转速
N410	T0404	T0404	T0404	调用4mm切断车刀
N420	G00 X42 Z－44	G00 X42 Z－44	G00 X42 Z－44	刀具移至切入点
N430	G01 X3 F0.08	G01 X3 F0.08	G01 X3 F0.08	刀具向X轴进给
N440	X45 F0.5	X45 F0.5	X45 F0.5	刀具向X轴退刀
N450	G00 X100 Z100	G00 X100 Z100	G00 X100 Z100	刀具退回换刀点
N460	M30	M30	M30	程序结束

【技能训练】

1. 加工准备

1）检查毛坯尺寸。

2）开机（FANUC系统、华中系统均需回机床零点）。

3）根据图样拟定好加工工艺。

4）根据图样输入加工程序（通过机床操作面板将程序输入到数控机床中）。

5）装夹工件伸出长度50mm。

6）装夹刀具（按照参考程序将外圆车刀、内孔车刀、切断刀依次装入相对应的刀位T01、T03、T04）。

2. 对刀

外圆车刀、内孔车刀、切断刀的对刀步骤同前文所述。

3. 空运行及仿真

对输入的程序进行空运行或仿真，以检测加工程序是否正确。

4. 零件自动加工及尺寸控制

选择自动加工模式，打开程序，调好进给倍率，按数控启动按钮，进行自动加工，加工过程中，外圆尺寸控制同前文所述。内孔尺寸通过设置刀具磨损量及加工过程中试切、测试来保证。程序运行到 N390 段停床测量。根据测量结果，修改刀具磨损量，继续运行精车内孔程序段，直至尺寸达到要求为止。

5. 零件检测与评分

零件加工结束后进行检测。应把检测结果填写在表 3-20 中。

表 3-20 加工图 3-15 零件的评分表

班级		姓名		学号		
工件编号				总得分		
项目	序号	技术要求	配分	评分标准	检测记录	得分
外圆	1	ϕ（38 ±0.03）mm	10			
	2	$\phi 31_{-0.05}^{0}$ mm	10			
内孔	3	$\phi 24_{0}^{+0.05}$ mm	10			
	4	$\phi 18_{0}^{+0.05}$ mm	10			
长度	5	（40 ±0.05）mm	10			
锥度	6	40°、30°	10			
倒角	7	*C*1（3 处）	5			
表面粗糙度	8	*Ra*3.2μm	10			
工艺	9	制订的切削加工工艺是否正确	5			
缺陷	10	工件缺陷	5			
程序	11	程序正确、合理	5			
操作	12	机床操作规范	5			
文明生产	13	人身、机床、刀具安全	5			

6. 加工结束并清理机床

【操作注意事项】

1）由于本节课题所讲的是不通孔，所以手动钻孔时要注意把握不能将内孔钻通。

2）车内孔前，应先检测内孔车刀是否与工件发生干涉。

3）控制孔径尺寸时，刀具磨损量的设置、修改与外圆加工相反。

4）使用循环指令加工内孔时，要考虑 X 轴退刀距离不能太大，一般取 0.1～0.5mm，以防止刀背面碰撞到工件。

【思考与练习】

1）加工不通孔与通孔有何区别？

2）加工不通孔时应要注意哪些问题？

3）编写如图 3-17 所示零件的加工程序并进行加工练习，毛坯为 ϕ40mm × 100mm 的合金铝。

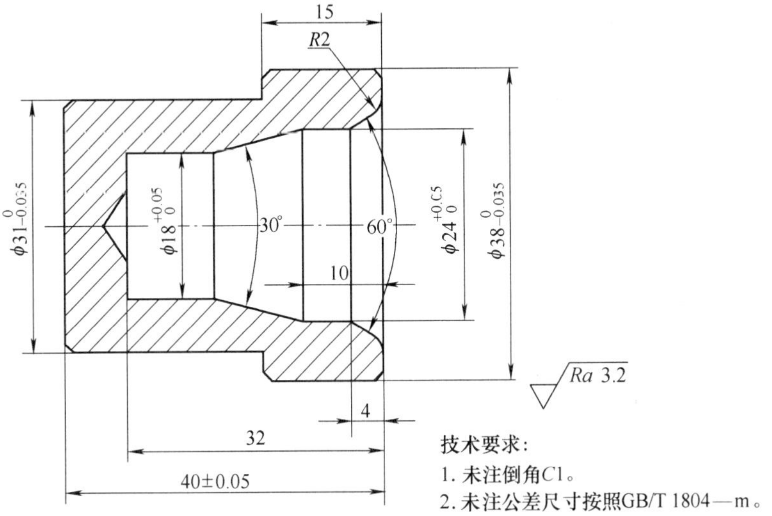

图 3-17　用复合固定循环指令加工内锥台阶孔练习图

任务五　内沟槽和普通内螺纹程序的编制及加工

【知识目标】

1）能正确选用内沟槽车刀和普通内螺纹车刀。
2）掌握车削普通内螺纹底孔直径的计算方法。
3）掌握用螺纹切削指令 G82、G92 加工普通内螺纹。
4）掌握普通内螺纹的加工工艺。

【技能目标】

1）掌握普通内螺纹的尺寸控制方法。
2）掌握内沟槽的加工方法。
3）完成如图 3-18 所示零件的加工，其三维效果如图 3-19 所示。材料为铝。

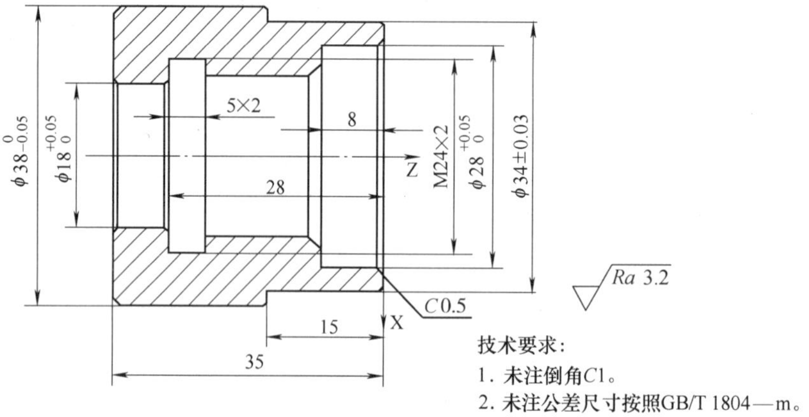

图 3-18　内沟槽和普通内螺纹零件的加工图

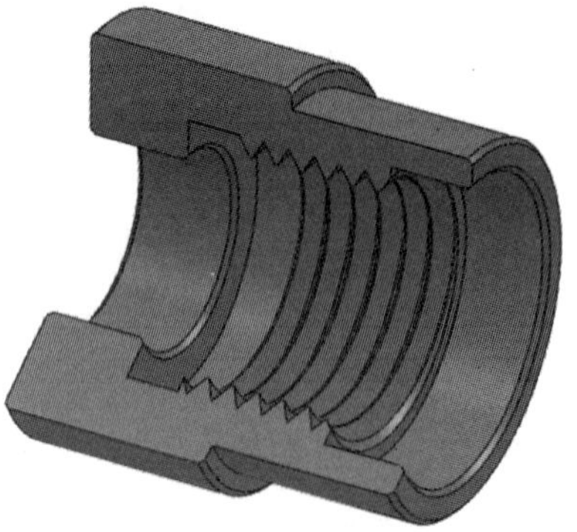

图 3-19　内沟槽和普通内螺纹零件的三维效果

【相关知识】

知识一　指令编程格式

1. 指令功能

应用G32指令切削螺纹只能完成车削螺纹的一步加工，而车削螺纹前的定位，以及车削螺纹的退刀都需要另有程序来控制，这样将会增加手工编程的工作量。

单一固定循环指令G92（G82）就能解决上述的问题。G92（G82）指令一条程序段，就能完成螺纹加工的定位、切削，以及退刀，同时它还有螺纹收尾功能，不开退刀槽，也能实现车削螺纹的退刀。

2. 指令格式

华中系统、FANUC系统与广数系统螺纹循环指令格式及参数含义见表2-71。

知识二　加工工艺分析

1. 工具、量具和刀具的选择

（1）工具的选择　工件装夹在自定心卡盘中，其余工具见表3-21。

（2）量具的选择　外径用外径千分尺测量，长度用游标卡尺测量，螺纹用螺纹塞规测量，量具规格和参数见表3-21。

（3）刀具的选择　外圆、端面选用90°偏刀车削，用内孔车刀车内孔，车内孔前需钻孔，螺纹退刀槽用内切槽车刀切削，内螺纹用内螺纹车刀加工。内螺纹车刀、内切槽车刀形状如图3-20所示。所有刀具规格和参数见表3-21。

a）　　　　b）

图3-20　内螺纹车刀和内切槽车刀形状

a）内螺纹车刀　b）内切槽车刀

表3-21　内沟槽和普通内螺纹的加工工具、量具和刀具清单

工具、量具和刀具清单				图号	图3-18	
种类	序号	名称	规格	精度	单位	数量
工具	1	自定心卡盘			个	1
	2	卡盘扳手			副	1
	3	刀架扳手			副	1
	4	垫刀片			块	若干
	5	磁性表座			个	1

（续）

种类	序号	名称	规格	精度	单位	数量
量具	1	游标卡尺	0～150mm	0.02mm	把	1
	2	千分尺	0～25mm 25～50mm	0.01mm	把	2
	3	螺纹塞规	M24×2		副	1
	4	角度样板	60°		个	1
	5	表面粗糙度样板			套	1
	6	百分表	0～5mm	0.01mm	个	1
刀具	1	外圆车刀	90°		把	1
	2	麻花钻	ϕ16mm		把	1
	3	内孔车刀			把	1
	4	内切槽车刀	3mm		把	1
	5	内螺纹车刀	60°		把	1
	6	外切槽车刀	4mm		把	1

2. 加工工艺

本课题零件可先车削端面，粗、精车外圆轮廓；车内孔、内槽；车内螺纹；切断留0.5mm余量。掉头装夹，取总长，外圆与内孔倒角。具体步骤见表3-22。

表3-22 内沟槽和普通内螺纹零件的加工工艺

工步号	工步内容	刀具号	切削用量		
			背吃刀量 a_p/mm	进给速度 f/mm·r^{-1}	主轴转速 n/r·min^{-1}
1	车右端面	T01	1～2	0.2	600
2	粗车 ϕ34mm、ϕ38mm 外圆，留0.5mm精车余量	T01	1～2	0.2	600
3	精车 ϕ34mm、ϕ38mm 外圆至尺寸	T01	0.25	0.1	800
4	粗车 ϕ28mm 至 ϕ18mm 内孔，留0.5mm精车余量	T03	1～2	0.2	600
5	精车 ϕ28mm 至 ϕ18mm 内孔至尺寸	T03	0.25	0.1	800
6	粗、精车螺纹退刀槽5mm×2mm	T01	3	0.08	400
7	粗、精车内螺纹至尺寸要求	T04	0.1～0.4	1	400
8	切断，工件总长留0.5mm余量	T01	4	0.08	400
9	掉头装夹，取总长与倒角				

注：本书所讲机床是前置转塔式4工位刀架的数控车床。

3. 普通内螺纹切削数值计算

（1）车削普通内螺纹其底孔直径的计算　普通内螺纹底孔直径的计算公式见表3-23。

表3-23 普通内螺纹底孔直径的计算公式

材料类型	底孔的计算公式
塑性材料	$D_{孔}=D-P$
脆性材料	$D_{孔}=D-1.05P$

（2）螺纹实际牙型高度　螺纹实际牙型高度的计算公式为

$$h_{1实} = 0.65P = (0.65 \times 2)\text{mm} = 1.3\text{mm}$$

（3）空刀导入量、空刀退出量　空刀导入量取3mm，空刀退出量取2mm。

4. 选择合理的切削用量及确定普通内螺纹切削循环的参数值

加工材料为铝，该材料硬度较低，切削力较小，切削用量可选大些，具体参数见表3-22。

知识三　编制参考程序

1. 建立工件坐标系

根据工件坐标系建立原则，工件坐标系设置在工件右端面的轴线上，如图3-18所示。

2. 计算基点坐标

车外圆、内孔时，基点坐标计算比较简单（略）。

3. 参考程序

华中系统程序名为O0001；FANUC系统程序名为O0001；广数系统程序名为O0001（毛坯材料为ϕ40mm×100mm）。参考程序见表3-24。

表3-24　内沟槽和普通内螺纹零件的参考程序

<table>
<tr><th>程序段号</th><th>程序内容（华中）</th><th>程序内容（FANUC）</th><th>程序内容（广数）</th><th>程序说明</th></tr>
<tr><td>N10</td><td>G40 G95 G21</td><td>G40 G99 G21</td><td>G40 G99 G21</td><td>设置初始状态</td></tr>
<tr><td>N20</td><td>S600 M3</td><td>S600 M3</td><td>S600 M3</td><td>设定主轴转速</td></tr>
<tr><td>N30</td><td>T0101</td><td>T0101</td><td>T0101</td><td>调用外圆车刀</td></tr>
<tr><td>N40</td><td>G00 X40 Z3</td><td>G00 X40 Z3</td><td>G00 X40 Z3</td><td>刀具移动至切入点</td></tr>
<tr><td>N50</td><td rowspan="2">G71 U1.5 R1 P110 Q180 X0.5 Z0 F0.2</td><td>G71 U1.5 R1</td><td>G71 U1.5 R1</td><td rowspan="2">调用外圆粗加工指令</td></tr>
<tr><td>N60</td><td>G71 P70 Q140 U0.5 W0 F0.2</td><td>G71 P70 Q140 U0.5 W0 F0.2</td></tr>
<tr><td>N70</td><td>G00 X100 Z100</td><td>G00 X33</td><td>G00 X33</td><td></td></tr>
<tr><td>N80</td><td>S800 M3</td><td>G01 Z0 F0.1</td><td>G01 Z0 F0.1</td><td></td></tr>
<tr><td>N90</td><td>T0101</td><td>X34 Z-0.5</td><td>X34 Z-0.5</td><td></td></tr>
<tr><td>N100</td><td>G00 X40 Z3</td><td>Z-15</td><td>Z-15</td><td></td></tr>
<tr><td>N110</td><td>G00 X33</td><td>X37</td><td>X37</td><td></td></tr>
<tr><td>N120</td><td>G01 Z0 F0.1</td><td>X38 W-0.5</td><td>X38 W-0.5</td><td></td></tr>
<tr><td>N130</td><td>X34 Z-0.5</td><td>Z-35</td><td>Z-35</td><td></td></tr>
<tr><td>N140</td><td>Z-15</td><td>X41</td><td>X41</td><td></td></tr>
<tr><td>N150</td><td>X37</td><td>G00 X100 Z100</td><td>G00 X100 Z100</td><td></td></tr>
<tr><td>N160</td><td>X38 W-0.5</td><td>S800 M03 T0101</td><td>S800 M03 T0101</td><td></td></tr>
<tr><td>N170</td><td>Z-35</td><td>G00 X40 Z3</td><td>G00 X40 Z3</td><td></td></tr>
<tr><td>N180</td><td>X41</td><td>G70 P70 Q140</td><td>G70 P70 Q140</td><td></td></tr>
<tr><td>N190</td><td>G00 X100 Z100</td><td>G00 X100 Z100</td><td>G00 X100 Z100</td><td></td></tr>
<tr><td>N200</td><td>M05</td><td>M05</td><td>M05</td><td></td></tr>
</table>

（续）

程序段号	程序内容（华中）	程序内容（FANUC）	程序内容（广数）	程序说明
N210	M00	M00	M00	
N220	S600 M3	S600 M3	S600 M3	
N230	T0303	T0303	T0303	
N240	G00 X16 Z3	G00 X16 Z3	G00 X16 Z3	
N250	G71 U1.5 R0.2 P300 Q400 X－0.5 Z0 F0.2	G71 U1.5 R0.2	G71 U1.5 R0.2	
N260		G71 P270 Q370 U－0.5 W0 F0.2	G71 P270 Q370 U－0.5 W0 F0.2	
N270	S800 M3	G00 X29	G00 X29	
N280	T0303	G01 Z0 F0.1	G01 Z0 F0.1	
N290	G00 X16 Z3	X28 Z－0.5	X28 Z－0.5	
N300	G00 X29	Z－8	Z－8	
N310	G01 Z0 F0.1	X25	X25	
N320	X28 Z－0.5	X22 W－1.5	X22 W－1.5	
N330	Z－8	Z－28	Z－28	
N340	X25	X19	X19	
N350	X22 W－1.5	X18 W－0.5	X18 W－0.5	
N360	Z－28	Z－35	Z－35	
N370	X19	X16	16	
N380	X18 W－0.5	Z3	Z3	
N390	Z－35	S800 M03 T0303	S800 M03 T0303	
N400	X16	G00 X16 Z3	G00 X16 Z3	
N410	Z3	G70 P270 Q370	G70 P270 Q370	
N420	G00 X100 Z100	G00 X100 Z100	G00 X100 Z100	
N430	M05	M05	M05	
N440	M00	M00	M00	
N450	T0101（换沟槽刀）	T0101（换沟槽刀）	T0101（换沟槽刀）	
N460	S400 M03	S400 M03	S400 M03	
N470	G00 X21 Z4	G00 X21 Z4	G00 X21 Z4	
N480	G01 Z－28 F0.5	G01 Z－28 F0.5	G01 Z－28 F0.5	
N490	X25 F0.08	X25 F0.08	X25 F0.08	
N500	X21 F0.5	X21 F0.5	X21 F0.5	
N510	W2	W2	W2	
N520	X25 F0.08	X25 F0.08	X25 F0.08	
N530	X21 F0.5	X21 F0.5	X21 F0.5	
N540	G00 Z3	G00 Z3	G00 Z3	
N550	G00 X100 Z100	G00 X100 Z100	G00 X100 Z100	

（续）

程序段号	程序内容（华中）	程序内容（FANUC）	程序内容（广数）	程序说明
N560	M05	M05	M05	
N570	M00	M00	M00	
N580	T0404	T0404	T0404	
N590	S400 M03	S400 M03	S400 M03	
N600	G00 X21 Z3	G00 X21 Z3	G00 X21 Z3	
N610	G82 X22.4 Z-25 F2	G92 X22.4 Z-25 F2	G92 X22.4 Z-25 F2	
N620	X22.8 Z-25	X22.8	X22.8	
N630	X23.2 Z-25	X23.2	X23.2	
N640	X23.6 Z-25	X23.6	X23.6	
N650	X23.9 Z-25	X23.9	X23.9	
N660	X24 Z-25	X24	X24	
N670	G00 X100 Z100	G00 X100 Z100	G00 X100 Z100	
N680	M05	M05	M05	
N690	M00	M00	M00	
N700	T0101（换外槽刀）	T0101（换外槽刀）	T0101（换外槽刀）	
N710	S400 M03	S400 M03	S400 M03	
N720	G00 X45 Z-39	G00 X45 Z-39	G00 X45 Z-39	
N730	G01 X17 F0.08	G01 X17 F0.08	G01 X17 F0.08	
N740	X45 F0.2	X45 F0.2	X45 F0.2	刀具沿 X 轴退刀
N750	G00 X100 Z100	G00 X100 Z100	G00 X100 Z100	刀具退回换刀点
N760	M30	M30	M30	程序结束并返回起点

【技能训练】

1. 加工准备

1）检查毛坯尺寸。

2）开机（FANUC 系统、华中系统均需回机床零点）。

3）根据图样拟定好加工工艺。

4）根据图样输入加工程序（通过机床操作面板将程序输入到数控机床中）。

5）装夹工件伸出长度 45mm。

6）装夹刀具（按照参考程序将外圆车刀、内孔车刀、内沟槽车刀、内螺纹车刀、切断刀依次装入相对应的刀位。

2. 对刀

外圆车刀、内孔车刀、切断刀的对刀步骤同前文所述，其中内螺纹车刀取刀尖点作为刀位点，具体对刀步骤如下。

（1）X 轴对刀　主轴正方向转动，移动内螺纹车刀，试切内孔长 3～5mm，刀具沿 +Z 方向退出，如图 3-21 所示。测出孔径大小，将测量出来的数据输入到机床中，面板步骤操作同其他刀具对刀。

（2）Z 轴对刀　主轴正方向转动，移动内螺纹车刀与工件右端面平齐（用目测方式），如图 3-22 所示。然后进行面板操作，面板操作步骤同其他刀具对刀。

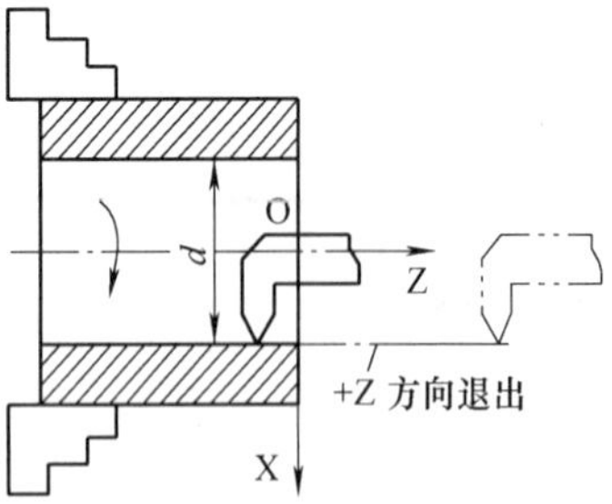

图 3-21　X 轴对刀示意图

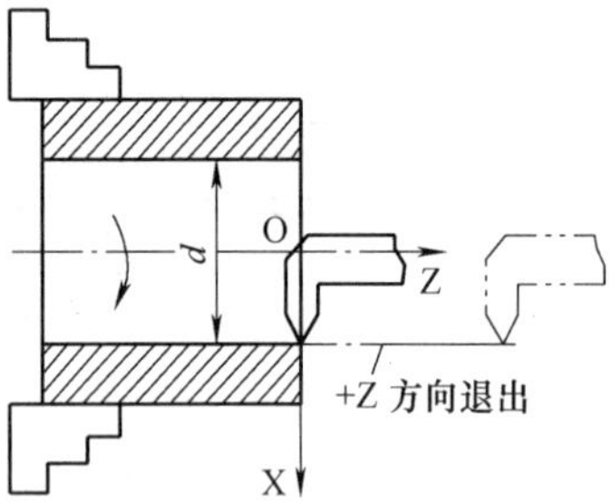

图 3-22　Z 轴对刀示意图

3. 空运行及仿真

对输入的程序进行空运行或仿真，以检测加工程序是否正确。

4. 零件自动加工及尺寸控制

选择自动加工模式，打开程序，调好进给倍率，按数控启动按钮，进行自动加工，加工过程中，外圆尺寸控制和内孔尺寸控制同前文所述。当程序运行到 N690 段停床测量。根据螺纹塞规测量结果，修改刀具磨损量，继续运行加工内螺纹程序段，直至尺寸达到要求为止。

5. 零件检测与评分

零件加工结束后进行检测。应把检测结果填写在表 3-25 中。

表 3-25　加工图 3-18 零件的评分表

班级		姓名		学号		
工件编号				总得分		
项目	序号	技术要求	配分	评分标准	检测记录	得分
外圆	1	$\phi 38_{-0.05}^{0}$ mm	10			
	2	ϕ（34 ±0.03）mm	10			
内孔	3	$\phi 28_{0}^{+0.05}$ mm	10			
	4	$\phi 18_{0}^{+0.05}$ mm	10			
长度	5	35mm	5			
螺纹	6	M24 ×2	20			
倒角	7	C0.5（6 处）	6			
表面粗糙度	8	Ra3.2μm	4			
工艺	9	制订的切削加工工艺是否正确	5			
缺陷	10	工件缺陷	5			
程序	11	程序正确、合理	5			
操作	12	机床操作规范	5			
文明生产	13	人身、机床、刀具安全	5			

6. 加工结束并清理机床

【操作注意事项】

1）掉头装夹工件时，应用夹套或者铜皮裹住外圆，以防损坏已加工外圆表面。

2）安装内螺纹车刀，车刀刀尖要对准工件旋转中心，装得过高，车削时易振动；装得过低，刀头下部会与工件发生碰撞。

3）车削前，应调试内孔车刀、内沟槽车刀，以及内螺纹车刀，以防刀体、刀杆与内孔发生干涉。

【思考与练习】

1）利用 G82、G92 指令加工普通内螺纹与普通外螺纹有何区别？

2）车削普通内螺纹前底孔直径如何确定？

3）编写如图 3-23 所示零件的加工程序并进行加工练习，毛坯为 ϕ40mm × 100mm 的合金铝。

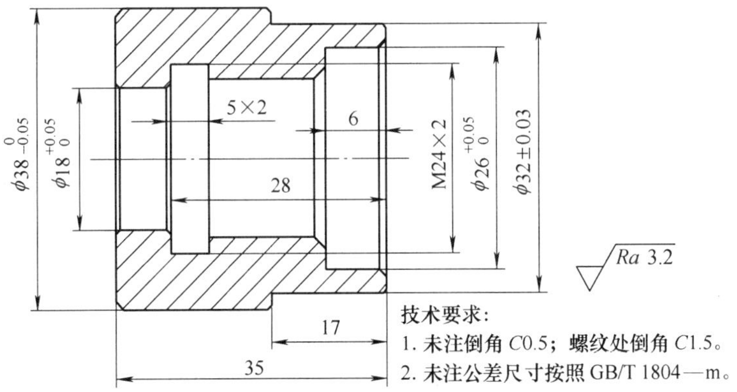

图 3-23　内沟槽和普通内螺纹的加工练习图

任务六　用复合固定循环指令加工内沟槽和普通内螺纹

【知识目标】

1）熟练掌握车削普通内螺纹底孔直径的计算方法。
2）掌握用切槽循环指令（G72）加工内槽的方法。
3）掌握用螺纹切削复合循环指令（G76）加工普通内螺纹的方法。
4）熟练掌握普通内螺纹的加工工艺。

【技能目标】

1）熟练掌握内螺纹尺寸控制的方法。
2）熟练掌握内沟槽的加工方法。
3）完成如图 3-24 所示零件的加工，其三维效果如图 3-25 所示。材料为铝。

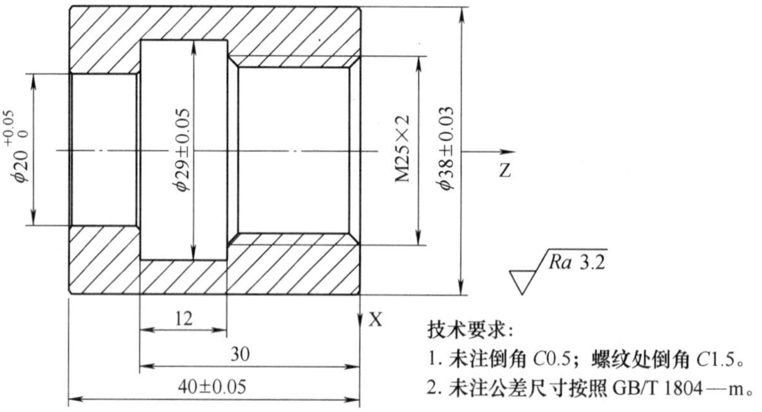

图 3-24　用复合固定循环指令加工内沟槽和普通内螺纹加工图

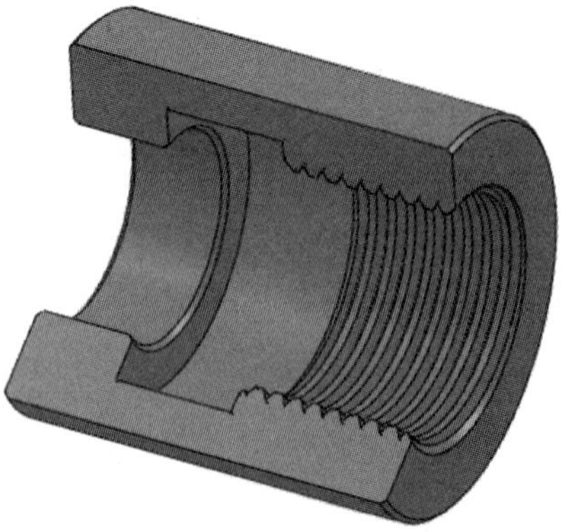

图 3-25　用复合固定循环指令加工内沟槽和普通内螺纹的三维效果

【相关知识】

知识一　加工工艺分析

1. 工具、量具和刀具的选择

（1）工具的选择　工件装夹在自定心卡盘中，其余工具见表3-26。

（2）量具的选择　外径用外径千分尺测量，长度用游标卡尺测量，螺纹用螺纹塞规测量。量具规格和参数见表3-26。

（3）刀具的选择　外圆、端面选用90°偏刀车削；用内孔车刀车内孔；车内孔前需钻孔；螺纹退刀槽用内切槽车刀切削；普通内螺纹用普通内螺纹车刀加工。所有刀具规格和参数见表3-26。

表3-26　用复合固定循环指令加工内沟槽和普通内螺纹的加工工具、量具和刀具清单

工具、量具和刀具清单				图号	图3-24	
种类	序号	名称	规格	精度	单位	数量
工具	1	自定心卡盘			个	1
	2	卡盘扳手			副	1
	3	刀架扳手			副	1
	4	垫刀片			块	若干
	5	磁性表座			个	1
量具	1	游标卡尺	0～150mm	0.02mm	把	1
	2	千分尺	0～25mm 25～50mm	0.01mm	把	2
	3	螺纹塞规	M25×2		副	1
	4	角度样板	60°		个	1
	5	表面粗糙度样板			套	1
	6	百分表	0～5mm	0.01mm	个	1
刀具	1	外圆车刀	90°		把	1
	2	麻花钻	ϕ18mm		把	1
	3	内孔车刀			把	1
	4	内切槽车刀	3mm		把	1
	5	普通内螺纹车刀	60°		把	1
	6	外切槽车刀	4mm		把	1

2. 加工工艺

本课题的零件先车削端面，粗、精车外圆轮廓；车削内孔、内槽、普通内螺纹；切断留0.5mm余量。掉头装夹，取总长，外圆与内孔倒角，具体步骤见表3-27。

表 3-27　加工图 3-24 零件的加工工艺

工步号	工步内容	刀具号	切削用量		
			背吃刀量 a_p/mm	进给速度 f/mm·r^{-1}	主轴转速 n/r·min^{-1}
1	车右端面	T01	1～2	0.2	600
2	粗车 ϕ38mm 外圆，留 0.5mm 精车余量	T01	1～2	0.2	600
3	精车 ϕ38mm 外圆至尺寸	T01	0.25	0.1	800
4	粗车 ϕ20mm 内孔，留 0.5mm 精车余量	T03	1～2	0.2	600
5	精车 ϕ20mm 内孔至尺寸	T03	0.25	0.1	800
6	粗、精车螺纹的退刀槽 ϕ29mm	T01	3	0.08	400
7	粗、精车普通内螺纹至尺寸要求	T04	0.1～0.4	1	400
8	切断工件，总长留 0.5mm	T01	4	0.08	400
9	掉头装夹，取总长与倒角				

注：本书所讲机床是前置转塔式 4 工位刀架的数控车床。

3. 普通内螺纹切削数值的计算

（1）车削普通内螺纹其底孔直径的计算　计算公式见表 3-28。

表 3-28　车削普通内螺纹底孔直径的计算公式

材料类型	底孔的计算公式
塑性材料	$D_{孔}=D-P$
脆性材料	$D_{孔}=D-1.05P$

（2）螺纹实际牙型高度

$$h_{1实}=0.65P=(0.65\times2)\text{mm}=1.3\text{mm}$$

（3）空刀导入量、空刀退出量　空刀导入量取 3mm，空刀退出量取 2mm。

4. 选择合理的切削用量及确定普通内螺纹切削循环参数值

加工材料为铝，该材料硬度较低，切削力较小，切削用量可选大些，具体参数见表3-28。

知识二　编制参考程序

1. 建立工件坐标系

根据工件坐标系建立原则，工件坐标系设置在工件右端面的轴线上，如图 3-24 所示。

2. 计算基点坐标

车外圆、内孔时，基点坐标计算比较简单，此处不再赘述。

3. 参考程序

华中系统程序名为 O0001；FANUC 系统程序名为 O0001；广数系统程序名为 O0001（毛坯材料为 ϕ40mm×100mm）。参考程序见表 3-29。

表 3-29　用复合固定循环指令加工内沟槽和普通内螺纹的参考程序

程序段号	程序内容（华中）	程序内容（FANUC）	程序内容（广数）	程序说明
N10	G40 G95 G21	G40 G99 G21	G40 G99 G21	设置初始状态
N20	S600 M3	S600 M3	S600 M3	设定主轴转速
N30	T0101	T0101	T0101	调用外圆车刀
N40	G00 X40 Z3	G00 X40 Z3	G00 X40 Z3	刀具移动至切入点
N50	G71 U1.5 R1 P110 Q150 X0.5 Z0 F0.2	G71 U1.5 R1	G71 U1.5 R1	调用外圆粗加工指令
N60		G71 P70 Q110 U0.5 W0 F0.2	G71 P70 Q110 U0.5 W0 F0.2	
N70	G00 X100 Z100	G00 X37	G00 X37	
N80	S800 M3	G01 Z0 F0.1	G01 Z0 F0.1	
N90	T0101	X38 Z-0.5	X38 Z-0.5	
N100	G00 X40 Z3	Z-40	Z-40	
N110	G00 X37	X41	X41	
N120	G01 Z0 F0.1	G00 X100 Z100	G00 X100 Z100	
N130	X38 Z-0.5	S800 M03 T0101	S800 M03 T0101	
N140	Z-40	G00 X40 Z3	G00 X40 Z3	
N150	X41	G70 P70 Q110	G70 P70 Q110	
N160	G00 X100 Z100	G00 X100 Z100	G00 X100 Z100	
N170	M05	M05	M05	
N180	M00	M00	M00	
N190	S600 M3	S600 M3	S600 M3	
N200	T0303	T0303	T0303	
N210	G00 X18 Z3	G00 X18 Z3	G00 X18 Z3	
N220	G71 U1.5 R0.2 P270 Q340 X-0.5 Z0 F0.2	G71 U1.5 R0.2	G71 U1.5 R0.2	
N230		G71 P240 Q310 U-0.5 W0 F0.2	G71 P240 Q310 U-0.5 W0 F0.2	
N240	S800 M3	G00 X26	G00 X26	
N250	T0303	G01 Z0 F0.1	G01 Z0 F0.1	
N260	G00 X18 Z3	X23 Z-1.5	X23 Z-1.5	
N270	G00 X26	Z-30	Z-30	
N280	G01 Z0 F0.1	X21	X21	
N290	X23 Z-1.5	X20 W-0.5	X20 W-0.5	
N300	Z-30	Z-40	Z-40	
N310	X21	X18	X18	
N320	X20 W-0.5	Z3	Z3	
N330	Z-40	S800 M03 T0303	S800 M03 T0303	
N340	X18	G00 X18 Z3	G00 X18 Z3	
N350	Z3	G70 P240 Q310	G70 P240 Q310	

（续）

程序段号	程序内容（华中）	程序内容（FANUC）	程序内容（广数）	程序说明
N360	G00 X100 Z100	G00 X100 Z100	G00 X100 Z100	
N370	M05	M05	M05	
N380	M00	M00	M00	
N390	T0101（换内切槽车刀）	T0101（换内切槽车刀）	T0101（换内切槽车刀）	
N400	S400 M03	S400 M03	S400 M03	
N410	G00 X22 Z4	G00 X22 Z4	G00 X22 Z4	
N420	G01 Z－30 F0.5	G01 Z－30 F0.5	G01 Z－30 F0.5	
N430	X29 F0.08	X29 F0.08	X29 F0.08	
N440	X21 F0.5	X21 F0.5	X21 F0.5	
N450	G72 W3.5 R1 P500 Q550 X－0.2 Z0.2 F0.08	G72 W3.5 R1	G72 W3.5 R1	
N460		G72 P470 Q520 U－0.2 W0.2 F0.08	G72 P470 Q520 U－0.2 W0.2 F0.08	
N470	T0101	G00 Z－19	G00 Z－19	
N480	S400 M03	G01 X23 F0.08	G01 X23 F0.08	
N490	G00 X22 Z－30	X26 W－1.5	X26 W－1.5	
N500	G00 Z－19	X29	X29	
N510	G01 X23 F0.08	Z－30	Z－30	
N520	X26 W-1.5	X22	X22	
N530	X29	G00 Z3	G00 Z3	
N540	Z－30	S800 M03 T0101	S800 M03 T0101	
N550	X22	G00 X22 Z－30	G00 X22 Z－30	
N560	G00 Z3	G70 P470 Q520	G70 P470 Q520	
N570	G00 X100 Z100	G00 X100 Z100	G00 X100 Z100	
N580	M05	M05	M05	
N590	M00	M00	M00	
N600	T0404	T0404	T0404	
N610	S400 M03	S400 M03	S400 M03	
N620	G00 X22 Z3	G00 X22 Z3	G00 X22 Z3	
N630	G76 C2 A60 X25 Z－20 K1.3 U0.1 V0.1 Q0.25 F2	G76 P020060 Q100 R0.1	G76 P020060 Q100 R0.1	
N640		G76 X25 Z－20 P1300 Q200 F2	G76 X25 Z－20 P1300 Q200 F2	
N650	G00 X100 Z100	G00 X100 Z100	G00 X100 Z100	
N660	M05	M05	M05	
N670	M00	M00	M00	

（续）

程序段号	程序内容（华中）	程序内容（FANUC）	程序内容（广数）	程序说明
N680	T0101（换外切槽车刀）	T0101（换外切槽车刀）	T0101（换外切槽车刀）	
N690	S400 M03	S400 M03	S400 M03	
N700	G00 X45 Z-39	G00 X45 Z-39	G00 X45 Z-39	
N710	G01 X17 F0.08	G01 X17 F0.08	G01 X17 F0.08	
N720	X45 F0.2	X45 F0.2	X45 F0.2	刀具沿 X 轴退刀
N730	G00 X100 Z100	G00 X100 Z100	G00 X100 Z100	刀具退回换刀点
N740	M30	M30	M30	程序结束并返回起点

【技能训练】

1. 加工准备

1）检查毛坯尺寸。

2）开机（FANUC 系统、华中系统均需回机床零点）

3）根据图样拟定好加工工艺。

4）根据图样输入加工程序（通过机床操作面板将程序输入到数控机床中）。

5）装夹工件伸出长度 50mm。

6）装夹刀具（按照参考程序将外圆车刀、内孔车刀、内切槽车刀、普通内螺纹车刀、切断刀依次装入相对应的刀位。

2. 对刀

外圆车刀、内孔车刀、切断刀的对刀步骤同前文所述，其中内切槽车刀取刀尖点作为刀位点，具体对刀步骤如下。

（1）X 轴对刀　主轴正方向转动，移动普通内螺纹车刀，试切内孔长 3～5mm，刀具沿 +Z 方向退出，如图 3-26 所示。测出孔径尺寸，将测量数据输入机床。面板步骤操作同其他刀具对刀。

（2）Z 轴对刀　主轴正方向转动，移动普通内螺纹车刀与工件右端面平齐（用目测方式），如图 3-27 所示。然后进行面板操作，面板步骤操作同其他刀具对刀。

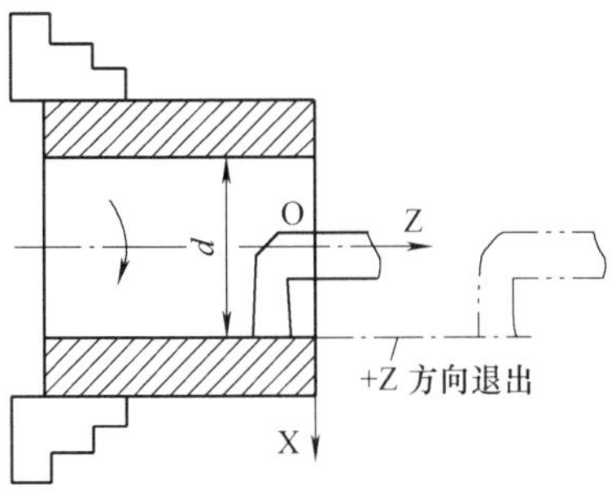

图 3-26　X 轴对刀示意图

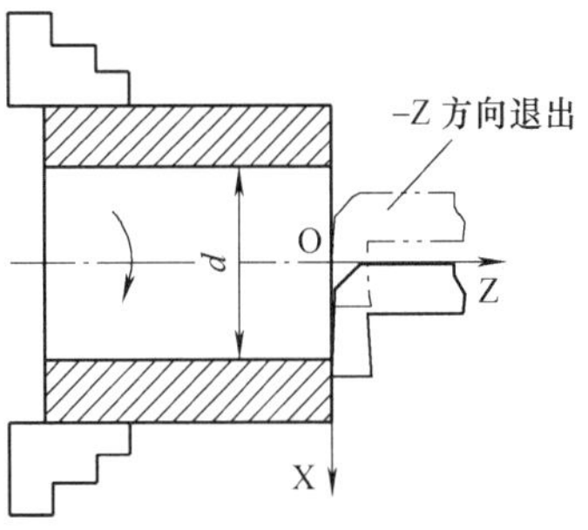

图 3-27　Z 轴对刀示意图

3. 空运行及仿真

对输入的程序进行空运行或仿真，以检测加工程序是否正确。

4. 零件自动加工及尺寸控制

选择自动加工模式，打开程序，调好进给倍率，按数控启动按钮，进行自动加工，加工过程中外圆和内孔的尺寸控制同前文所述。当程序运行到 N670 段停床测量。根据螺纹塞规测量结果，修改刀具磨损量，继续运行加工普通内螺纹程序段，直至达到尺寸要求为止。

5. 零件检测与评分

零件加工结束后进行检测。应把检测结果填写在表 3-30 中。

表 3-30　加工图 3-24 零件的评分表

班级		姓名		学号		
工件编号				总得分		
项目	序号	技术要求	配分	评分标准	检测记录	得分
外圆	1	ϕ（38 ±0.03）mm	10			
内孔	2	ϕ（29 ±0.05）mm	10			
	3	$\phi 20^{+0.05}_{0}$ mm	10			
长度	4	（40 ±0.05）mm	10			
螺纹	5	M25 ×2	20			
倒角	6	*C*0.5（4 处）、*C*1.5（2 处）	10			
表面粗糙度	7	*Ra*3.2μm	5			
工艺	8	制订的切削加工工艺是否正确	5			
缺陷	9	工件缺陷	5			
程序	10	程序正确、合理	5			
操作	11	机床操作规范	5			
文明生产	12	人身、机床、刀具安全	5			

6. 加工结束并清理机床

【操作注意事项】

1）掉头装夹工件时，应用夹套或者铜皮裹住外圆，以防损坏已加工外圆表面。

2）安装普通内螺纹车刀时，其刀尖要对准工件旋转中心，装得过高，车削时易振动；装得过低，刀头下部会与工件发生碰撞。

3）掉头装夹加工时，所有刀具都应重新对刀。

【思考与练习】

1）利用 G76 指令加工普通内螺纹与普通外螺纹有何区别？

2）利用 G72 指令加工普通内槽与普通外槽有何区别？

3）编写如图 3-28 所示零件的加工程序并进行加工练习，毛坯为 ϕ40mm ×100mm 的合金铝。

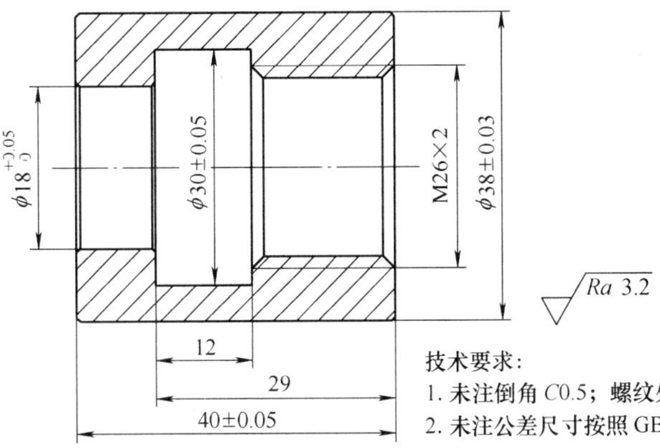

技术要求：
1. 未注倒角 C0.5；螺纹处倒角 C1.5。
2. 未注公差尺寸按照 GB/T 1804—m。

图 3-28　用复合固定循环指令加工内沟槽和普通内螺纹的练习图

任务七　综合技能训练与考核四

【知识目标】

1）会识读零件图。

2）制订内孔、内槽、普通内螺纹综合性零件的加工工艺。

3）会选择加工各种表面的刀具。

【技能目标】

1）掌握内孔、内槽、普通内螺纹零件的加工方法。

2）掌握内孔、内槽、内螺纹、内孔圆弧面的尺寸控制方法。

3）完成如图 3-29 所示零件的加工，其三维效果如图 3-30 所示。材料为铝。

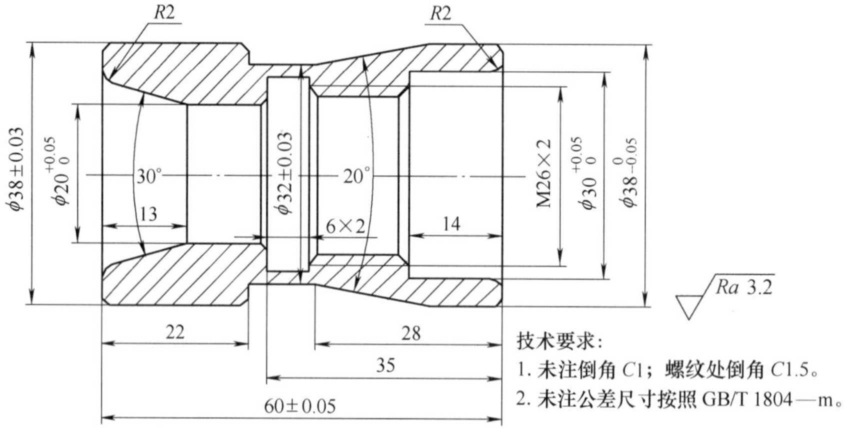

图 3-29　综合技能训练与考核四的加工图

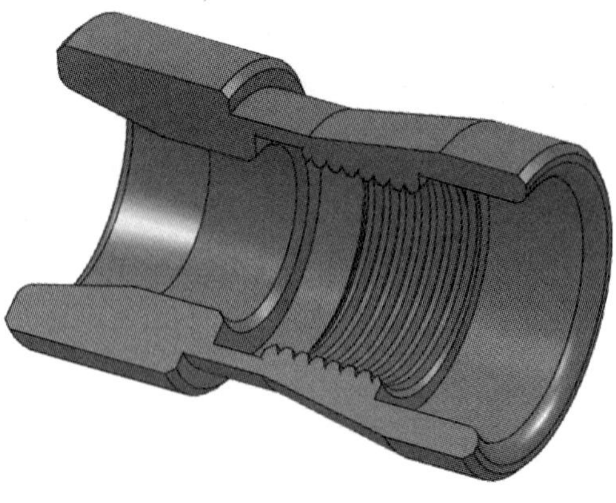

图 3-30　综合技能训练与考核四的三维效果

【相关知识】

知识一　加工工艺分析

1. 工具、量具和刀具的选择

（1）工具的选择　工件装夹在自定心卡盘中，其余工具见表3-31。

（2）量具的选择　外径用外径千分尺测量，长度用游标卡尺测量，锥度用游标万能角度尺测量，圆弧表面用半径样板测量，螺纹尺寸用螺纹塞规检测，内孔用内径百分表测量，表面粗糙度用表面粗糙度样板比对。量具规格和参数见表3-31。

（3）刀具的选择　粗、精车外圆可选用35°偏刀车削，外圆粗、精加工车刀副偏角应足够大，避免副切削刃切削时与工件产生干涉；用内孔车刀车内孔，车内孔前需钻孔；内槽用切槽刀车削；普通内螺纹用普通内螺纹车刀车削。所有刀具规格和尺寸见表3-32。

表3-31　综合技能训练与考核四的加工工具、量具清单

工具、量具清单				图号	图3-29	
种类	序号	名称	规格	精度	单位	数量
工具	1	自定心卡盘			个	1
	2	卡盘扳手			副	1
	3	刀架扳手			副	1
	4	垫刀片			块	若干
	5	磁性表座			个	1
量具	1	游标卡尺	0～150mm	0.02mm	把	1
	2	千分尺	0～25mm 25～50mm	0.01mm	把	2
	3	游标万能角度尺	0°～320°		把	1
	4	半径样板	$R1$～$R7.5$mm $R7$～$R15.5$mm		套	各1
	5	表面粗糙度样板			套	1
	6	螺纹塞规	M26×2		副	1
	7	内径量表	18～35mm	0.01mm	副	1
	8	百分表	0～5mm	0.01mm	个	1

表3-32　零件图3-29加工刀具卡

产品名称或代号		综合技能训练与考核	零件名称		零件图号	图3-29
序号	刀具号	刀具名称	数量	加工表面	刀尖半径	刀尖方位
1	T01	90°硬质合金外圆车刀	1	粗、精车外轮廓	0.4mm	3
2	T02	35°硬质合金外圆车刀	1	粗、精车外轮廓	0.4mm	3
3	T02	硬质合金切槽车刀	1	切槽、切断	4mm	

（续）

序号	刀具号	刀具名称	数量	加工表面	刀尖半径	刀尖方位
4	T04	80°硬质合金内孔车刀	1	粗、精车内轮廓	0.4mm	2
5	T01	4mm 硬质合金内切槽车刀	1	沟槽	4mm	
6	T02	60°硬质合金内螺纹车刀	1	车削螺纹	0.2mm	
7		ϕ18mm 麻花钻	1	钻孔	安装在尾座内	
编制		审核		批准		共1页	第1页

2. 加工工艺

若坯料较长，则夹住毛坯外圆，工件一端伸出约 70mm，先利用 90°外圆车刀加工零件左端外圆轮廓至 25mm；用内孔车刀车削左端内孔；用切槽车刀切断；掉头装夹，取总长；用内孔车刀车削右端内孔；用内切槽刀加工螺纹退刀槽；用普通内螺纹车刀加工普通内螺纹；最后利用 35°外圆车刀加工零件右端外圆轮廓。

3. 选择合理的切削用量参数值

加工材料为铝，该材料硬度较低，切削力较小，切削用量可选大些。加工零件左端所有轮廓表面的加工工艺见表 3-33。

表 3-33 加工零件左端所有轮廓表面的加工工艺

单位名称		产品名称或代号		零件名称			零件图号
				综合技能训练与考核四的零件加工图			图 3-29
工序号	程序编号	夹具名称		使用设备	数控系统		车间
001	O0001	自定心卡盘					实习车间
工步号	工步内容	刀具号	刀具规格 /mm	背吃刀量 a_p/mm	进给速度 f/mm · r^{-1}	主轴转速 n/r · min^{-1}	备注
1	车端面	T01	20×20	1~2	0.2	600	手动
2	粗车左端外轮廓 ϕ38mm 长 25mm 留精车余量 0.5mm	T01	20×20	1~2	0.2	600	自动 O0001
3	精车外轮廓至尺寸要求	T01	20×20	0.25	0.1	800	自动 O0001
4	粗车左端内轮廓 ϕ18mm 留精车余量 0.5mm	T04		1~2	0.2	400	自动 O0001
5	精车内轮廓至尺寸要求	T04		0.25	0.1	400	自动 O0001
6	切断总长留 0.5mm	T02	20×20	4mm	0.08	400	手动
编制		审核		批准		共1页	第1页

加工零件右端所有轮廓表面的加工工艺见表 3-34。

表 3-34　加工零件右端所有轮廓表面的加工工艺

单位名称		产品名称或代号				零件名称			零件图号
						综合技能训练与考核四的零件加工图			图 3-29
工序号	程序编号	夹具名称				使用设备	数控系统		车间
001	O0002	自定心卡盘							实习车间
工步号	工步内容		刀具号	刀具规格 /mm		背吃刀量 a_p/mm	进给速度 f/mm·r^{-1}	主轴转速 n/r·min^{-1}	备注
1	平端面（取总长）		T01	20×20		1～2	0.2	600	手动
2	粗车右端所有内轮廓，留精车余量 0.5mm		T04			1～2	0.2	600	自动 O0002
3	精车内轮廓至尺寸要求		T04			0.25	0.1	800	自动 O0002
4	粗、精车普通内螺纹退刀槽 6mm×2mm		T01			4mm	0.08	400	自动 O0002
5	粗、精车普通内螺纹 M26×2 至尺寸要求		T04			0.25	0.1	400	自动 O0002
6	粗车右端外轮廓 ϕ38mm、ϕ32mm 留精车余量 0.5mm		T02	20×20		1～2	0.2	600	自动 O0002
7	精车外轮廓至尺寸要求		T02	20×20		0.25	0.1	800	自动 O0002
编制		审核				批准		共 1 页	第 1 页

知识二　编制参考程序

零件左、右轮廓表面分别编写加工程序，且分别进行对刀。

1. 加工零件左端轮廓表面

（1）建立工件坐标系　加工零件左端轮廓表面时，夹住工件毛坯外圆，一端伸出约 70mm 长，工件坐标系设置在工件左端面轴线上。

（2）计算基点坐标　车外圆、内孔时，基点坐标计算比较简单，此处不再赘述。

（3）参考程序　华中系统程序名为 O0001；FANUC 系统程序名为 O0001；广数系统程序名为 O0001（毛坯材料为 ϕ40mm×100mm）。参考程序见表 3-35。

表 3-35　加工零件左端所有轮廓表面的参考程序

程序段号	程序内容（华中）	程序内容（FANUC）	程序内容（广数）	程序说明
N10	G40 G95 G21	G40 G99 G21	G40 G99 G21	设置初始状态
N20	S600 M3	S600 M3	S600 M3	设定主轴转速
N30	T0101	T0101	T0101	调用外圆车刀

（续）

程序段号	程序内容（华中）	程序内容（FANUC）	程序内容（广数）	程序说明
N40	G00 X40 Z3	G00 X40 Z3	G00 X40 Z3	刀具移动至切入点
N50	G71 U1.5 R1 P110 Q150 X0.5 Z0 F0.2	G71 U1.5 R1	G71 U1.5 R1	调用外圆粗加工指令
N60		G71 P70 Q110 U0.5 W0 F0.2	G71 P70 Q110 U0.5 W0 F0.2	
N70	G00 X100 Z100	G00 X36	G00 X36	
N80	S800 M3	G01 Z0 F0.1	G01 Z0 F0.1	
N90	T0101	X38 Z-1	X38 Z-1	
N100	G00 X40 Z3	Z-25	Z-25	
N110	G00 X36	X41	X41	
N120	G01 Z0 F0.1	G00 X100 Z100	G00 X100 Z100	
N130	X38 Z-1	S800 M03 T0101	S800 M03 T0101	
N140	Z-25	G00 X40 Z3	G00 X40 Z3	
N150	X41	G70 P70 Q110	G70 P70 Q110	
N160	G00 X100 Z100	G00 X100 Z100	G00 X100 Z100	
N170	M05	M05	M05	
N180	M00	M00	M00	
N190	S600 M3	S600 M3	S600 M3	
N200	T0404	T0404	T0404	
N210	G00 X18 Z3	G00 X18 Z3	G00 X18 Z3	
N220	G71 U1.5 R0.2 P270 Q320 X-0.5 Z0 F0.2	G71 U1.5 R0.2	G71 U1.5 R0.2	
N230		G71 P240 Q290 U-0.5 W0 F0.2	G71 P240 Q290 U-0.5 W0 F0.2	
N240	S800 M3	G00 X30.04	G00 X30.04	
N250	T0404	G01 Z0 F0.1	G01 Z0 F0.1	
N260	G00 X18 Z3	G02 X27.17 Z-1.48 R2	G02 X27.17 Z-1.48 R2	
N270	G00 X30.04	G01 X20 Z-13	G01 X20 Z-13	
N280	G01 Z0 F0.1	Z-27	Z-27	
N290	G02 X27.17 Z-1.48 R2	X18	X18	
N300	G01 X20 Z-13	Z3	Z3	
N310	Z-27	S800 M03 T0404	S800 M03 T0404	
N320	X18	G00 X18 Z3	G00 X18 Z3	
N330	Z3	G70 P240 Q310	G70 P240 Q310	
N340	G00 X100 Z100	G00 X100 Z100	G00 X100 Z100	
N350	M05	M05	M05	

（续）

程序段号	程序内容（华中）	程序内容（FANUC）	程序内容（广数）	程序说明
N360	M00	M00	M00	
N370	T0202（外切槽车刀）	T0202（外切槽车刀）	T0202（外切槽车刀）	
N380	S400 M03	S400 M03	S400 M03	
N390	G00 X45 Z－65.5	G00 X45 Z－65.5	G00 X45 Z－65.5	
N400	G01 X17 F0.08	G01 X17 F0.08	G01 X17 F0.08	
N410	X45 F0.2	X45 F0.2	X45 F0.2	刀具沿 X 轴退刀
N420	G00 X100 Z100	G00 X100 Z100	G00 X100 Z100	刀具退回换刀点
N430	M30	M30	M30	程序结束并返回起点

2. 加工右端轮廓表面

（1）建立工件坐标系　根据工件坐标系建立原则，工件坐标系设置在工件右端面的轴线上。

（2）计算基点坐标　车外圆、内孔时，基点坐标计算比较简单，此处不再赘述。

（3）参考程序　华中系统程序名为 O0001；FANUC 系统程序名为 O0001；广数系统程序名为 O0001。参考程序见表 3-36。

表 3-36　加工零件右端所有轮廓表面的参考程序

程序段号	程序内容（华中）	程序内容（FANUC）	程序内容（广数）	程序说明
N10	G40 G95 G21	G40 G99 G21	G40 G99 G21	设置初始状态
N20	S600 M3	S600 M3	S600 M3	设定主轴转速
N30	T0404	T0404	T0404	调用外圆车刀
N40	G00 X18 Z3	G00 X18 Z3	G00 X18 Z3	刀具移动至切入点
N50	G71 U1.5 R0.2 P100 Q200 X－0.5 Z0 F0.2	G71 U1.5 R0.2	G71 U1.5 R0.2	调用粗加工指令
N60		G71 P70 Q170 U－0.5 W0 F0.2	G71 P70 Q170 U－0.5 W0 F0.2	
N70	S800 M3	G00 X34	G00 X34	
N80	T0404	G01 Z0 F0.1	G01 Z0 F0.1	
N90	G00 X18 Z3	G02 X30 Z－2 R2	G02 X30 Z－2 R2	
N100	G00 X34	G01 Z－14	G01 Z－14	
N110	G01 Z0 F0.1	X27	X27	
N120	G02 X30 Z－2 R2	X24 W－1.5	X24 W－1.5	
N130	G01 Z－14	Z－35	Z－35	
N140	X27	X22	X22	
N150	X24 W－1.5	X20 W－1	X20 W－1	
N160	Z－35	U－0.5 W－0.5	U－0.5 W－0.5	
N170	X22	X18	X18	

（续）

程序段号	程序内容（华中）	程序内容（FANUC）	程序内容（广数）	程序说明
N180	X20 W－1	Z3	Z3	
N190	U－0.5 W－0.5	S800 M03 T0404	S800 M03 T0404	
N200	X18	G00 X18 Z3	G00 X18 Z3	
N210	Z3	G70 P70 Q170	G70 P70 Q170	
N220	G00 X100 Z100	G00 X100 Z100	G00 X100 Z100	
N230	M05	M05	M05	
N240	M00	M00	M00	
N250	T0101	T0101	T0101	
N260	S400 M03	S400 M03	S400 M03	
N270	G00 X23 Z3	G00 X23 Z3	G00 X23 Z3	
N280	G01 Z－35 F0.5	G01 Z－35 F0.5	G01 Z－35 F0.5	
N290	X28 F0.08	X28 F0.08	X28 F0.08	
N300	X23 F0.5	X23 F0.5	X23 F0.5	
N310	Z－31.5	Z－31.5	Z－31.5	
N320	X24	X24	X24	
N330	X27 W－1.5	X27 W－1.5	X27 W－1.5	
N340	X28	X28	X28	
N350	Z－35	Z－35	Z－35	
N360	X23 F0.5	X23 F0.5	X23 F0.5	
N370	G00 Z3	G00 Z3	G00 Z3	
N380	G00 X100 Z100	G00 X100 Z100	G00 X100 Z100	
N390	M05	M05	M05	
N400	M00	M00	M00	
N410	T0202	T0202	T0202	
N420	S400 M03	S400 M03	S400 M03	
N430	G00 X23 Z3	G00 X23 Z3	G00 X23 Z3	
N440	G76 C2 A60 X26 Z－31 K1.3 U0.1 V0.1 Q0.25 F2	G76 P020060 Q100 R0.1	G76 P020060 Q100 R0.1	
N450		G76 X26 Z－31 P1300 Q250 F2	G76 X26 Z－31 P1300 Q250 F2	
N460	G00 X100 Z100	G00 X100 Z100	G00 X100 Z100	
N470	M05	M05	M05	
N480	M00	M00	M00	

（续）

程序段号	程序内容（华中）	程序内容（FANUC）	程序内容（广数）	程序说明
N490	S600 M03	S600 M03	S600 M03	
N500	T0202（35°尖刀）	T0202（35°尖刀）	T0202（35°尖刀）	
N510	G00 X40 Z3	G00 X40 Z3	G00 X40 Z3	
N520	G71 U1.5 R1 P570 Q630 X0.5 Z0 F0.2	G71 U1.5 R0.2	G71 U1.5 R0.2	
N530		G71 P540 Q600 U0.5 W0 F0.2	G71 P540 Q600 U0.5 W0 F0.2	
N540	S800 M03	G00 X36	G00 X36	
N550	T0202（35°尖刀）	G01 Z0 F0.1	G01 Z0 F0.1	
N560	G00 X40 Z3	X38 Z-1	X38 Z-1	
N570	G00 X36	Z-10.99	Z-10.99	
N580	G01 Z0 F0.1	X32 Z-28	X32 Z-28	
N590	X38 Z-1	Z-38	Z-38	
N600	Z-10.99	X41	X41	
N610	X32 Z-28	S800 M03 T0202	S800 M03 T0202	
N620	Z-38	G00 X40 Z3	G00 X40 Z3	
N630	X41	G70 P540 Q600	G70 P540 Q600	
N640	G00 X100 Z100	G00 X100 Z100	G00 X100 Z100	
N650	M30	M30	M30	

【技能训练】

1. 加工准备

1）检查毛坯尺寸。

2）开机（FANUC 系统、华中系统均需回机床零点）。

3）根据图样拟定好加工工艺。

4）根据图样输入加工程序（通过机床操作面板将程序输入到数控机床中）。

5）装夹工件伸出长度 70mm。

6）装夹刀具按照参考程序将外圆车刀、内孔车刀、切断车刀、内切槽车刀、普通内螺纹车刀依次装入相对应的刀位。

2. 对刀

四把车刀依次采用试切法对刀。通过对刀操作得到的零偏值分别输入到各自长度补偿中；切断车刀、切槽车刀选取左侧刀尖点作为刀位点，普通内螺纹车刀取刀尖点作为刀位点，对刀步骤同前文所述。

3. 空运行及仿真

两个程序分别进行空运行或仿真，以检测加工程序是否正确。

4. 零件自动加工及尺寸控制

打开程序，选择自动加工方式，调好进给倍率进行自动加工，加工过程中进行精度控制。具体方法：

（1）外圆、内孔、内螺纹及长度的尺寸控制　当程序运行到粗加工循环结束，停车测量，根据测量结果设置精加工外圆车刀、内孔车刀的 X、Z 方向刀具磨损，然后执行精加工程序。

（2）螺纹的尺寸控制　螺纹加工前，螺纹车刀磨损量设置为 0.1 ~ 0.2mm，螺纹循环运行后停车测量，根据测量结果，修调刀具磨损量，重新运行螺纹循环指令，直至达到尺寸要求为止。

5. 零件检测与评分

零件加工结束后进行检测。应把检测结果填写在表 3-37 中。

表 3-37　加工图 3-29 零件的评分表

班级		姓名		学号		
工件编号				总得分		
项目	序号	技术要求	配分	评分标准	检测记录	得分
外圆	1	ϕ（38 ±0.03）mm	5			
	2	$\phi38_{-0.05}^{\ 0}$ mm	5			
	3	ϕ（32 ±0.03）mm	5			
内孔	4	$\phi30_{\ 0}^{+0.05}$ mm	5			
	5	$\phi20_{\ 0}^{+0.05}$ mm	5			
长度	6	（60 ±0.05）mm	5			
锥度	7	20°、30°	10			
圆弧	8	*R*2	10			
螺纹	9	M26 ×2	10			
倒角	10	*C*1（6 处）、*C*1.5（2 处）	10			
表面粗糙度	11	*Ra*3.2μm	5			
工艺	12	制订的切削加工工艺是否正确	5			
缺陷	13	工件缺陷	5			
程序	14	程序正确、合理	5			
操作	15	机床操作规范	5			
文明生产	16	人身、机床、刀具安全	5			

6. 加工结束并清理机床

【操作注意事项】

1）掉头装夹时应校正工件，外圆的圆跳动公差在 0.03mm 以内。

2）对于内孔车刀、内切槽车刀、内螺纹车刀，加工前均应检查刀具是否发生干涉。

3）掉头装夹加工时，所有刀具都应重新对刀。

【思考与练习】

编写如图 3-31 所示零件的加工程序并进行加工练习，毛坯为 ϕ40mm × 100mm 的合金铝。

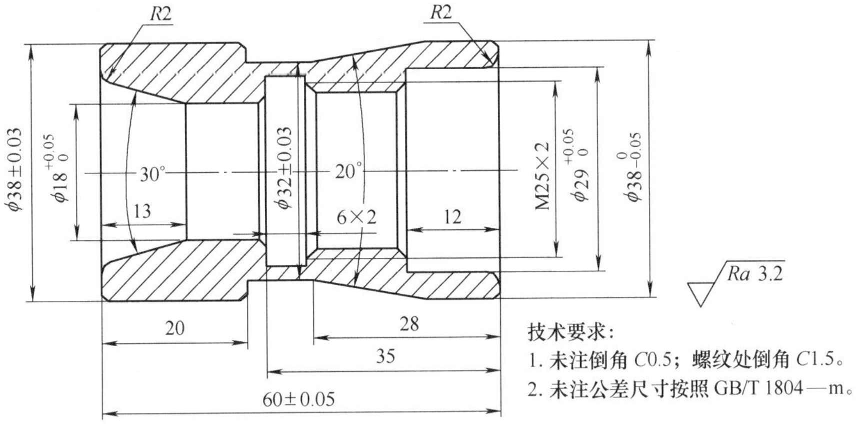

图 3-31　综合技能训练与考核四的练习图

项目四

典型企业零件的数控车削加工

建议课时分配表

名　称	课时（节）
任务一　一夹一顶车削轴类零件	6
任务二　两顶尖车削轴类零件	6
任务三　批量零件的加工	6
任务四　薄壁零件的加工	6
任务五　节省材料零件的加工	6
任务六　宏程序的编写	12
合　计	42

任务一　一夹一顶车削轴类零件

【知识目标】

1）掌握一夹一顶车削轴类零件的装夹方法。
2）会选择加工各种表面的刀具。
3）会制订一夹一顶车削轴类零件的加工工艺。
4）掌握一夹一顶车削轴类零件的编程方法。

【技能目标】

1）掌握一夹一顶车削轴类零件的装夹方法。
2）掌握一夹一顶车削轴类零件的装夹编程方法。
3）掌握一夹一顶车削轴类零件的尺寸控制方法。
4）完成如图 4-1 所示零件的加工，其三维效果如图 4-2 所示。材料为 45 钢。

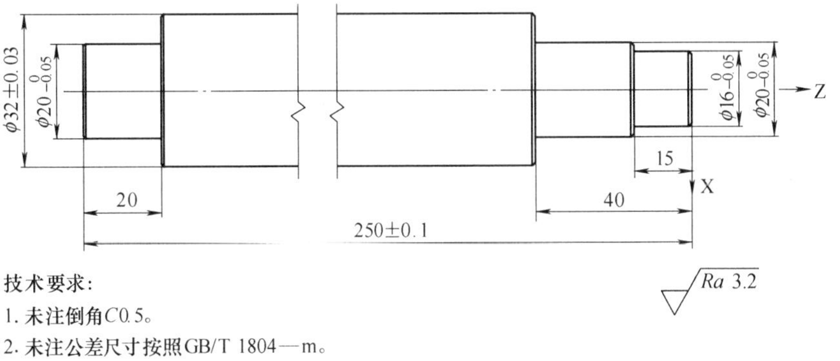

图 4-1　一夹一顶车削轴类的零件图

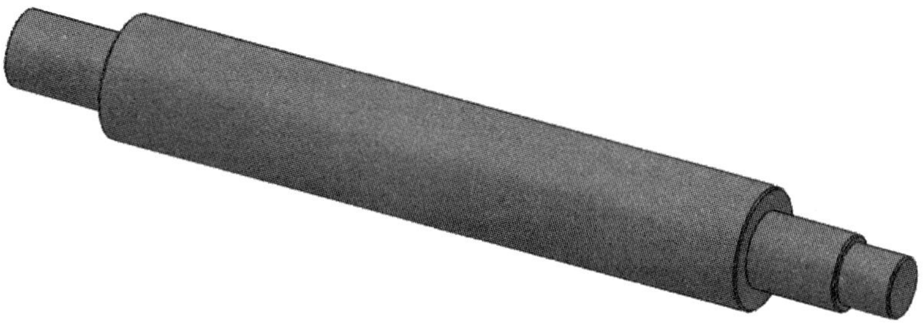

图 4-2　一夹一顶车削轴类零件的三维效果

【相关知识】

知识一　一夹一顶车削轴类零件的基本知识

1. 适用范围和用途

1）当工件长径比 >8 时，为了提高工件的刚性，可采用这种装夹方法。

2）零件的同轴度要求不是很高的时候，也可采用这种装夹方法。

3）一夹一顶车削轴类零件，可以提高加工效率。

2. 注意事项

1）用一夹一顶车削时，如果后顶尖采用固定顶尖，如图 4-3a、b 所示，虽然其定心好、刚性好、切削时不易产生振动，但缺点是与工件中心孔间有相对滑动、易磨损、产生高热，故而不宜高速切削；如果后顶尖采用回转顶尖，如图 4-3c 所示，可以使顶尖与中心孔间无相对运动，能承受很高的转速，但其定心精度和刚性较差。

2）用一夹一顶车削时，一定要注意定位和换刀加工程序的正确性，避免与尾座发生干涉。

3）当轴类零件的位置精度要求比较高时，掉头车削找正比较困难。

4）用一夹一顶的方式安装工件时，为了防止工件的轴向移动，通常在卡盘内装一个轴向限位支承，如图 4-4a 所示，或在工件的被夹持部位车削一个 10 ~ 20mm 的台阶，作为轴

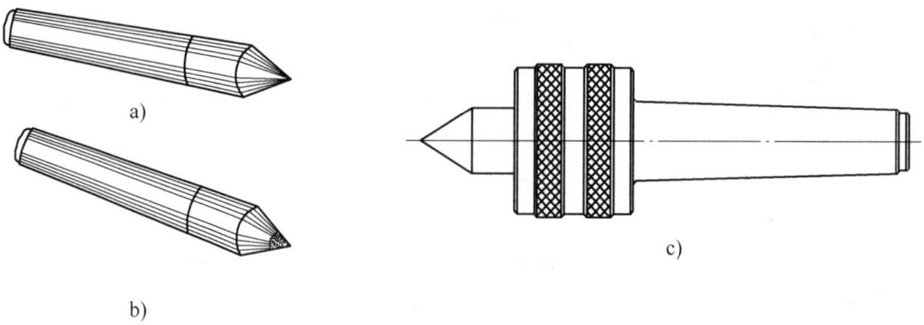

图 4-3　后顶尖
a）普通固定顶尖　b）硬质合金固定顶尖　c）回转顶尖

向限位支承，如图 4-4b 所示。

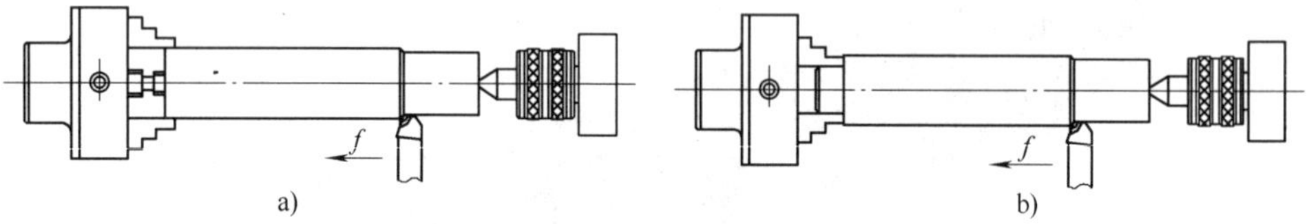

图 4-4　一夹一顶安装工件
a）轴向限位支承　b）用工件台阶限位

5）用一夹一顶方式车削时，要使尾座的中心和车床主轴的中心取得一致，否则车削的零件会产生锥度。

知识二　加工工艺分析

1. 工具、量具和刀具的选择

（1）工具的选择　工件装夹在自定心卡盘中，其余工具见表 4-1。

（2）量具的选择　外径用外径千分尺测量，长度用游标卡尺测量，表面粗糙度用表面粗糙度样板比对。量具规格和参数见表 4-1。

（3）刀具的选择　粗、精车外圆选用 35°偏刀车削，外圆粗、精车车刀副偏角应足够大，避免副切削刃切削时与回转顶尖产生干涉，所有刀具规格和尺寸见表 4-2。

表 4-1　一夹一顶车削轴类零件的加工工具和量具清单

工具、量具清单				图号	图 4-1	
种类	序号	名称	规格	精度	单位	数量
工具	1	自定心卡盘			个	1
	2	卡盘扳手			副	1
	3	刀架扳手			副	1
	4	垫刀片			块	若干
	5	回转顶尖			个	1
	6	钻夹头			个	1
	7	中心钻	A3		个	1

（续）

种类	序号	名称	规格	精度	单位	数量
量具	1	游标卡尺	0 ~ 300mm	0.02mm	把	1
	2	千分尺	0 ~ 25mm 25 ~ 50mm	0.01mm	把	1
	3	表面粗糙度样板			套	1

表 4-2　一夹一顶车削轴类零件的加工刀具卡

产品名称或代号		一夹一顶车削轴类零件图	零件名称		零件图号	图 4-1
序号	刀具号	刀具名称	数量	加工表面	刀尖半径	刀尖方位
1	T01	35°硬质合金外圆车刀	1	粗车外轮廓	0.4mm	3
2	T03	35°硬质合金外圆车刀	1	精车外轮廓	0.4mm	3
3	T04	90°硬质合金外圆车刀	1	平断面取总长	0.4mm	3
4		回转顶尖	1	支承工件	安装在尾座内	
5		A3 中心钻	1	钻中心孔	安装在尾座内	
编制		审核		批准	共 1 页	第 1 页

2. 加工工艺

先夹住毛坯外圆，利用 90°外圆车刀将工件的总长取好，且将工件左端加工出 ϕ30mm × 15mm 的台阶作为轴向限位支承；将工件两端的中心孔打好。用 35°外圆车刀加工零件右端面的所有外圆尺寸 ϕ16 ~ ϕ32mm；掉头装夹，利用 35°外圆车刀加工零件左端 ϕ20mm 外圆轮廓。

3. 选择合理的切削用量参数值

加工材料为钢料，该材料硬度较高，切削力较大，切削用量可选小些。具体参数见表 4-3。

表 4-3　一夹一顶车削轴类零件的加工工艺

单位名称			产品名称或代号		零件名称		零件图号
			一夹一顶车削轴类零件图		图 4-1		
工序号	程序编号		夹具名称		使用设备	数控系统	车间
001	O0001		自定心卡盘				实习车间
工步号	工步内容	刀具号	刀具规格 /mm	背吃刀量 a_p/mm	进给速度 f/mm · r^{-1}	主轴转速 n/r · min^{-1}	备注
1	工件总长取 250mm；并且用中心钻将工件的中心孔打好	T04	20 × 20	1 ~ 2	0.15	600	手动
2	粗车右端外轮廓 ϕ16mm、ϕ20mm、ϕ32mm，留精车余量 0.5mm	T01	20 × 20	1 ~ 2	0.15	600	自动 O0001
3	精车右端外轮廓至尺寸要求	T03	20 × 20	0.25	0.1	800	自动 O0001

（续）

工步号	工步内容	刀具号	刀具规格/mm	背吃刀量 a_p/mm	进给速度 f/mm·r^{-1}	主轴转速 n/r·min^{-1}	备注
4	掉头装夹，粗车左端外轮廓 ϕ20mm，留精车余量0.5mm	T01	20×20	1~2	0.15	600	自动O0002
5	精车外左端轮廓至尺寸要求	T03	20×20	0.25	0.1	800	自动O0002
编制		审核		批准		共1页	第1页

知识三　编制参考程序

零件左、右轮廓表面分别编写加工程序，且分别进行对刀。

1. 加工零件右端轮廓表面

（1）建立工件坐标系　加工右端轮廓表面时，夹住工件作为轴向限位支承外圆，采用一夹一顶方式安装工件，工件坐标系设置在工件右端面轴线上，如图4-1所示。

（2）计算基点坐标　车外圆时，基点坐标计算比较简单，此处不再赘述。

（3）参考程序　华中系统程序名为O0001；FANUC系统程序名为O0001；广数系统程序名为O0001（毛坯材料为ϕ40mm×252mm）。参考程序见表4-4。

表4-4　一夹一顶车削轴类零件右端轮廓表面的参考程序

程序段号	程序内容（华中）	程序内容（FANUC）	程序内容（广数）	程序说明
N10	G40 G95 G21	G40 G99 G21	G40 G99 G21	设置初始状态
N20	T0101	T0101	T0101	调用外圆车刀
N30	S600 M3	S600 M3	S600 M3	设定主轴转速
N40	G00 X40 Z2	G00 X40 Z2	G00 X40 Z2	刀具移动至切入点
N50	G71 U1.5 R1 P110 Q210 X0.5 Z0 F0.15	G71 U1.5 R1	G71 U1.5 R1	调用外圆粗加工指令
N60		G71 P70 Q170 U0.5 W0 F0.15	G71 P70 Q110 U0.5 W0 F0.15	
N70	G00 X180 Z10	G00 X15	G00 X15	
N80	S800 M3	G01 Z0 F0.1	G01 Z0 F0.1	
N90	T0303	X16 Z-0.5	X16 Z-0.5	
N100	G00 X40 Z2	Z-15	Z-15	
N110	G00 X15	X19	X19	
N120	G01 Z0 F0.1	X20 Z-16.4	X20 Z-16.4	
N130	X16 Z-0.5	Z-40	Z-40	
N140	Z-15	X31	X31	
N150	X19	X32 W-0.5	X32 W-0.5	
N160	X20 Z-16.4	Z-232	Z-232	
N170	Z-40	X41	X41	

（续）

程序段号	程序内容（华中）	程序内容（FANUC）	程序内容（广数）	程序说明
N180	X31	G00 X180 Z10	G00 X180 Z10	
N190	X32 W-0.5	S800 M03 T0303	S800 M03 T0303	
N200	Z-232	G00 X40 Z2	G00 X40 Z2	
N210	X41	G70 P70 Q170	G70 P70 Q170	刀具沿 X 轴退刀
N220	G00 X180 Z10	G00 X180 Z10	G00 X180 Z10	刀具退回换刀点
N230	M30	M30	M30	程序结束并返回起点

2. 加工零件左端轮廓表面

（1）建立工件坐标系　根据工件坐标系建立原则，工件坐标系设置在工件左端面的轴线上。

（2）计算基点坐标　车外圆时基点坐标计算比较简单，此处不再赘述。

（3）参考程序　华中系统程序名为 O0002；FANUC 系统程序名为 O0002；广数系统程序名为 O0002。参考程序见表 4-5。

表 4-5　一夹一顶车削轴类零件左端轮廓表面的参考程序

程序段号	程序内容（华中）	程序内容（FANUC）	程序内容（广数）	程序说明
N10	G40 G95 G21	G40 G99 G21	G40 G99 G21	设置初始状态
N20	T0101	T0101	T0101	调用外圆车刀
N30	S600 M3	S600 M3	S600 M3	设定主轴转速
N40	G00 X40 Z2	G00 X40 Z2	G00 X40 Z2	刀具移动至切入点
N50	G71 U1.5 R1 P110 Q180 X0.5 Z0 F0.15	G71 U1.5 R1	G71 U1.5 R1	调用外圆粗加工指令
N60		G71 P70 Q140 U0.5 W0 F0.15	G71 P70 Q110 U0.5 W0 F0.15	
N70	G00 X180 Z10	G00 X19	G00 X19	
N80	S800 M3	G01 Z0 F0.1	G01 Z0 F0.1	
N90	T0303	X20 Z-0.5	X20 Z-0.5	
N100	G00 X40 Z2	Z-20	Z-20	
N110	G00 X19	X31	X31	
N120	G01 Z0 F0.1	X32 W-0.5	X32 W-0.5	
N130	X20 Z-0.5	U0.5 W-0.5	U0.5 W-0.5	
N140	Z-20	X41	X41	
N150	X31	G00 X180 Z10	G00 X180 Z10	
N160	X32 W-0.5	S800 M03 T0303	S800 M03 T0303	
N170	U0.5 W-0.5	G00 X40 Z2	G00 X40 Z2	
N180	X41	G70 P70 Q140	G70 P70 Q140	刀具沿 X 轴退刀
N190	G00 X180 Z10	G00 X180 Z10	G00 X180 Z10	刀具退回换刀点
N200	M30	M30	M30	程序结束并返回起点

【技能训练】

1. 加工准备

1）检查毛坯尺寸。

2）开机（FANUC 系统、华中系统均需回机床零点）。

3）根据图样拟定好加工工艺。

4）根据图样输入加工程序（通过机床操作面板将程序输入到数控机床中）。

5）装夹工件（采取一夹一顶装夹方式）。

6）装夹刀具：按照参考程序将粗、精车外圆车刀依次装入相对应的刀位：T01、T03。

2. 对刀

两把车刀依次采用试切法对刀，通过对刀操作得到的零偏值分别输入到各自长度补偿中，对刀步骤同前文所述。

3. 空运行及仿真

两个程序分别进行空运行或仿真，以检测加工程序是否正确。

4. 零件自动加工及尺寸控制

打开程序，选择自动加工方式，调好进给倍率进行自动加工，加工过程中进行精度控制，外圆尺寸控制具体方法：当粗、精加工循环程序运行结束后，停车测量；根据测量结果设置精加工外圆车刀 X、Z 方向刀具磨损，然后执行精加工程序直至尺寸要求为止。

5. 零件检测与评分

零件加工结束后进行检测。应把检测结果填写在表 4-6 中。

表 4-6　加工图 4-1 零件的评分表

班级		姓名		学号		
工件编号				总得分		
项目	序号	技术要求	配分	评分标准	检测记录	得分
外圆	1	$\phi 16_{-0.05}^{0}$ mm	10			
	2	$2\times\phi 20_{-0.05}^{0}$ mm	20			
	3	ϕ（32 ±0.03）mm	10			
长度	4	（250 ±0.1）mm	15			
倒角	5	C0.5（5 处）	10			
表面粗糙度	6	Ra3.2μm	10			
工艺	7	制订的切削加工工艺是否正确	5			
缺陷	8	工件缺陷	5			
程序	9	程序正确、合理	5			
操作	10	机床操作规范	5			
文明生产	11	人身、机床、刀具安全	5			

6. 加工结束并清理机床

【操作注意事项】

1）掉头装夹时应校正工件，外圆圆跳动误差在0.03mm以内。

2）对于外圆车刀，加工前应检查刀具是否与尾座发生干涉。

3）掉头装夹加工时，所有刀具都应重新对刀。

【思考与练习】

编写如图4-5所示零件的加工程序并进行加工练习，毛坯为ϕ40mm×250mm的合金铝。

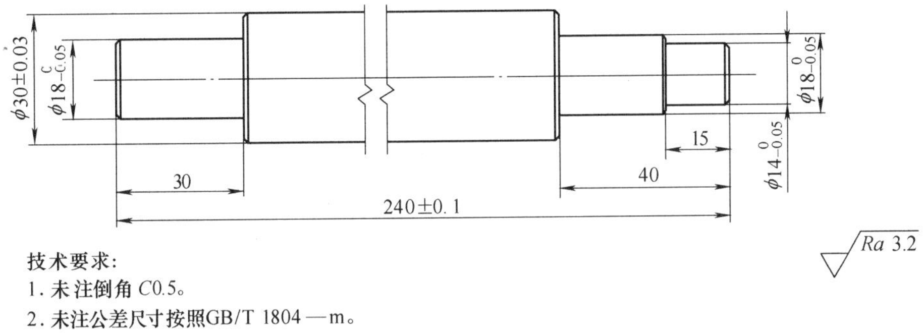

图4-5 一夹一顶车削轴类零件练习图

任务二　两顶尖车削轴类零件

【知识目标】

1）掌握两顶尖的作用和意义。

2）掌握两顶尖加工时的注意事项。

3）会制订两顶尖的加工工艺。

【技能目标】

1）掌握两顶尖装夹工件的方法和步骤。

2）掌握两顶尖装夹工件的编程方法。

3）完成如图 4-6 所示零件的加工，其三维效果如图 4-7 所示。材料为 45 钢。

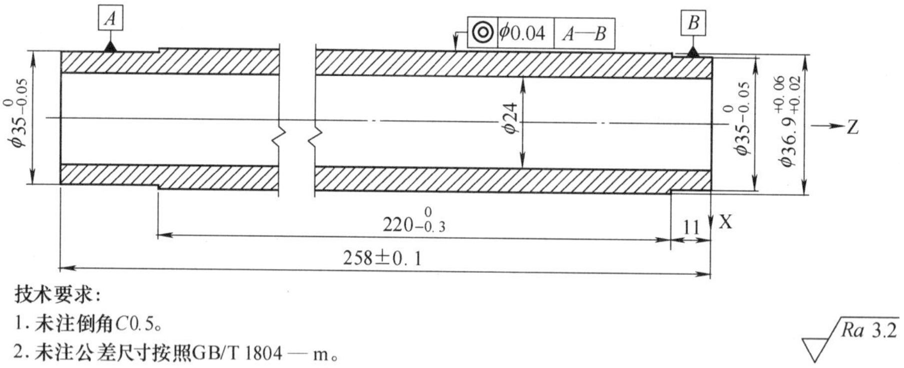

图 4-6　两顶尖车削轴类的零件图

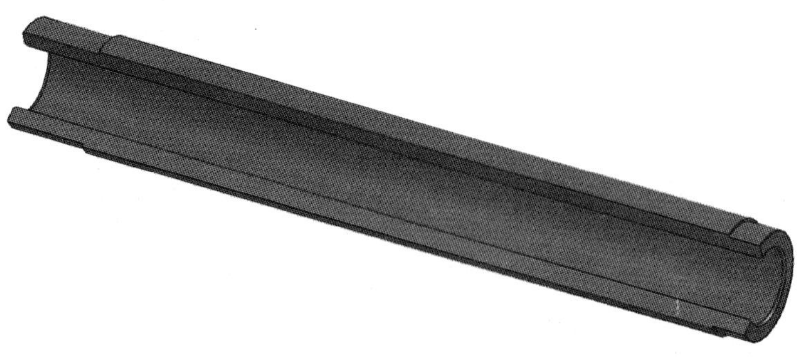

图 4-7　两顶尖车削轴类零件的三维效果

【相关知识】

知识一　两顶尖车削轴类零件的基本知识

1. 顶尖的分类

顶尖有前顶尖和后顶尖两种，用于定心并承受工件的重力和切削力。

（1）前顶尖　前顶尖可直接安装在车床主轴锥孔中，也可用自定心卡盘夹住自制的、有60°锥角的钢制前顶尖（图4-8）。这种顶尖卸下后再次使用时必须将锥面再车一刀，以保证顶尖锥面的轴线与车床主轴旋转中心的同轴度。

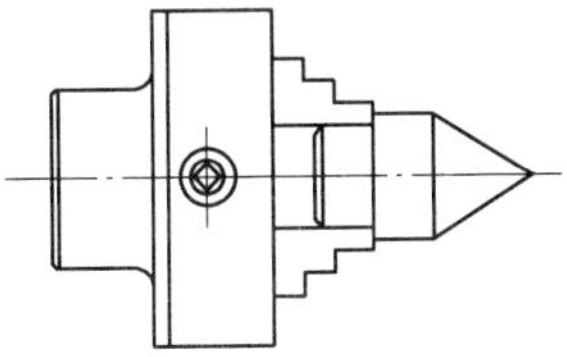

图4-8　前顶尖

（2）后顶尖　后顶尖有固定顶尖和回转顶尖两种（图4-3），使用时可将后顶尖插入车床尾座套筒的锥孔内。

2. 工件的装夹

工件一般不能由前、后顶尖直接带动旋转，必须通过拨盘和鸡心夹头带动工件旋转。拨盘装在车床主轴上，盘面有两种形状。一种是有U形槽的拨盘，用来拨弯尾鸡心夹头。另一种是装有拨杆的拨盘，用来拨直尾鸡心夹头。鸡心夹头的一端与拨盘连接，另一端装有螺栓用来紧固工件（图4-9）。

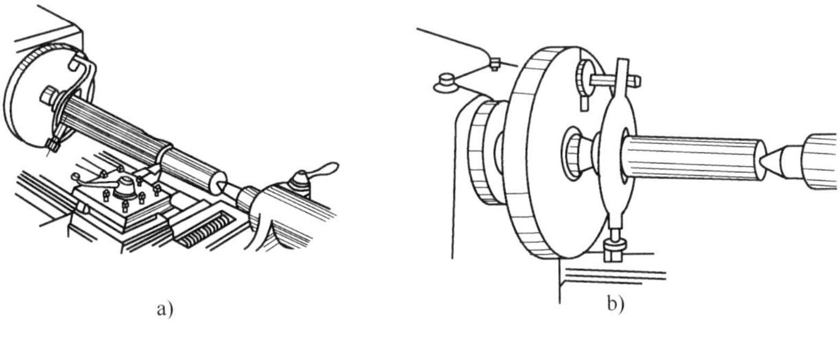

图4-9　用鸡心夹头装夹工件

a）弯尾鸡心夹头　b）直尾鸡心夹头

3. 两顶尖的适用范围

1）当轴类零件的位置精度要求比较高时，一般采用两顶尖方法进行加工。

2）当轴类零件的加工工序比较多时，可采用两顶尖装夹进行车削，并且可以多次反复装夹，无需找正，装夹精度、重复精度均较高。

4. 采用两顶尖加工时的注意事项

1）用两顶尖车削时，如果后顶尖采用固定顶尖，虽然其定心好、刚性好、切削时不易产生振动，但缺点是与工件中心孔间有相对滑动、易磨损、产生高热，故而不宜高速切削；如果后顶尖采用回转顶尖，可以使顶尖与中心孔间无相对运动，能承受很高的转速，但其定心精度和刚性较差。

2）用两顶尖车削时，一定要注意定位和换刀加工程序的正确性，避免与尾座发生干涉。

3）用两顶尖车削时，要使尾座的中心和车床主轴的中心取得一致，否则车削的零件会产生锥度。

4）当轴类零件的位置精度要求较高时，前、后顶尖与两中心孔均不能碰毛，而且要保持干净，如有脏物，易影响零件的位置精度。

知识二　加工工艺分析

1. 工具、量具和刀具的选择

（1）工具的选择　工件装夹在自定心卡盘中，其余工具见表4-7。

（2）量具的选择　外径用外径千分尺测量，长度用游标卡尺测量，表面粗糙度用表面粗糙度样板比对。量具规格和参数见表4-7。

（3）刀具的选择　粗、精车外圆选用35°偏刀车削，外圆粗、精加工车刀副偏角应足够大，避免副切削刃切削时与回转顶尖产生干涉，所有刀具规格和尺寸见表4-8。

表4-7　两顶尖车削轴类零件的加工工具和量具清单

工具和量具清单				图号	图4-6	
种类	序号	名称	规格	精度	单位	数量
工具	1	自定心卡盘			个	1
	2	卡盘扳手			副	1
	3	刀架扳手			副	1
	4	垫刀片			块	若干
	5	回转顶尖			个	1
	6	鸡心夹头			个	1
	7	前顶尖			个	1
量具	1	游标卡尺	0～300mm	0.02mm	把	1
	2	千分尺	25～50mm	0.01mm	把	1
	3	表面粗糙度样板			套	1

表4-8　两顶尖车削轴类零件的加工刀具卡

产品名称或代号		两顶尖车削轴类零件图	零件名称		零件图号	图4-6
序号	刀具号	刀具名称	数量	加工表面	刀尖半径	刀尖方位
1	T01	35°硬质合金外圆车刀	1	粗车外轮廓	0.4mm	3
2	T03	35°硬质合金外圆车刀	1	精车外轮廓	0.4mm	3
3	T04	90°硬质合金外圆车刀	1	平断面取总长	0.4mm	3
4	T02	60°硬质合金内倒角刀	1	两端内孔60°角		
5		回转顶尖	1	支承工件	安装在尾座内	
编制		审核		批准	共1页	第1页

2. 加工工艺

先夹住毛坯外圆，利用90°外圆车刀将工件的总长取好，且将工件两端内孔倒60°角作为轴向限位支承；这样可以使工件在旋转加工时内孔倒角部分与前、后顶尖的接触面积扩大。再用35°外圆车刀加工零件右端面的所有外圆尺寸 ϕ35 ~ ϕ36.9mm；掉头装夹，利用35°外圆车刀加工零件左端 ϕ35mm 外圆轮廓。

3. 选择合理的切削用量参数值

加工材料为钢，该材料硬度较高，切削力较大，切削用量可选小些。具体参数见表4-9。

表4-9　两顶尖车削轴类零件的加工工艺

<table>
<tr><td rowspan="2">单位名称</td><td rowspan="2"></td><td colspan="2">产品名称或代号</td><td colspan="3">零件名称</td><td>零件图号</td></tr>
<tr><td colspan="2">两顶尖车削轴类零件图</td><td colspan="3">图4-6</td><td></td></tr>
<tr><td>工序号</td><td>程序编号</td><td colspan="2">夹具名称</td><td>使用设备</td><td colspan="2">数控系统</td><td>车间</td></tr>
<tr><td>001</td><td>O0001</td><td colspan="2">自定心卡盘</td><td></td><td colspan="2"></td><td>实习车间</td></tr>
<tr><td>工步号</td><td>工步内容</td><td>刀具号</td><td>刀具规格 /mm</td><td>背吃刀量 a_p/mm</td><td>进给速度 f/mm · r^{-1}</td><td>主轴转速 n/r · min^{-1}</td><td>备注</td></tr>
<tr><td>1</td><td>取工件总长 258mm，并且在工件的内孔两端倒60°角</td><td>T02
T04</td><td>20×20</td><td>1~2</td><td>0.15</td><td>600</td><td>手动</td></tr>
<tr><td>2</td><td>粗车右端外轮廓 ϕ35mm、ϕ36.9mm，留精车余量0.5mm</td><td>T01</td><td>20×20</td><td>1~2</td><td>0.15</td><td>600</td><td>自动 O0001</td></tr>
<tr><td>3</td><td>精车右端外轮廓至尺寸要求</td><td>T03</td><td>20×20</td><td>0.25</td><td>0.1</td><td>800</td><td>自动 O0001</td></tr>
<tr><td>4</td><td>掉头装夹，粗车左端外轮廓 ϕ35mm，留精车余量0.5mm</td><td>T01</td><td>20×20</td><td>1~2</td><td>0.15</td><td>600</td><td>自动 O0002</td></tr>
<tr><td>5</td><td>精车外左端轮廓至尺寸要求</td><td>T03</td><td>20×20</td><td>0.25</td><td>0.1</td><td>800</td><td>自动 O0002</td></tr>
<tr><td>编制</td><td></td><td>审核</td><td></td><td>批准</td><td></td><td>共1页</td><td>第1页</td></tr>
</table>

知识三　编制参考程序

零件左、右轮廓表面分别编写加工程序，且分别进行对刀。

1. 加工零件右端轮廓表面

（1）建立工件坐标系　加工右端轮廓表面时，夹住工件作为轴向限位支承外圆，采用两顶尖方式安装工件，工件坐标系设置在工件右端面轴线上，如图4-6所示。

（2）计算基点坐标

（略）。

（3）参考程序　华中系统程序名为O0001；FANUC系统程序名为O0001；广数系统程序名为O0001（毛坯材料为 ϕ40mm×260mm）。参考程序见表4-10。

表 4-10 两顶尖车削轴类零件右端轮廓表面的参考程序

程序段号	程序内容（华中）	程序内容（FANUC）	程序内容（广数）	程序说明
N10	G40 G95 G21	G40 G99 G21	G40 G99 G21	设置初始状态
N20	T0101	T0101	T0101	调用外圆车刀
N30	S600 M3	S600 M3	S600 M3	设定主轴转速
N40	G00 X40 Z2	G00 X40 Z2	G00 X40 Z2	刀具移动至切入点
N50	G71 U1.5 R1 P110 Q170 X0.5 Z0 F0.15	G71 U1.5 R1	G71 U1.5 R1	调用外圆粗加工指令
N60		G71 P70 Q130 U0.5 W0 F0.15	G71 P70 Q110 U0.5 W0 F0.15	
N70	G00 X180 Z10	G00 X35.4	G00 X35.4	
N80	S800 M3	G01 Z0 F0.1	G01 Z0 F0.1	
N90	T0303	X35 Z-0.3	X35 Z-0.3	
N100	G00 X40 Z2	Z-11	Z-11	
N110	G00 X35.4	X36.9	X36.9	
N120	G01 Z0 F0.1	Z-235	Z-235	
N130	X35 Z-0.3	X41	X41	
N140	Z-11	G00 X180 Z10	G00 X180 Z10	
N150	X36.9	S800 M03 T0303	S800 M03 T0303	
N160	Z-235	G00 X40 Z2	G00 X40 Z2	
N170	X41	G70 P70 Q130	G70 P70 Q130	刀具沿 X 轴退刀
N180	G00 X180 Z10	G00 X180 Z10	G00 X180 Z10	刀具退回换刀点
N190	M30	M30	M30	程序结束并返回起点

2. 加工零件左端轮廓表面

（1）建立工件坐标系　根据工件坐标系建立原则，工件坐标系设置在工件左端面的轴线上。

（2）计算基点坐标　（略）。

（3）参考程序　华中系统程序名为 O0002；FANUC 系统程序名为 O0002；广数系统程序名为 O0002。参考程序见表 4-11。

表 4-11 两顶尖车削轴类零件左端轮廓表面的参考程序

程序段号	程序内容（华中）	程序内容（FANUC）	程序内容（广数）	程序说明
N10	G40 G95 G21	G40 G99 G21	G40 G99 G21	设置初始状态
N20	T0101	T0101	T0101	调用外圆车刀
N30	S600 M3	S600 M3	S600 M3	设定主轴转速
N40	G00 X40 Z2	G00 X40 Z2	G00 X40 Z2	刀具移动至切入点

（续）

程序段号	程序内容（华中）	程序内容（FANUC）	程序内容（广数）	程序说明
N50	G71 U1.5 R1 P110 Q150 X0.5 Z0 F0.15	G71 U1.5 R1	G71 U1.5 R1	调用外圆粗加工指令
N60		G71 P70 Q110 U0.5 W0 F0.15	G71 P70 Q110 U0.5 W0 F0.15	
N70	G00 X180 Z10	G00 X35.4	G00 X35.4	
N80	S800 M3	G01 Z0 F0.1	G01 Z0 F0.1	
N90	T0303	X35 Z-0.3	X35 Z-0.3	
N100	G00 X40 Z2	Z-27	Z-27	
N110	G00 X35.4	X41	X41	
N120	G01 Z0 F0.1	G00 X180 Z10	G00 X180 Z10	
N130	X35 Z-0.3	S800 M03 T0303	S800 M03 T0303	
N140	Z-27	G00 X40 Z2	G00 X40 Z2	
N150	X41	G70 P70 Q110	G70 P70 Q110	刀具沿 X 轴退刀
N160	G00 X180 Z10	G00 X180 Z10	G00 X180 Z10	刀具退回换刀点
N170	M30	M30	M30	程序结束并返回起点

【技能训练】

1. 加工准备

1）检查毛坯尺寸。

2）开机（FANUC 系统、华中系统均需回机床零点）。

3）根据图样拟定好加工工艺。

4）根据图样输入加工程序（通过机床操作面板将程序输入到数控机床中）。

5）装夹工件（采取两顶尖装夹方式）。

6）装夹刀具：按照参考程序将粗、精车外圆车刀依次装入相对应的刀位 T01、T03。

2. 对刀

两把车刀依次采用试切法对刀，通过对刀操作得到的零偏值分别输入到各自长度补偿中，对刀步骤同前文所述。

3. 空运行及仿真

两个程序分别进行空运行或仿真，以检测加工程序是否正确。

4. 零件自动加工及尺寸控制

打开程序，选择自动加工方式，调好进给倍率进行自动加工，加工过程中进行精度控制，外圆尺寸控制具体方法：当粗、精加工循环程序运行结束后，停车测量；根据测量结果设置精加工外圆车刀 X、Z 方向刀具磨损，然后执行精加工程序，直至尺寸达到要求为止。

5. 零件检测与评分

零件加工结束后进行检测。应把检测结果填写在表 4-12 中。

表 4-12　加工图 4-6 零件的评分表

班级		姓名			学号		
工件编号					总得分		
项目	序号	技术要求		配分	评分标准	检测记录	得分
外圆	1	$\phi36.9^{+0.06}_{+0.02}$mm		10			
	2	$2\times\phi35^{\ 0}_{-0.05}$mm		20			
长度	3	(258 ±0.1) mm		10			
同轴度	4	◎ φ0.04 A－B		15			
倒角	5	C0.5 (2 处)		10			
表面粗糙度	6	*Ra*3.2μm		10			
工艺	7	制订的切削加工工艺是否正确		5			
缺陷	8	工件缺陷		5			
程序	9	程序正确、合理		5			
操作	10	机床操作规范		5			
文明生产	11	人身、机床、刀具安全		5			

6. 加工结束并清理机床

【操作注意事项】

1）掉头装夹时应校正工件，外圆圆跳动误差在 0.04mm 以内。

2）两顶尖装夹加工时应注意鸡心夹头装夹的部分有无过长，避免切削时刀具与鸡心夹头发生干涉。

3）对于外圆车刀，加工前应检查刀具是否与尾座发生干涉。

4）掉头装夹加工时，所有刀具都应重新对刀。

【思考与练习】

编写如图 4-10 所示零件的加工程序并进行加工练习，毛坯为 φ40mm×250mm 的 45 钢。

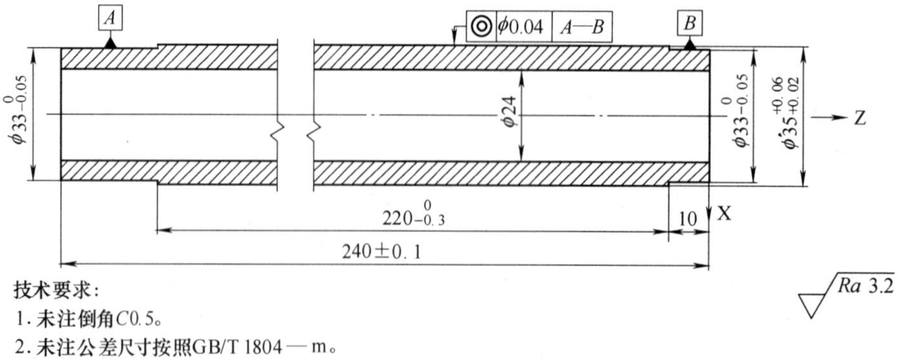

图 4-10　两顶尖车削轴类零件练习图

任务三　批量零件的加工

【知识目标】

1）掌握批量零件加工的作用和意义。

2）掌握批量零件加工时的注意事项。

3）会制订批量零件的加工工艺。

【技能目标】

1）掌握批量零件装夹工件的方法和步骤。

2）掌握批量零件工件的编程方法。

3）完成如图 4-11 所示零件的加工，其三维效果如图 4-12 所示。材料为塑料。

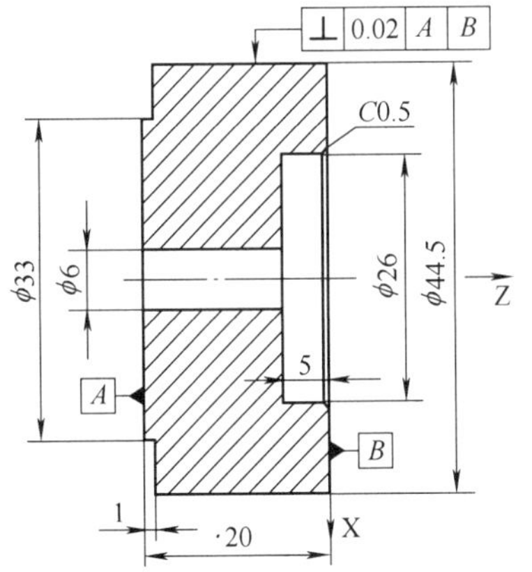

图 4-11　批量零件图

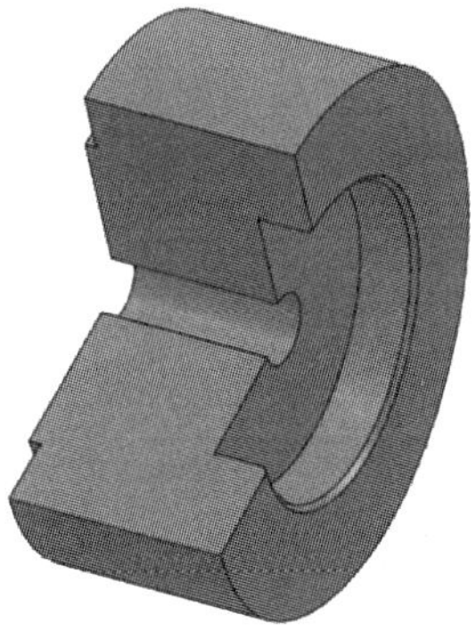

图 4-12　批量零件的三维效果

【相关知识】

知识一　批量零件车削的基本知识

在机械制造业中，各种产品的需要量是不相同的，某些产品需要量很少，而有些产品需要量可能很大。机械制造业的生产类型基本可分为三大类型：单件生产、小批量生产、大批量生产。

1. 工序的集中法和分散法

（1）工序的集中法　是在加工零件的每一道工序中，尽可能地多加工几个表面。工序集中到最多的时候，是将一个零件的全部加工在一个工序内完成。

1）当零件的相对位置精度要求较高时，采用工序集中法容易保证。

2）在加工比较重的零件时，减少搬运和装拆的次数，一般也采用工序集中法。

3）对于单件、小批量而且工序不多，能一次装夹就可以完成的零件，可以采用工序集中法加工。

（2）工序的分散法　工序分散法就是使每一个工序中所包含的工作量尽量减少。

1）当零件的相对位置精度要求不是非常高，而表面尺寸精度要求较高，表面粗糙度值要求较小时，有必要将工序分开进行。

2）在大批量生产中，用通用机床（或单工序专用机床）和通用的夹具加工时，一般采用工序分散法。

3）如果批量中等，或较多的复杂、工序繁多、加工难度较大、不可以一次完成的工件，则采用工序分散法加工。

4）当工人的平均技术水平较低时，宜采用工序分散法。

2. 工序集中和分散的特点

（1）工序集中的特点　容易保证零件的位置精度，提高加工的效率，增加测量的次数。如果经常更换车刀，则较难保证零件的尺寸精度，而且需要工人更高的技术水平。

（2）工序分散的特点　增加装夹的次数，容易引起装夹定位的误差和较多的装夹辅助时间。但工序分散车削，减少了试切削和测量的次数，尺寸容易控制，工人的技术水平要求不是很高。

3. 批量加工与质量监控

批量加工这一塑料零件，是在一台机床上完成的。所以，在每一次的零件装夹过程中，要求装夹可靠，力量适中，且要装正，不能有跳动的现象。

在加工过程中，质量的监控也是一个重要的环节，这就需要操作者根据实践经验进行把握。一般在首件试切成功后，加工精度都不会有太大的偏离。但由于刀尖的磨损等外部原因，要求操作者在批量生产一定数量的零件后（约 20 件），要对零件进行抽样检测，把误差值补偿到对应的刀补号里，以纠正刀尖的磨损量，在一定程度上消除加工误差，保证零件产品尺寸精度。

知识二　加工工艺分析

1. 工具、量具和刀具的选择

（1）工具的选择　工件装夹在自定心卡盘中，其余工具见表 4-13。

（2）量具的选择　外径用外径千分尺测量，长度用游标卡尺测量，表面粗糙度用表面粗糙度样板比对。量具规格和参数见表 4-13。

（3）刀具的选择　粗、精车外圆选用 90°偏刀车削，所有刀具规格和尺寸见表 4-14。

表 4-13　批量零件的加工工具和量具清单

工具和量具清单				图号	图 4-11	
种类	序号	名称	规格	精度	单位	数量
工具	1	自定心卡盘			个	1
	2	卡盘扳手			副	1
	3	刀架扳手			副	1
	4	垫刀片			块	若干

（续）

种类	序号	名称	规格	精度	单位	数量
量具	1	游标卡尺	0～150mm	0.02mm	把	1
	2	千分尺	25～50mm	0.01mm	把	1
	3	表面粗糙度样板			套	1

表 4-14 批量零件的加工刀具卡

产品名称或代号		批量零件图		零件名称			零件图号	图 4-11
序号	刀具号	刀具名称		数量	加工表面		刀尖半径	刀尖方位
1	T01	90°硬质合金外圆车刀		1	粗、精车外轮廓		0.4mm	3
2	T02	ϕ6mm 钻头		1	钻孔			
3	T03	80°硬质合金内孔车刀		1	粗、精车内轮廓		0.4mm	3
4	T04	4mm 切断刀		1	切断、粗、精车外轮廓			
编制		审核		批准		共 1 页		第 1 页

2. 加工工艺

先夹住毛坯外圆，利用 90°外圆车刀平端面并且将工件的最大外圆也加工好；用 ϕ6mm 钻头钻孔深度为 23mm；用 90°内孔车刀将内孔加工好；用 4mm 切断刀将小端外圆加工好并且切断取总长。

3. 选择合理的切削用量参数值

加工材料为塑料，该材料硬度底，切削力较小，切削用量可选大些。具体参数见表 4-15。

表 4-15 批量零件的加工工艺

单位名称		产品名称或代号			零件名称			零件图号
		批量零件图			图 4-11			
工序号	程序编号	夹具名称			使用设备	数控系统		车间
001	O0001	自定心卡盘						实习车间
工步号	工步内容		刀具号	刀具规格 /mm	背吃刀量 a_p/mm	进给速度 f/mm·r^{-1}	主轴转速 n/r·min^{-1}	备注
1	外圆车刀平端面，加工右端外圆 ϕ44.5mm 至尺寸要求		T01	20×20	4～5	0.3～0.4	800	自动 O0001
2	利用钻头钻孔 ϕ6mm 深 23mm		T02	20×20	6	0.2～0.3	800	自动 O0001
3	加工右端内孔 ϕ26mm 至尺寸要求		T03	20×20	4～5	0.3～0.4	800	自动 O0001
4	加工左端外圆 ϕ33mm 至尺寸要求		T04	20×20	4	0.3～0.4	800	自动 O0002
5	切断取总长 20mm		T04	20×20	4	0.2～0.3	800	自动 O0002
编制		审核			批准		共 1 页	第 1 页

知识三 编制参考程序

（1）建立工件坐标系 根据工件坐标系建立原则，工件坐标系设置在工件右端面的轴线上，如图4-11所示。

（2）计算基点坐标 （略）。

（3）参考程序 华中系统程序名为O0001；FANUC系统程序名为O0001；广数系统程序名为O0001（毛坯材料为ϕ48mm×1000mm）。参考程序见表4-16。

表4-16 批量零件的参考程序

程序段号	程序内容（华中）	程序内容（FANUC）	程序内容（广数）	程序说明
N10	G40 G95 G21	G40 G99 G21	G40 G99 G21	设置初始状态
N20	G00 X100 Z100	G00 X100 Z100	G00 X100 Z100	刀具退回换刀点
N30	S800 M03	S800 M03	S800 M03	设定主轴转速
N40	T0101	T0101	T0101	调用外圆车刀
N50	G00 X55 Z0	G00 X55 Z0	G00 X55 Z0	刀具移动至切入点
N60	G01 X－0.5 F0.3	G01 X－0.5 F0.3	G01 X－0.5 F0.3	刀具沿X轴进给
N70	W1	W1	W1	刀具沿Z轴退刀
N80	G00 X45.5	G00 X45.5	G00 X45.5	刀具移动至切入点
N90	G01 Z－24 F0.4	G01 Z－24 F0.4	G01 Z－24 F0.4	刀具沿Z轴进给
N100	X50	X50	X50	刀具沿X轴退刀
N110	G00 X100 Z100	G00 X100 Z100	G00 X100 Z100	刀具退回换刀点
N120	S800 M03	S800 M03	S800 M03	设定主轴转速
N130	T0202	T0202	T0202	调用ϕ6mm钻头
N140	G00 X0 Z5	G00 X0 Z5	G00 X0 Z5	刀具移动至切入点
N150	G01 Z－23 F0.3	G01 Z－23 F0.3	G01 Z－23 F0.3	刀具沿Z轴进给
N160	G00 Z5	G00 Z5	G00 Z5	刀具沿Z轴退刀
N170	G00 X100 Z100	G00 X100 Z100	G00 X100 Z100	刀具退回换刀点
N180	S800 M03	S800 M03	S800 M03	设定主轴转速
N190	T0303	T0303	T0303	调用镗孔车刀
N200	G00 X27 Z3	G00 X27 Z3	G00 X27 Z3	刀具移动至切入点
N210	G01 Z0 F0.3	G01 Z0 F0.3	G01 Z0 F0.3	刀具沿Z轴零点进刀
N220	X26 Z－0.5	X26 Z－0.5	X26 Z－0.5	刀具沿X、Z轴同时进给（即C0.5倒角）
N230	Z－5	Z－5	Z－5	刀具沿Z轴进给
N240	X6.4	X6.4	X6.4	刀具沿X轴退刀
N250	G00 Z3	G00 Z3	G00 Z3	刀具沿Z轴退刀
N260	G00 X100 Z100	G00 X100 Z100	G00 X100 Z100	刀具退回换刀点
N270	S800 M03	S800 M03	S800 M03	设定主轴转速
N280	T0404	T0404	T0404	调用切断刀
N290	G00 X55 Z－23	G00 X55 Z－23	G00 X55 Z－23	刀具移动至切入点
N300	G01 X33 F0.25	G01 X33 F0.25	G01 X33 F0.25	刀具沿X轴进给
N310	X50 F0.5	X50 F0.5	X50 F0.5	刀具沿X轴退刀
N320	G00 X100 Z100	G00 X100 Z100	G00 X100 Z100	刀具退回换刀点
N330	M05	M05	M05	主轴停止
N340	M00	M00	M00	程序暂停
N350	S800 M03	S800 M03	S800 M03	设定主轴转速
N360	T0404	T0404	T0404	调用切断刀
N370	G00 X55 Z－24	G00 X55 Z－24	G00 X55 Z－24	刀具移动至切入点

（续）

程序段号	程序内容（华中）	程序内容（FANUC）	程序内容（广数）	程序说明
N380	G01 X4 F0.25	G01 X4 F0.25	G01 X4 F0.25	刀具沿 X 轴进给
N390	G00 X55	G00 X55	G00 X55	刀具沿 X 轴退刀
N400	M05	M05	M05	主轴停止
N410	G00 X100 Z100	G00 X100 Z100	G00 X100 Z100	刀具退回换刀点
N420	T0101	T0101	T0101	调用外圆车刀
N430	G00 X40 Z0.5	G00 X40 Z0.5	G00 X40 Z0.5	刀具移至定位点
N440	M30	M30	M30	程序结束并返回起点

【技能训练】

1. 加工准备

1）检查毛坯尺寸。

2）开机（FANUC 系统、华中系统均需回机床零点）。

3）根据图样拟定好加工工艺。

4）根据图样输入加工程序（通过机床操作面板将程序输入到数控机床中）。

5）装夹工件。

6）装夹刀具：按照参考程序将外圆车刀、ϕ6mm 钻头、镗孔车刀，切断车刀依次装入相对应的刀位 T01、T02、T03、T04。

2. 对刀

四把车刀依次采用试切法对刀，通过对刀操作得到的零偏值分别输入到各自长度补偿中，对刀步骤同前文所述。

3. 空运行及仿真

对输入的程序进行空运行或仿真，以检测加工程序是否正确。

4. 零件自动加工及尺寸控制

打开程序，选择自动加工方式，调好进给倍率进行自动加工，加工过程中进行精度控制，外圆尺寸控制具体方法：当程序运行到 N340 段时，停车测量；根据测量结果设置精加工外圆车刀 X、Z 方向刀具磨损，然后执行精加工程序直至尺寸要求为止。当第一件零件加工合格后，可将 N330、N340 两段程序删除，再重新运行程序加工就可以达到批量加工的效果（加工下一件零件无需再重新对刀）。

5. 零件检测与评分

零件加工结束后进行检测。应把检测结果填写在表 4-17 中。

表 4-17　加工图 4-11 零件的评分表

<table>
<tr><td>班级</td><td colspan="2"></td><td>姓名</td><td></td><td>学号</td><td colspan="2"></td></tr>
<tr><td colspan="2">工件编号</td><td colspan="3"></td><td>总得分</td><td colspan="2"></td></tr>
<tr><td>项目</td><td>序号</td><td colspan="2">技术要求</td><td>配分</td><td>评分标准</td><td>检测记录</td><td>得分</td></tr>
<tr><td rowspan="2">外圆</td><td>1</td><td colspan="2">ϕ44.5mm</td><td>15</td><td></td><td></td><td></td></tr>
<tr><td>2</td><td colspan="2">ϕ33mm</td><td>15</td><td></td><td></td><td></td></tr>
<tr><td rowspan="2">内孔</td><td>3</td><td colspan="2">ϕ26mm</td><td>15</td><td></td><td></td><td></td></tr>
<tr><td>4</td><td colspan="2">ϕ6mm</td><td>10</td><td></td><td></td><td></td></tr>
</table>

（续）

班级		姓名		学号		
工件编号				总得分		
项目	序号	技术要求	配分	评分标准	检测记录	得分
长度	5	20mm	10			
垂直度	6	⊥ 0.02 *A* *B*	5			
倒角	7	*C*0.5（1处）	5			
工艺	8	制订的切削加工工艺是否正确	5			
缺陷	9	工件缺陷	5			
程序	10	程序正确、合理	5			
操作	11	机床操作规范	5			
文明生产	12	人身、机床、刀具安全	5			

6. 加工结束并清理机床

【操作注意事项】

1）确保钻头装在刀架上的中心线与机床的中心线一致；如果钻头中心线低于或者高于机床的中心线，钻孔时会出现尺寸偏大（造成废品）现象。

2）由于该零件材料是塑料，车刀的背吃刀量较大，所以要求车刀的后角一定要偏大。

3）内孔车刀加工前应检查刀具是否与工件内孔发生干涉。

4）如果在加工过程中出现刀具磨损，刀具无需重新对刀（在相对应的刀补号重新对刀即可）。

【思考与练习】

1）批量零件加工时刀具会出现磨损的现象，重新对刀时应注意哪些问题？

2）编写如图4-13所示零件的加工程序并进行加工练习，毛坯为 ϕ48mm × 1000mm 的塑料。

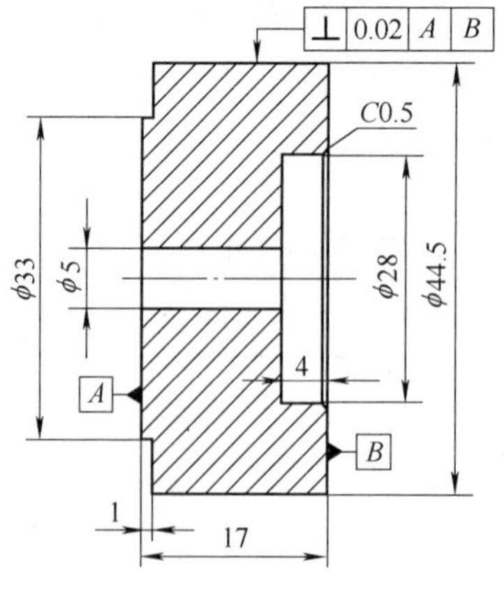

图 4-13 批量零件的练习图

任务四 薄壁零件的加工

【知识目标】

1）掌握薄壁零件的加工方法与尺寸控制方法。

2）掌握薄壁零件加工时的注意事项。

3）会制订薄壁零件的加工工艺。

【技能目标】

1）掌握薄壁零件装夹的方法。

2）掌握薄壁零件的编程方法。

3）完成如图 4-14 所示零件的加工，其三维效果如图 4-15 所示。材料为钢。

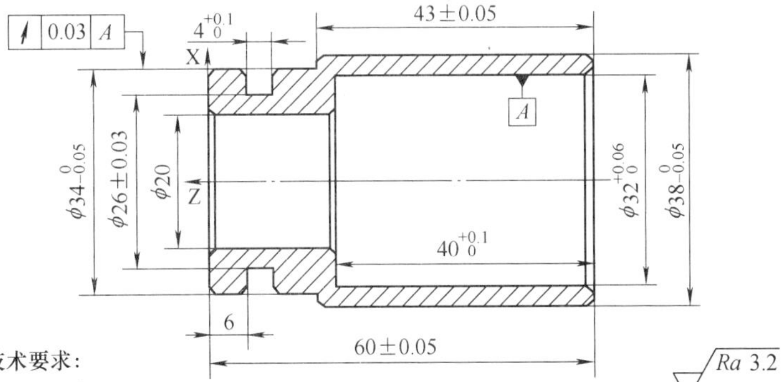

技术要求：
1. 未注倒角$C1$。
2. 未注公差尺寸按照GB/T 1804—m。

图 4-14 薄壁零件图

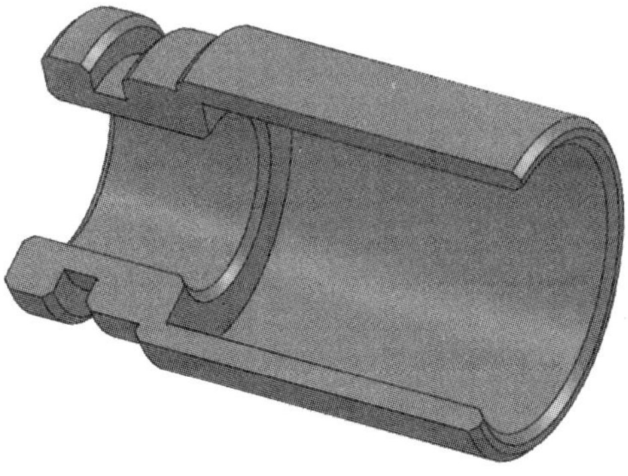

图 4-15 薄壁零件的三维效果

【相关知识】

知识一 薄壁零件车削的基本知识

薄壁零件加工时，会受到夹紧力和切削力的作用。当工件本身刚性较差时，将产生较大的变形，一些工件往往由于变形而造成废品，因此防止工件变形是提高加工质量的重要因素。只有正确了解变形的原因并掌握克服的方法，才能减少或消除变形。

1. 薄壁工件变形的主要原因

（1）切削力过大、切削热过高 薄壁零件在加工过程中，由于切削用量选择过大，车刀材料和几何角度选择不当等，造成切削力过大和切削热过高。切削力过大，会造成材料内应力增大而产生变形；切削热过高，则会造成工件的热变形。

（2）工件的装夹方法不正确 工件在加工过程中，由于夹紧力的作用点不恰当、夹紧力过大或定位面不精确等造成工件变形。

2. 防止工件变形的方法

（1）防止切削力过大和切削热过高

1）合理选择切削用量、车刀材料和几何角度等。

①外圆精车时 $\kappa_r=90°\sim93°$、$\kappa'_r=15°$、$\alpha_o=14°\sim16°$、$\alpha'_o=15°$、λ_s 适当增大。

②内孔精车时 $\kappa_r=60°$、$\kappa'_r=30°$、$\gamma_o=35°$、$\alpha_o=14°\sim16°$、$\alpha'_o=6°\sim8°$、$\lambda_s=5°\sim6°$。

2）粗、精加工分开。对于结构复杂、精度要求较高的工件，可分为粗加工和精加工两道工序来加工。粗加工时加工余量大，选取较大的切削用量，并施加较大的夹紧力，因此工件热变形和抗应力变形也很大，精加工时加工余量、切削力和夹紧力都比较小，因此工件的变形较小。粗加工所产生的变形通过精加工得到减少或消除，使工件获得较高的加工精度。

3）尽可能采用一次装夹完成。当整个零件都是薄壁的时候，可以一次加工就能完成整个零件，不用掉头，即减少工件的变形。

（2）正确装夹工件

1）减少精加工时的夹紧力。对于一般精度要求及刚性较差的工件，加工时为了提高生产率，可不必分为粗加工和精加工两道工序，可在粗加工后适当放松工件以减少夹紧力，然后再进行精加工，以此减少工件的变形。

2）采用轴向夹紧夹具。车削薄壁工件时，一般不使用径向夹紧的方法，而是采用轴向夹紧的方法，如图 4-16 所示。工件用螺母断面来压紧工件，使夹紧力沿工件轴向分布，这样可防止夹紧变形。

3）加注充分的切削液，降低切削热，防止热变形。

4）增加工艺肋。在工件装夹部分特制几根工艺肋，如图 4-17 所示。使夹紧力作用在肋上，以减少工件变形。

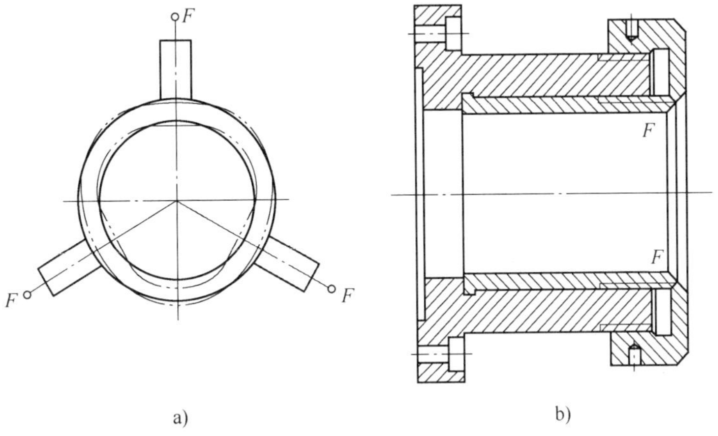

图 4-16　薄壁套的夹紧
a）错误　b）正确

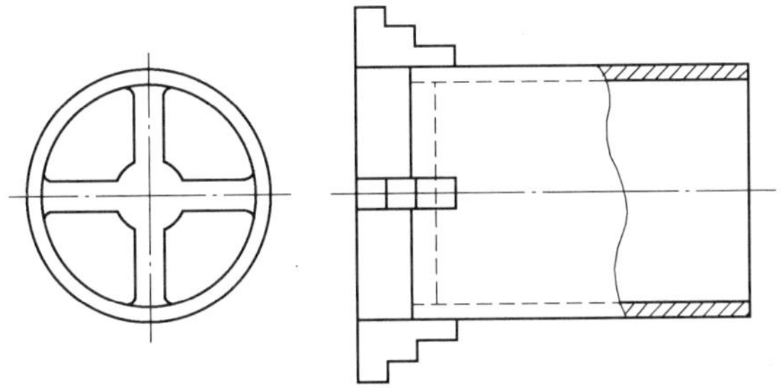

图 4-17　增加工艺肋减少工件变形

知识二　加工工艺分析

1. 工具、量具和刀具的选择

（1）工具的选择　工件装夹在自定心卡盘中，其余工具见表 4-18。

（2）量具的选择　外径用外径千分尺测量；长度用游标卡尺测量；内孔用内径百分表测量；表面粗糙度用表面粗糙度样板比对。量具规格和参数见表 4-18。

（3）刀具的选择　粗、精车外圆选用 90° 偏刀车削，所有刀具规格和尺寸见表 4-19。

表 4-18　薄壁零件的加工工具和量具清单

工具和量具清单				图号	图 4-14	
种类	序号	名称	规格	精度	单位	数量
工具	1	自定心卡盘			个	1
	2	卡盘扳手			副	1
	3	刀架扳手			副	1
	4	垫刀片			块	若干
	5	磁性表座			个	1

（续）

种类	序号	名称	规格	精度	单位	数量
量具	1	游标卡尺	0～150mm	0.02mm	把	1
	2	千分尺	25～50mm	0.01mm	把	1
	3	表面粗糙度样板			套	1
	4	内径百分表	18～35mm	0.01mm	把	1
	5	百分表	0～10mm	0.01mm	把	1

表 4-19 薄壁零件的加工刀具卡

产品名称或代号		薄壁零件图	零件名称		零件图号	图 4-14
序号	刀具号	刀具名称	数量	加工表面	刀尖半径	刀尖方位
1	T01	90°硬质合金外圆车刀	1	粗、精车外轮廓	0.4mm	3
2	T02	4mm 切断刀	1	切槽、切断	0.4mm	
3	T03	80°硬质合金内孔车刀	1	粗、精车内轮廓	0.4mm	3
4	T04	倒角车刀	1			
5		ϕ20mm 麻花钻	1	钻孔		
编制		审核		批准	共 1 页	第 1 页

2. 加工工艺

先夹住毛坯外圆，利用 ϕ20mm 的钻头将孔钻好；利用 90°外圆车刀平端面并且加工工件的左端外圆；用倒角车刀将内孔倒角；用 4mm 切断刀加工左端外圆槽；接着用 4mm 切断刀切断取总长。掉头装夹校正；用 80°内孔车刀加工内孔留 0.5mm 精车余量；用 90°外圆车刀加工外圆留 0.5mm 精车余量；最后薄壁部分是先把内孔尺寸控制好，再控制外圆尺寸。

3. 选择合理的切削用量参数值

加工材料为钢，该材料硬度高，切削力较大，切削用量可选小些。具体参数见表 4-20。

表 4-20 薄壁零件的加工工艺

单位名称		产品名称或代号		零件名称			零件图号
		薄壁零件图		图 4-14			
工序号	程序编号	夹具名称		使用设备	数控系统		车间
001	O0001	自定心卡盘					实习车间
工步号	工步内容	刀具号	刀具规格 /mm	背吃刀量 a_p/mm	进给速度 f/mm · r^{-1}	主轴转速 n/r · min^{-1}	备注
1	用 ϕ20mm 钻头钻孔深 64mm				0.2	400	手动
2	外圆车刀平端面，倒角车刀倒内孔 $C1$	T01 T04	20×20	1～2	0.2	800	手动
3	粗车左端外圆 ϕ34mm 留精车余量 0.5mm	T01	20×20	1～2	0.2	600	自动 O0001

（续）

工步号	工步内容	刀具号	刀具规格/mm	背吃刀量 a_p/mm	进给速度 f/mm·r^{-1}	主轴转速 n/r·min^{-1}	备注
4	精车左端外圆 ϕ34mm 至尺寸要求	T01	20×20	1~2	0.1	800	自动 O0001
5	加工左端外槽 ϕ26mm 至尺寸要求	T02	20×20	4	0.08	400	自动 O0001
6	切断取总长 60mm	T02	20×20	4	0.08	400	自动 O0001
7	掉头装夹工件并校正						
8	粗车右端内孔 ϕ32mm，留精车余量 0.5mm	T03	20×20	1~2	0.2	800	自动 O0002
9	粗车右端外圆 ϕ38mm，留精车余量 0.5mm	T01	20×20	1~2	0.2	800	自动 O0002
10	精车右端内孔 ϕ32mm 至尺寸要求	T03	20×20	0.25	0.1	800	自动 O0002
11	精车右端外圆 ϕ38mm 至尺寸要求	T01	20×20	0.25	0.1	800	自动 O0002
编制		审核		批准		共 1 页	第 1 页

知识三 编制参考程序

零件左、右轮廓表面分别编写加工程序，且分别进行对刀。

1. 加工零件左端轮廓表面

（1）建立工件坐标系 加工零件左端轮廓表面时，夹住工件毛坯外圆，工件坐标系设置在工件左端面轴线上，如图 4-14 所示。

（2）计算基点坐标 （略）。

（3）参考程序 华中系统程序名为 O0001；FANUC 系统程序名为 O0001；广数系统程序名为 O0001（毛坯材料为 ϕ40mm×100mm）。参考程序见表 4-21。

表 4-21 薄壁零件左端轮廓表面的参考程序

程序段号	程序内容（华中）	程序内容（FANUC）	程序内容（广数）	程序说明
N10	G40 G95 G21	G40 G99 G21	G40 G99 G21	设置初始状态
N20	T0101	T0101	T0101	调用外圆车刀
N30	S600 M3	S600 M3	S600 M3	设定主轴转速
N40	G00 X40 Z2	G00 X40 Z2	G00 X40 Z2	刀具移动至切入点
N50	G71 U1.5 R1 P110 Q180 X0.5 Z0 F0.2	G71 U1.5 R1	G71 U1.5 R1	调用外圆粗加工指令
N60		G71 P70 Q140 U0.5 W0 F0.2	G71 P70 Q110 U0.5 W0 F0.2	
N70	G00 X100 Z100	G00 X32	G00 X32	

（续）

程序段号	程序内容（华中）	程序内容（FANUC）	程序内容（广数）	程序说明
N80	S800 M3	G01 Z0 F0.1	G01 Z0 F0.1	
N90	T0101	X34 Z-1	X34 Z-1	
N100	G00 X40 Z2	Z-17	Z-17	
N110	G00 X32	X36	X36	
N120	G01 Z0 F0.1	X38 Z-18	X38 Z-18	
N130	X34 Z-1	U1 W-0.5	U1 W-0.5	
N140	Z-17	X41	X41	
N150	X36	G00 X100 Z100	G00 X100 Z100	
N160	X38 Z-18	S800 M03 T0101	S800 M03 T0101	
N170	U1 W-0.5	G00 X40 Z2	G00 X40 Z2	
N180	X41	G70 P70 Q140	G70 P70 Q140	
N190	G00 X100 Z100	G00 X100 Z100	G00 X100 Z100	
N200	S400 M03	S400 M03	S400 M03	
N210	T0202	T0202	T0202	
N220	G00 X36 Z-10	G00 X36 Z-10	G00 X36 Z-10	
N230	G01 X28 F0.08	G01 X28 F0.08	G01 X28 F0.08	
N240	X36 F0.5	X36 F0.5	X36 F0.5	
N250	W1	W1	W1	
N260	X34 F0.08	X34 F0.08	X34 F0.08	
N270	X32 W-1	X32 W-1	X32 W-1	
N280	X31	X31	X31	
N290	X36 F0.5	X36 F0.5	X36 F0.5	
N300	W-1	W-1	W-1	
N310	X34 F0.08	X34 F0.08	X34 F0.08	
N320	X32 W1	X32 W1	X32 W1	
N330	X26	X26	X26	
N340	X36 F0.5	X36 F0.5	X36 F0.5	
N350	G00 X100 Z100	G00 X100 Z100	G00 X100 Z100	
N360	M05	M05	M05	
N370	M00	M00	M00	
N380	S400 M03	S400 M03	S400 M03	
N390	T0202	T0202	T0202	
N400	G00 X45 Z-64	G00 X45 Z-64	G00 X45 Z-64	
N410	G01 X18 F0.08	G01 X18 F0.08	G01 X18 F0.08	
N420	X45 F0.5	X45 F0.5	X45 F0.5	刀具沿 X 轴退刀
N430	G00 X100 Z100	G00 X100 Z100	G00 X100 Z100	刀具退回换刀点
N440	M30	M30	M30	程序结束并返回起点

2. 加工零件右端轮廓表面

（1）建立工件坐标系　根据工件坐标系建立原则，工件坐标系设置在工件右端面的轴线上。

（2）计算基点坐标 （略）。

（3）参考程序 华中系统程序名为 O0002；FANUC 系统程序名为 O0002；广数系统程序名为 O0002。参考程序见表 4-22。

表 4-22 薄壁零件右端轮廓表面的参考程序

程序段号	程序内容（华中）	程序内容（FANUC）	程序内容（广数）	程序说明
N10	G40 G95 G21	G40 G99 G21	G40 G99 G21	设置初始状态
N20	T0101	T0101	T0101	调用外圆车刀
N30	S600 M3	S600 M3	S600 M3	设定主轴转速
N40	G00 X40 Z2	G00 X40 Z2	G00 X40 Z2	刀具移动至切入点
N50	G71 U1.5 R1 P110 Q150 X0.5 Z0 F0.2	G71 U1.5 R1	G71 U1.5 R1	调用外圆粗加工指令
N60		G71 P70 Q110 U0.5 W0 F0.2	G71 P70 Q110 U0.5 W0 F0.2	
N70	G00 X100 Z100	G00 X37.5	G00 X37.5	
N80	S800 M3	G01 Z0 F0.1	G01 Z0 F0.1	
N90	T0101	X38.5 Z-1	X38.5 Z-1	
N100	G00 X40 Z2	Z-43	Z-43	
N110	G00 X37.5	X41	X41	
N120	G01 Z0 F0.1	G00 X100 Z100	G00 X100 Z100	
N130	X38.5 Z-1	S800 M03 T0101	S800 M03 T0101	
N140	Z-43	G00 X40 Z2	G00 X40 Z2	
N150	X41	G70 P70 Q110	G70 P70 Q110	刀具沿 X 轴退刀
N160	G00 X100 Z100	G00 X100 Z100	G00 X100 Z100	刀具退回换刀点
N170	M05	M05	M05	
N180	M00	M00	M00	
N190	T0303	T0303	T0303	
N200	S600 M3	S600 M3	S600 M3	
N210	G00 X18 Z2	G00 X18 Z2	G00 X18 Z2	
N220	G71 U1.5 R0.2 P280 Q350 X-0.5 Z0 F0.2	G71 U1.5 R1	G71 U1.5 R1	
N230		G71 P240 Q310 U-0.5 W0 F0.2	G71 P240 Q310 U-0.5 W0 F0.2	
N240	G00 X100 Z100	G00 X33.5	G00 X33.5	
N250	S800 M3	G01 Z0 F0.1	G01 Z0 F0.1	
N260	T0303	X31.5 Z-1	X31.5 Z-1	
N270	G00 X18 Z2	Z-40	Z-40	
N280	G00 X33.5	X22	X22	
N290	G01 Z0 F0.1	X20 Z-41	X20 Z-41	
N300	X31.5 Z-1	U-0.5 W-0.5	U-0.5 W-0.5	
N310	Z-40	X18	X18	
N320	X22	G00 Z3	G00 Z3	
N330	X20 Z-41	G00 X100 Z100	G00 X100 Z100	

（续）

程序段号	程序内容（华中）	程序内容（FANUC）	程序内容（广数）	程序说明
N340	U-0.5 W-0.5	S800 M03 T0303	S800 M03 T0303	
N350	X18	G00 X18 Z2	G00 X18 Z2	
N360	G00 Z3	G70 P240 Q310	G70 P240 Q310	
N370	G00 X100 Z100	G00 X100 Z100	G00 X100 Z100	
N380	M30	M30	M30	程序结束并返回起点

【技能训练】

1. 加工准备

1）检查毛坯尺寸。

2）开机（FANUC 系统、华中系统均需回机床零点）。

3）根据图样拟定好加工工艺。

4）根据图样输入加工程序（通过机床操作面板将程序输入到数控机床中）。

5）装夹工件。

6）装夹刀具：按照参考程序将外圆车刀、切断刀、镗孔车刀依次装入相对应的刀位号。

2. 对刀

每把车刀依次采用试切法对刀，通过对刀操作得到的零偏值分别输入到各自长度补偿中；对刀步骤同前文所述。

3. 空运行及仿真

两个程序分别进行空运行或仿真，以检测加工程序是否正确。

4. 零件自动加工及尺寸控制

打开程序，选择自动加工方式，调好进给倍率进行自动加工，加工过程中进行精度控制，具体方法如下：左端程序控制，当程序运行到 N370 段时，停车测量；根据测量结果设置精加工外圆车刀 X、Z 方向刀具磨损，然后执行精加工程序，直至达到尺寸要求为止；然后进行切断。右端程序控制，当程序运行外圆和内孔粗、精车结束时，停车测量；根据测量结果设置先将内孔车刀 X、Z 方向刀具磨损，然后执行精加工程序直至尺寸要求为止。

5. 零件检测与评分

零件加工结束后进行检测，应把检测结果填写在表 4-23 中。

表 4-23 加工图 4-14 零件的评分表

班级		姓名		学号		
工件编号				总得分		
项目	序号	技术要求	配分	评分标准	检测记录	得分
外圆	1	$\phi 38^{\ 0}_{-0.05}$ mm	5			
	2	$\phi 34^{\ 0}_{-0.05}$ mm	5			
	3	ϕ（26 ±0.03） mm	5			

（续）

项目	序号	技术要求	配分	评分标准	检测记录	得分
内孔	4	$\phi 32^{+0.06}_{0}$ mm	5			
长度	5	(60 ±0.05) mm	5			
	6	(43 ±0.05) mm	5			
	7	$40^{+0.1}_{0}$ mm	5			
	8	$4^{+0.1}_{0}$ mm	5			
圆跳动	9	↗ 0.03 A	10			
倒角	10	*C*1（8处）	10			
表面粗糙度	11	*Ra*3.2μm	10			
工艺	12	制订的切削加工工艺是否正确	10			
缺陷	13	工件缺陷	5			
程序	14	程序正确、合理	5			
操作	15	机床操作规范	5			
文明生产	16	人身、机床、刀具安全	5			

6. 加工结束并清理机床

【操作注意事项】

1）掉头装夹时工件应校正，外圆圆跳动误差在0.03mm以内。

2）薄壁零件在掉头装夹时的力度不宜过大，否则工件就会产生变形。

3）对于内孔车刀，加工前应检查刀具是否与孔壁发生干涉。

4）掉头装夹加工时，所有刀具都应重新对刀。

【思考与练习】

编写如图4-18所示零件的加工程序并进行加工练习，毛坯为ϕ40mm×100mm的45钢。

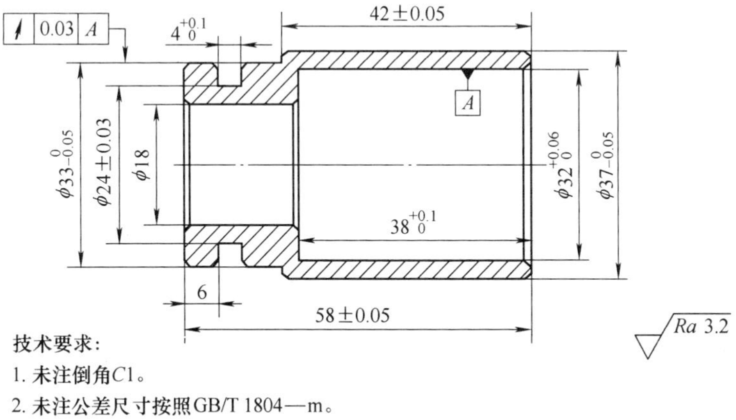

图4-18　薄壁零件练习图

任务五　节省材料零件的加工

【知识目标】

1）掌握节省材料零件的加工方法与尺寸控制方法。

2）掌握节省材料零件加工时的注意事项。

3）会制订节省材料零件的加工工艺。

【技能目标】

1）掌握节省材料零件的编程方法。

2）完成如图 4-19 所示零件的加工，其三维效果如图 4-20 所示。材料为 ϕ50mm × 55mm 的钢。

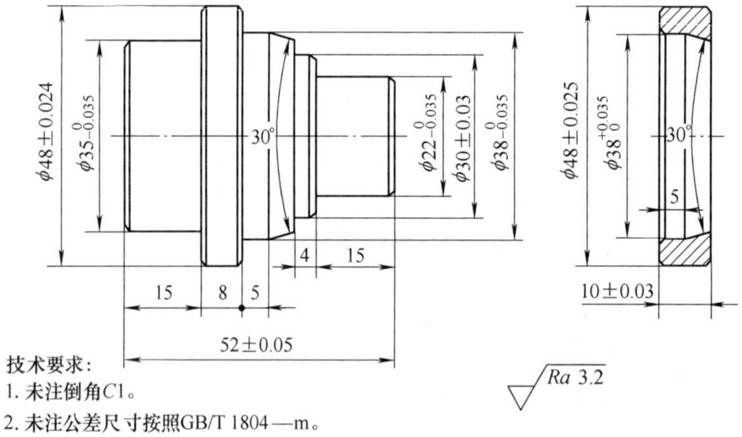

图 4-19　节省材料零件图

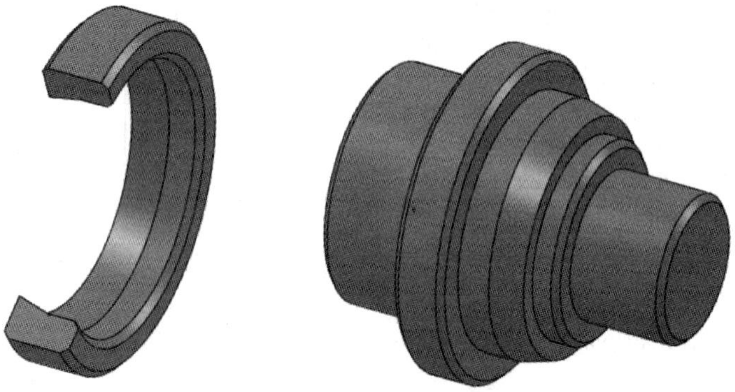

图 4-20　节省材料的三维效果

【相关知识】

知识一　节省材料零件车削的基本知识

在工厂或企业生产中，有时候为了节省材料，通常采用节省材料的加工手段。在车床上节省材料的加工方法是套料法，这种方法有以下特点：第一，可以节省材料，可以将剩下的材料循环再用。第二，可以提高生产效率，减少刀具的损耗，从而降低成本。

知识二　加工工艺分析

1. 工具、量具和刀具的选择

（1）工具的选择　工件装夹在自定心卡盘中，其余工具见表4-24。

（2）量具的选择　外径用外径千分尺测量；长度用游标卡尺测量；内孔用内径百分表测量；表面粗糙度用表面粗糙度样板比对。量具规格和参数见表4-24。

（3）刀具的选择　粗、精车外圆选用90°偏刀车削。所有刀具规格和尺寸见表4-25。

表4-24　节省材料零件的加工工具和量具清单

工具和量具清单				图号	图4-19	
种类	序号	名称	规格	精度	单位	数量
工具	1	自定心卡盘			个	1
	2	卡盘扳手			副	1
	3	刀架扳手			副	1
	4	垫刀片			块	若干
	5	磁性表座			个	1
量具	1	带表游标卡尺	0～150mm	0.02mm	把	1
	2	千分尺	0～25mm 25～50mm	0.01mm	把	1
	3	表面粗糙度样板			套	1
	4	百分表	0～10mm	0.01mm	把	1

表4-25　节省材料零件的加工刀具卡

产品名称或代号		节省材料零件图	零件名称		零件图号	图4-19
序号	刀具号	刀具名称	数量	加工表面	刀尖半径	刀尖方位
1	T01	90°硬质合金外圆车刀	1	粗、精车外轮廓	0.4mm	3
2	T02	4mm 切断刀	1	切槽、切断	0.4mm	
3	T03	4mm×15mm 深端面槽车刀	1	车端面	0.4mm	3
4	T04	倒角车刀	1			
编制		审核	批准		共1页	第1页

2. 加工工艺

夹住毛坯外圆，利用90°外圆车刀平端面并且加工工件的左端外圆；掉头装夹校正；利用90°外圆车刀平端面，取工件的总长尺寸；用4mm端面槽车刀加工套件内孔的尺寸；用90°外圆车刀加工套件外圆尺寸；用4mm切断刀将套件切断取总长；接着用90°外圆车刀加工零件所有外圆尺寸即可。

3. 选择合理的切削用量参数值

加工材料为钢，该材料硬度高，切削力较大，切削用量可选小些。具体参数见表4-26。

表4-26 节省材料零件的加工工艺

单位名称		产品名称或代号		零件名称			零件图号
		节省材料零件图		图4-19			
工序号	程序编号	夹具名称		使用设备	数控系统		车间
001	O0001	自定心卡盘					实习车间
工步号	工步内容	刀具号	刀具规格/mm	背吃刀量 a_p/mm	进给速度 f/mm·r^{-1}	主轴转速 n/r·min^{-1}	备注
1	平端面	T01	20×20	1~2	0.2	800	手动
2	粗车零件左端外圆 ϕ35mm留余量0.5mm	T01	20×20	1~2	0.2	600	自动O0001
3	精车零件左端外圆 ϕ35mm至尺寸要求	T01	20×20	0.25	0.1	800	自动O0001
4	掉头装夹工件并校正						
5	平端面取工件总长52mm	T01	20×20	1~2	0.2	800	手动
6	粗车套件内孔 ϕ38mm留余量0.2mm	T03	20×20	4	0.05	400	自动O0002
7	精车套件内孔 ϕ38mm至尺寸要求	T03	20×20	0.1	0.05	600	自动O0002
8	粗车套件外圆 ϕ48mm留余量0.2mm	T01	20×20	1~2	0.2	600	自动O0002
9	精车套件外圆 ϕ48mm至尺寸要求	T01	20×20	0.25	0.2	800	自动O0002
10	套件切断取总长10mm	T02	20×20	4	0.08	400	自动O0002
11	粗车零件右端外圆 ϕ22mm至 ϕ48mm留余量0.5mm	T01	20×20	1~2	0.2	600	自动O0003
12	精车零件右端外圆 ϕ22mm至 ϕ48mm至尺寸要求	T01	20×20	0.25	0.1	800	自动O0003
编制		审核		批准		共1页	第1页

知识三　编制参考程序

零件左、右轮廓表面与套件分别编写加工程序，且分别进行对刀。

1. 加工零件左端轮廓表面

（1）建立工件坐标系　加工左端轮廓表面时，夹住工件毛坯外圆，工件坐标系设置在工件左端面轴线上，如图 4-19 所示。

（2）计算基点坐标　（略）。

（3）参考程序　华中系统程序名为 O0001；FANUC 系统程序名为 O0001；广数系统程序名为 O0001（毛坯材料为 ϕ50mm × 55mm）。参考程序见表 4-27。

表 4-27　节省材料零件左端轮廓表面的参考程序

程序段号	程序内容（华中）	程序内容（FANUC）	程序内容（广数）	程序说明
N10	G40 G95 G21	G40 G99 G21	G40 G99 G21	设置初始状态
N20	T0101	T0101	T0101	调用外圆车刀
N30	S600 M3	S600 M3	S600 M3	设定主轴转速
N40	G00 X50 Z3	G00 X50 Z3	G00 X50 Z3	刀具移动至切入点
N50	G71 U1.5 R1 P110 Q180 X0.5 Z0 F0.2	G71 U1.5 R1	G71 U1.5 R1	调用外圆粗加工指令
N60		G71 P70 Q140 U0.5 W0 F0.2	G71 P70 Q110 U0.5 W0 F0.2	
N70	G00 X100 Z100	G00 X33	G00 X33	
N80	S800 M3	G01 Z0 F0.1	G01 Z0 F0.1	
N90	T0101	X35 Z-1	X35 Z-1	
N100	G00 X50 Z3	Z-15	Z-15	
N110	G00 X33	X46	X46	
N120	G01 Z0 F0.1	X48 Z-16	X48 Z-16	
N130	X35 Z-1	U1 W-0.5	U1 W-0.5	
N140	Z-15	X51	X51	
N150	X46	G00 X100 Z100	G00 X100 Z100	
N160	X48 Z-16	S800 M03 T0101	S800 M03 T0101	
N170	U1 W-0.5	G00 X50 Z3	G00 X50 Z3	
N180	X51	G70 P70 Q140	G70 P70 Q140	刀具沿 X 轴退刀
N190	G00 X100 Z100	G00 X100 Z100	G00 X100 Z100	刀具退回换刀点
N200	M30	M30	M30	程序结束并返回起点

2. 加工套件轮廓表面

（1）建立工件坐标系　根据工件坐标系建立原则，工件坐标系设置在工件右端面的轴线上，如图 4-19 所示。

（2）计算基点坐标　（略）。

（3）参考程序　华中系统程序名为 O0002；FANUC 系统程序名为 O0002；广数系统程序名为 O0002。参考程序见表 4-28。

表 4-28 节省材料零件套件轮廓表面的参考程序

程序段号	程序内容（华中）	程序内容（FANUC）	程序内容（广数）	程序说明
N10	G40 G95 G21	G40 G99 G21	G40 G99 G21	设置初始状态
N20	T0303	T0303	T0303	调用内孔车刀
N30	S400 M3	S400 M3	S400 M3	设定主轴转速
N40	G00 X27 Z3	G00 X27 Z3	G00 X27 Z3	刀具移动至切入点
N50	G01 Z-11 F0.05	G01 Z-11 F0.05	G01 Z-11 F0.05	
N60	Z3 F0.5	Z3 F0.5	Z3 F0.5	
N70	X29.5	X29.5	X29.5	
N80	Z-5 F0.05	Z-5 F0.05	Z-5 F0.05	
N90	X26.82 Z-10	X26.82 Z-10	X26.82 Z-10	
N100	W-1	W-1	W-1	
N110	Z3 F0.5	Z3 F0.5	Z3 F0.5	
N120	G00 X100 Z100	G00 X100 Z100	G00 X100 Z100	
N130	T0303	T0303	T0303	
N140	S600 M3	S600 M3	S600 M3	
N150	G00 X30 Z3	G00 X30 Z3	G00 X30 Z3	
N160	G01 Z-5 F0.05	G01 Z-5 F0.05	G01 Z-5 F0.05	
N170	X28.32 Z-10	X28.32 Z-10	X28.32 Z-10	
N180	W-1	W-1	W-1	
N190	Z3 F0.5	Z3 F0.5	Z3 F0.5	
N200	G00 X100 Z100	G00 X100 Z100	G00 X100 Z100	
N210	T0101	T0101	T0101	
N220	S600 M3	S600 M3	S600 M3	
N230	G00 X50 Z3	G00 X50 Z3	G00 X50 Z3	
N240	G71 U1.5 R1 P300 Q340 X0.5 Z0 F0.2	G71 U1.5 R1	G71 U1.5 R1	
N250		G71 P260 Q300 U0.5 W0 F0.2	G71 P260 Q300 U0.5 W0 F0.2	
N260	G00 X100 Z100	G00 X46	G00 X46	
N270	S800 M3	G01 Z0 F0.1	G01 Z0 F0.1	
N280	T0101	X48 Z-1	X48 Z-1	
N290	G00 X50 Z3	Z-15	Z-15	
N300	G00 X46	X51	X51	
N310	G01 Z0 F0.1	G00 X100 Z100	G00 X100 Z100	
N320	X48 Z-1	S800 M03 T0101	S800 M03 T0101	
N330	Z-15	G00 X18 Z2	G00 X18 Z2	
N340	X51	G70 P240 Q310	G70 P240 Q310	
N350	G00 X100 Z100	G00 X100 Z100	G00 X100 Z100	
N360	M05	M05	M05	
N370	M00	M00	M00	
N380	T0202	T0202	T0202	
N390	G00 X55 Z-14	G00 X55 Z-14	G00 X55 Z-14	

（续）

程序段号	程序内容（华中）	程序内容（FANUC）	程序内容（广数）	程序说明
N400	G01 X46 F0. 08	G01 X46 F0. 08	G01 X46 F0. 08	
N410	X50 F0. 5	X50 F0. 5	X50 F0. 5	
N420	W1	W1	W1	
N430	X48 F0. 08	X48 F0. 08	X48 F0. 08	
N440	X46 W-1	X46 W-1	X46 W-1	
N450	X33	X33	X33	
N460	X55 F0. 5	X55 F0. 5	X55 F0. 5	刀具沿 X 轴退刀
N470	G00 X100 Z100	G00 X100 Z100	G00 X100 Z100	刀具退回换刀点
N480	M30	M30	M30	程序结束并返回起点

3. 加工轴件右端轮廓表面

（1）建立工件坐标系 根据工件坐标系建立原则，工件坐标系设置在工件右端面的轴线上。

（2）计算基点坐标 （略）。

（3）参考程序 华中系统程序名为 O0003；FANUC 系统程序名为 O0003；广数系统程序名为 O0003。参考程序见表 4-29。

表 4-29 节省材料零件右端轮廓表面的参考程序

程序段号	程序内容（华中）	程序内容（FANUC）	程序内容（广数）	程序说明
N10	G40 G95 G21	G40 G99 G21	G40 G99 G21	设置初始状态
N20	T0101	T0101	T0101	调用外圆车刀
N30	S600 M3	S600 M3	S600 M3	设定主轴转速
N40	G00 X50 Z3	G00 X50 Z3	G00 X50 Z3	刀具移动至切入点
N50	G71 U1. 5 R1 P110 Q240 X0. 5 Z0 F0. 2	G71 U1. 5 R1	G71 U1. 5 R1	调用外圆粗加工指令
N60		G71 P70 Q200 U0. 5 W0 F0. 2	G71 P70 Q200 U0. 5 W0 F0. 2	
N70	G00 X100 Z100	G00 X20	G00 X20	
N80	S800 M3	G01 Z0 F0. 1	G01 Z0 F0. 1	
N90	T0101	X22 Z－1	X22 Z－1	
N100	G00 X50 Z3	Z－15	Z－15	
N110	G00 X20	X28	X28	
N120	G01 Z0 F0. 1	X30 Z－16	X30 Z－16	
N130	X22 Z－1	Z－19	Z－19	
N140	Z－15	X36. 32	X36. 32	
N150	X28	X38 Z－24	X38 Z－24	
N160	X30 Z－16	Z－29	Z－29	
N170	Z－19	X46	X46	
N180	X36. 32	X48 Z－30	X48 Z－30	
N190	X38 Z－24	Z－37	Z－37	

（续）

程序段号	程序内容（华中）	程序内容（FANUC）	程序内容（广数）	程序说明
N200	Z-29	X51	X51	
N210	X46	G00 X100 Z100	G00 X100 Z100	
N220	X48 Z-30	S800 M03 T0101	S800 M03 T0101	
N230	Z-37	G00 X50 Z3	G00 X50 Z3	
N240	X51	G70 P70 Q200	G70 P70 Q200	刀具沿 X 轴退刀
N250	G00 X100 Z100	G00 X100 Z100	G00 X100 Z100	刀具退回换刀点
N260	M30	M30	M30	程序结束并返回起点

【技能训练】

1. 加工准备

1）检查毛坯尺寸。

2）开机（FANUC 系统、华中系统均需回机床零点）。

3）根据图样拟定好加工工艺。

4）根据图样输入加工程序（通过机床操作面板将程序输入到数控机床中）。

5）装夹工件。

6）装夹刀具：按照参考程序将外圆车刀、切断刀、端面切槽车刀依次装入相对应的刀位号。

2. 对刀

（1）外圆车刀、切槽车刀对刀　两把车刀依次采用试切法对刀。通过对刀把操作得到的零偏值分别输入到各长度补偿中，以便加工时调用。对刀步骤同前文所述。

（2）端面槽车刀对刀　切槽车刀对刀时采用左侧刀尖点作为刀位点，与编程采用的刀位一致，对刀操作步骤如下。

1）Z 轴对刀

① 手动方式下，使主轴正转；或 MDI 方式中输入“S500 M03”，使主轴正转。

② 手动方式下，移动刀具，使切槽车刀左侧刀尖刚好接触工件右端面，注意刀具接近工件时，进给倍率为 1% ~2% 。

③ 手轮方式下，移动刀具，使切槽车刀左侧刀尖刚好接触工件右端面。注意刀具接近工件时，进给倍率为 0. 01mm。

④ 刀具沿 +X 方向退出（图 4-21），然后进行面板操作，面板操作同外圆车刀对刀。注意刀具号为 T03。

2）X 轴对刀

① 手动方式下，使主轴正转；或 MDI 方式中输入“S500 M03”，使主轴正转。

② 手动方式下，移动刀具，使切槽车刀左主切削刃刚好接触工件外圆。注意刀具接近工件时，进给倍率为 1% ~2% 。

③ 手轮方式下，移动刀具，使切槽车刀左主切削刃刚好接触工件外圆。注意刀具接近工件时，进给倍率为 0. 01mm。

④ 刀具沿 +Z 方向退出（图 4-22），停车测出外圆直径，然后进行面板操作，面板操作

同外圆车刀对刀。注意刀具号为 T03。

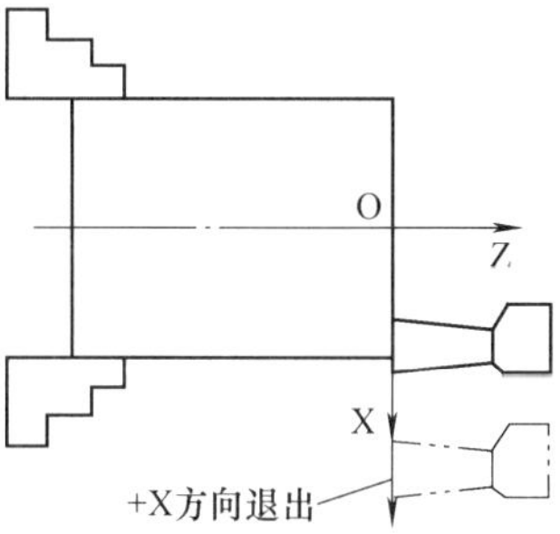

图 4-21　Z 轴对刀示意图

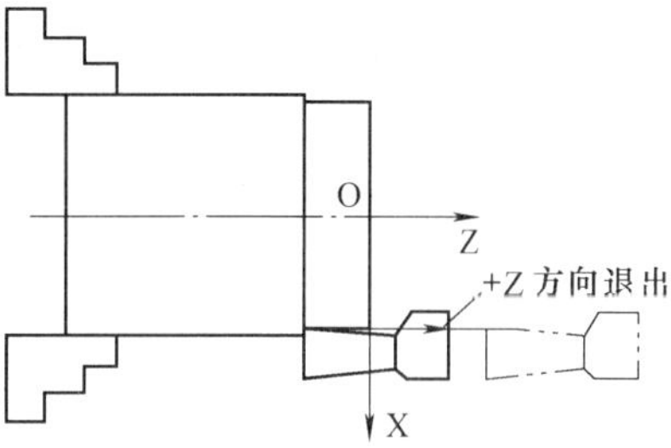

图 4-22　X 轴对刀示意图

3. 空运行及仿真

三个程序分别进行空运行或仿真，以检测加工程序是否正确。

4. 零件自动加工及尺寸控制

打开程序，选择自动加工方式，调好进给倍率进行自动加工，加工过程中进行精度控制，具体方法如下。

1）轴类零件左端程序控制。当程序运行粗、精加工结束后，停车测量；根据测量结果设置精加工外圆车刀 X、Z 方向刀具磨损，然后执行精加工程序直至尺寸要求为止。

2）套类零件程序控制。当程序运行到 N370 段时，停车测量；根据测量结果设置精加工外圆车刀 X、Z 方向刀具磨损，然后执行精加工程序直至尺寸要求为止；最后进行切断。

3）轴类零件右端程序控制。当程序运行粗、精加工结束后，停车测量；根据测量结果设置精加工外圆车刀 X、Z 方向刀具磨损，然后执行精加工程序直至尺寸要求为止。

5. 零件检测与评分

零件加工结束后进行检测。应把检测结果填写在表 4-30 中。

表 4-30　加工图 4-19 零件的评分表

班级		姓名		学号		
工件编号				总得分		
项目	序号	技术要求	配分	评分标准	检测记录	得分
轴	1	$\phi(48\pm0.024)$ mm	5			
	2	$\phi38_{-0.035}^{0}$ mm	5			
	3	$\phi35_{-0.035}^{0}$ mm	5			
	4	$\phi(30\pm0.03)$ mm	5			
	5	$\phi22_{-0.035}^{0}$ mm	5			
	6	(52 ± 0.05) mm	5			
	7	30°	5			
套	8	$\phi(48\pm0.025)$ mm	5			
	9	$\phi38_{0}^{+0.035}$ mm	5			
	10	(10 ± 0.03) mm	5			
	11	30°	5			

（续）

项目	序号	技术要求	配分	评分标准	检测记录	得分
倒角	12	C1（8处）	10			
表面粗糙度	13	Ra3.2μm	10			
工艺	14	制订的切削加工工艺是否正确	5			
缺陷	15	工件缺陷	5			
程序	16	程序正确、合理	5			
操作	17	机床操作规范	5			
文明生产	18	人身、机床、刀具安全	5			

6. 加工结束并清理机床

【操作注意事项】

1）掉头装夹时应校正工件，外圆圆跳动误差在0.03mm以内。

2）端面槽车刀刀头强度较低，易折断，安装时应按照要求严格装夹。

3）端面槽车刀对刀时，刀具接近工件的过程中，进给倍率要小，以避免产生撞刀现象。

4）端面槽车刀采用前刀尖点作为刀位点，编程时刀头宽度尺寸应考虑在内。

5）掉头装夹加工时，所有刀具都应重新对刀。

【思考与练习】

编写如图4-23所示零件的加工程序并进行加工练习，毛坯为ϕ50mm×55mm的45钢。

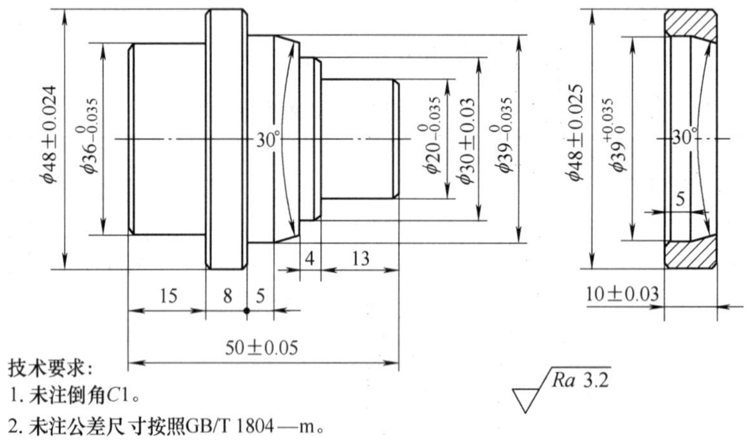

图4-23　节省材料零件练习图

任务六　宏程序的编写

【知识目标】

1）掌握宏程序的编程方法。

2）掌握宏程序的切削原理。

3）会制订椭圆、公式曲线零件的加工工艺。

【技能目标】

完成如图 4-24 所示零件的加工，其三维效果如图 4-25 所示。材料为 ϕ40mm × 55mm 的钢。

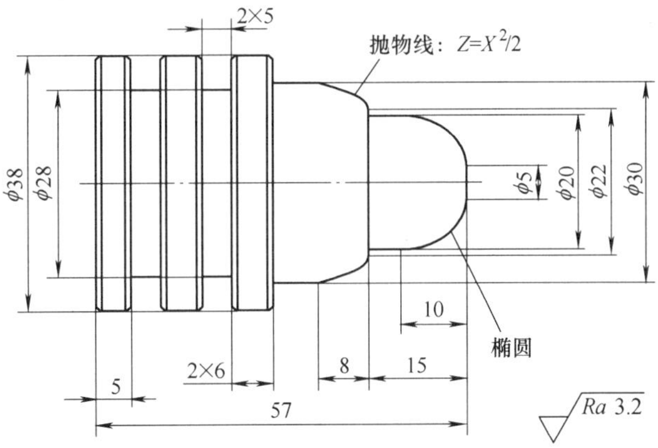

技术要求：
1. 未注倒角 C1。
2. 未注公差尺寸按照 GB/T 1804—m。

图 4-24　用宏程序加工的零件图

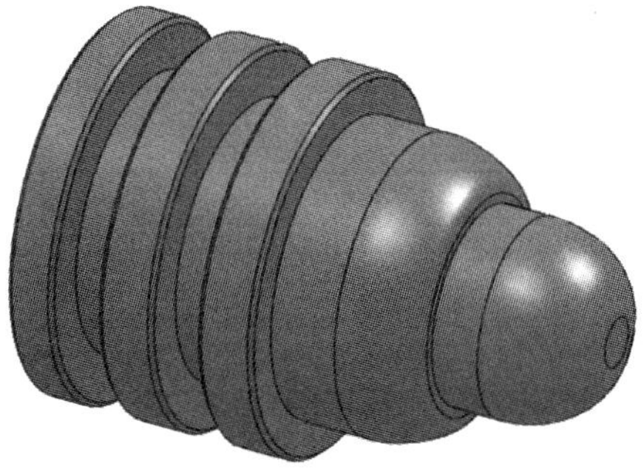

图 4-25　用宏程序加工零件的三维效果

【相关知识】

知识一 宏程序编写的基本知识

用户可以使用变量进行算术运算、逻辑运算和函数的混合运算，此外宏程序还提供了循环语句、分支语句和子程序调用语句，利于编制各种复杂的零件加工程序，减少乃至免除手工编程时进行繁琐的数值计算，以及精简程序量。

1. 宏变量及常量（表 4-31）

表 4-31 宏变量及常量

宏变量	
#0 ~ #49：当前局部变量	#350 ~ #399：3 层局部变量
#50 ~ #199：全局变量	#400 ~ #449：4 层局部变量
#200 ~ #249：0 层局部变量	#450 ~ #499：5 层局部变量
#250 ~ #299：1 层局部变量	#500 ~ #549：6 层局部变量
#300 ~ #349：2 层局部变量	#550 ~ #599：7 层局部变量
常量	
PI：圆周率 π	TRUE：条件成立（真）
FALSE：条件不成立（假）	

2. 运算符（表 4-32）

表 4-32 运算符

算术运算符	+、-、*、/
条件运算符	EQ（=）、NE（≠）、GT（>）、GE（≥）、LT（<）、LE（≤）
逻辑运算符	AND、OR、NOT
函数	SIN（正弦）、COS（余弦）、TAN（正切）、ATAN（反正切 -π/2 ~ π/2）、ABS（绝对值）、INT（取整）、SIGN（取符号）、SQRT（开方）、EXP（指数）

3. 指令格式

华中系统、FANUC 系统与广数系统的宏程序循环指令格式及参数含义见表 4-33。

表 4-33 宏程序循环指令格式及参数含义

系统	华中系统	FANUC 系统	广数系统
指令格式	WHILE［条件表达式］ … ENDW	WHILE［条件表达式］DO *m*（*m*=1、2、3…） … END *m*	WHILE［条件表达式］DO *m*（*m*=1、2、3…） … END *m*
参数说明	当条件满足时，就循环执行 WHILE 与 ENDW 之间的程序段；当条件不满足时，就执行 ENDW 的下一个程序段	当条件满足时，就循环执行 WHILE 与 END 之间的程序段 *m* 次；当条件不满足时，就执行 END *m* 的下一个程序段	当条件满足时，就循环执行 WHILE 与 END 之间的程序段 *m* 次；当条件不满足时，就执行 END *m* 的下一个程序段

知识二　加工工艺分析

1. 工具、量具和刀具的选择

（1）工具的选择　工件装夹在自定心卡盘中，其余工具见表4-34。

（2）量具的选择　外径用外径千分尺测量；长度用游标卡尺测量；表面粗糙度用表面粗糙度样板比对。量具规格和参数见表4-34。

（3）刀具的选择　粗、精车外圆选用90°偏刀车削。所有刀具规格和尺寸见表4-35。

表4-34　用宏程序加工零件的加工工具和量具清单

工具和量具清单				图号	图4-24	
种类	序号	名称	规格	精度	单位	数量
工具	1	自定心卡盘			个	1
	2	卡盘扳手			副	1
	3	刀架扳手			副	1
	4	垫刀片			块	若干
量具	1	数显游标卡尺	0~150mm	0.02mm	把	1
	2	千分尺	0~25mm 25~50mm	0.01mm	把	1
	3	表面粗糙度样板			套	1

表4-35　用宏程序加工零件的加工刀具卡

产品名称或代号		用宏程序加工的零件图	零件名称		零件图号	图4-24
序号	刀具号	刀具名称	数量	加工表面	刀尖半径	刀尖方位
1	T01	90°硬质合金外圆车刀	1	粗、精车外轮廓	0.4mm	3
2	T02	4mm切断刀	1	切槽、切断	0.4mm	
编制		审核	批准		共1页	第1页

2. 加工工艺

夹住毛坯外圆，利用90°外圆车刀平端面并且加工工件的全部外圆尺寸；用4mm切槽车刀加工所有的外槽尺寸；接着用4mm切断刀将零件切断取总长。

3. 选择合理的切削用量参数值

加工材料为钢，该材料硬度高，切削力较大，切削用量可选小些。具体参数见表4-36。

表4-36　用宏程序加工零件的加工工艺

单位名称		产品名称或代号		零件名称			零件图号
		用宏程序加工的零件图		图4-24			
工序号	程序编号	夹具名称		使用设备	数控系统		车间
001	00001	自定心卡盘					实习车间
工步号	工步内容	刀具号	刀具规格/mm	背吃刀量 a_p/mm	进给速度 f/mm·r^{-1}	主轴转速 n/r·min^{-1}	备注
1	平端面	T01	20×20	1~2	0.2	800	手动

（续）

工步号	工步内容	刀具号	刀具规格/mm	背吃刀量 a_p/mm	进给速度 f/mm·r^{-1}	主轴转速 n/r·min^{-1}	备注
2	粗车零件所有外圆 ϕ20mm、ϕ30mm、ϕ38mm 留余量 0.5mm	T01	20×20	1～2	0.2	600	自动 O0001
3	精车零件所有外圆 ϕ20mm、ϕ30mm、ϕ38mm 至尺寸要求	T01	20×20	0.25	0.1	800	自动 O0001
4	粗车零件外槽 2×ϕ28mm 留余量 0.3mm	T02	20×20	4	0.08	400	自动 O0001
5	精车零件外槽 2×ϕ28mm 至尺寸要求	T02	20×20	4	0.08	400	自动 O0001
6	切断取总长 57mm	T02	20×20	4	0.08	400	自动 O0001
编制		审核		批准		共 1 页	第 1 页

知识三 编制参考程序

1. 建立工件坐标系

根据工件坐标系建立原则，工件坐标系设置在工件右端面的轴线上，如图 4-24 所示。

2. 计算基点坐标

（略）。

3. 参考程序

华中系统程序名为 O0001；FANUC 系统程序名为 O0001；广数系统程序名为 O0001（毛坯材料为 ϕ40mm×100mm）。参考程序见表 4-37。

表 4-37 用宏程序加工零件的参考程序

程序段号	程序内容（华中）	程序内容（FANUC）	程序内容（广数）	程序说明
N10	G40 G95 G21	G40 G99 G21	G40 G99 G21	设置初始状态
N20	S600 M3	S600 M3	S600 M3	设定主轴转速
N30	T0101	T0101	T0101	调用外圆粗车刀
N40	G00 X40 Z3	G00 X40 Z3	G00 X40 Z3	刀具移动至切入点
N50	G71 U1.5 R1 P110 Q350 X0.5 Z0 F0.2	G71 U1.5 R1	G71 U1.5 R1	
N60		G71 P70 Q310 U0.5 W0 F0.2	G71 P70 Q310 U0.5 W0 F0.2	
N70	G00 X100 Z100	G00 X5	G00 X5	
N80	S800 M3	G01 Z0 F0.1	G01 Z0 F0.1	
N90	T0101	#1 = 10	#1 = 10	
N100	G00 X40 Z3	WHILE #1GE [0] DO1	WHILE #1GE [0] DO1	

（续）

程序段号	程序内容（华中）	程序内容（FANUC）	程序内容（广数）	程序说明
N110	G00 X5	#2 = 7.5/10 * SQRT [10 * 10 - #1 * #1]	#2 = 7.5/10 * SQRT [10 * 10 - #1 * #1]	
N120	G01 Z0 F0.1	#3 = 5 + [2 * #2]	#3 = 5 + [2 * #2]	
N130	#1 = 10	#4 = 10 - [#1]	#4 = 10 - [#1]	
N140	WHILE #1GE [0]	G01 X [#3] Z [#4] F0.15	G01 X [#3] Z [#4] F0.15	
N150	#2 = 7.5/10 * SQRT [10 * 10 - #1 * #1]	#1 = #1 - 0.2	#1 = #1 - 0.2	
N160	#3 = 5 + [2 * #2]	END1	END1	
N170	#4 = 10- [#1]	G01 Z - 15	G01 Z - 15	
N180	G01 X [#3] Z [#4] F0.15	X22	X22	
N190	#1 = #1 - 0.2	#5 = 0	#5 = 0	
N200	ENDW	WHILE #5LE [8]DO2	WHILE #5LE [8]DO2	
N210	G01 Z - 15	#6 = SQRT [#5 * 2]	#6 = SQRT [#5 * 2]	
N220	X22	#7 = 22 + [2 * #6]	#7 = 22 + [2 * #6]	
N230	#5 = 0	#8 = - 15 - [#5]	#8 = - 15 - [#5]	
N240	WHILE #5LE [8]	G01 X [#7] Z [#8] F0.15	G01 X [#7] Z [#8] F0.15	
N250	#6 = SQRT [#5 * 2]	#5 = #5 - 0.2	#5 = #5 - 0.2	
N260	#7 = 22 + [2 * #6]	END2	END2	
N270	#8 = - 15 - [#5]	G01 Z - 30	G01 Z - 30	
N280	G01 X [#7] Z [#8] F0.15	X37	X37	
N290	#5 = #5 - 0.2	X38 W - 0.5	X38 W - 0.5	
N300	ENDW	Z - 60	Z - 60	
N310	G01 Z - 30	X41	X41	
N320	X37	G00 X100 Z100	G00 X100 Z100	
N330	X38 W - 0.5	S800 M03 T0101	S800 M03 T0101	
N340	Z - 60	G00 X40 Z3	G00 X40 Z3	
N350	X41	G70 P70 Q310	G70 P70 Q310	
N360	G00 X100 Z100	G00 X100 Z100	G00 X100 Z100	
N370	S400 M03	S400 M03	S400 M03	
N380	T0202	T0202	T0202	
N390	G00 X45 Z - 40	G00 X45 Z - 40	G00 X45 Z - 40	

（续）

程序段号	程序内容（华中）	程序内容（FANUC）	程序内容（广数）	程序说明
N400	G01 X28 F0.08	G01 X28 F0.08	G01 X28 F0.08	
N410	X45 F0.5	X45 F0.5	X45 F0.5	
N420	Z-41	Z-41	Z-41	
N430	X28 F0.08	X28 F0.08	X28 F0.08	
N440	X45 X0.5	X45 X0.5	X45 X0.5	
N450	Z-51	Z-51	Z-51	
N460	X28 F0.08	X28 F0.08	X28 F0.08	
N470	X45 F0.5	X45 F0.5	X45 F0.5	
N480	Z-52	Z-52	Z-52	
N490	X28 F0.08	X28 F0.08	X28 F0.08	
N500	X45 F0.5	X45 F0.5	X45 F0.5	
N510	G00 X100 Z100	G00 X100 Z100	G00 X100 Z100	
N520	M05	M05	M05	
N530	M00	M00	M00	
N540	T0202	T0202	T0202	
N550	S400 M03	S400 M03	S400 M03	
N560	G00 X45 Z-61	G00 X45 Z-61	G00 X45 Z-61	
N570	G01 X36 F0.08	G01 X36 F0.08	G01 X36 F0.08	
N580	X40 F0.5	X40 F0.5	X40 F0.5	
N590	W0.5	W0.5	W0.5	
N600	X38 F0.08	X38 F0.08	X38 F0.08	
N610	X37 W-0.5	X37 W-0.5	X37 W-0.5	
N620	X3	X3	X3	
N630	X45 F0.5	X45 F0.5	X45 F0.5	
N640	G00 X100 Z100	G00 X100 Z100	G00 X100 Z100	刀具退回换刀点
N650	M30	M30	M30	程序结束并返回起点

【技能训练】

1. 加工准备

1）检查毛坯尺寸。

2）开机（FANUC 系统、华中系统均需回机床零点）。

3）根据图样拟定好加工工艺。

4）根据图样输入加工程序（通过机床操作面板将程序输入到数控机床中）。

5）校验加工程序是否正确。

6）装夹工件伸出长度 65mm。

7）装夹刀具（按照参考程序将外圆车刀、切槽车刀依次装入相对应的刀位：T01、T02）。

2. 对刀

两把刀依次采用试切法对刀，通过对刀把操作得到的零偏值分别输入到各长度补偿中，以便加工时调用，对刀步骤同前文所述。

3. 空运行及仿真

对输入的程序进行空运行或仿真，以检测加工程序是否正确。

4. 零件自动加工及尺寸控制

选择自动加工模式，打开程序，调好进给倍率，按数控启动按钮，进行自动加工，加工过程中，尺寸控制方法同前文所述；当程序运行到 N530 段时，停床用外径千分尺及游标卡尺进行检测，根据实际尺寸调刀具磨损量，重新运行外圆精加工程序段，直至达到尺寸要求为止，然后进行切断取总长。

5. 零件检测与评分

零件加工结束后进行检测。应把检测结果填写在表 4-38 中。

表 4-38　加工图 4-24 零件的评分表

班级		姓名		学号		
工件编号				总得分		
项目	序号	技术要求	配分	评分标准	检测记录	得分
零件图 4-24	1	ϕ38mm	5			
	2	ϕ30mm	5			
	3	ϕ20mm	5			
	4	ϕ28mm（2 处）	10			
	5	57mm	5			
	6	2 × 5mm	10			
	7	2 × 6mm	10			
	8	椭圆：20mm × 10mm	10			
	9	抛物线：$Z = X^2/2$	10			
其他	10	一般尺寸	5			
工艺	11	制订的切削加工工艺是否正确	5			
缺陷	12	工件缺陷	5			
程序	13	程序正确、合理	5			
操作	14	机床操作规范	5			
文明生产	15	人身、机床、刀具安全	5			

6. 加工结束并清理机床

【操作注意事项】

1）刀具、工件应按要求装夹。

2）加工前做好各项检查工作。

3）加工时应关好机床防护门。

4）加工完毕后用切断刀手动或者手轮方式进行切断。

【思考与练习】

1）比较华中系统、FANUC 系统、广数系统宏程序循环指令有何区别？

2）编写如图 4-26 所示零件的加工程序并进行加工练习，毛坯为 ϕ40mm × 100mm 的钢。

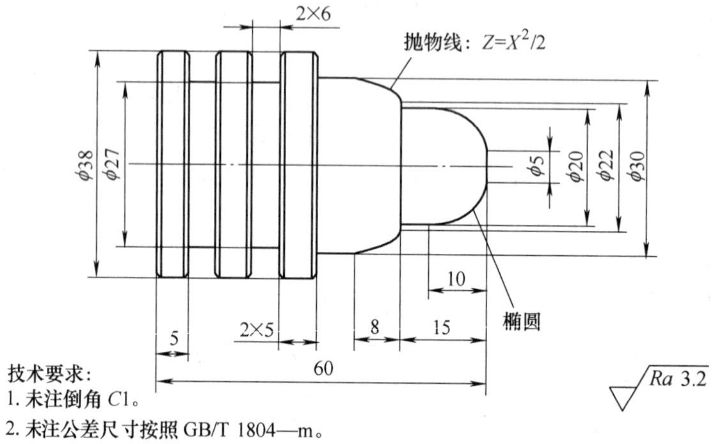

图 4-26　用宏程序加工的练习图

附　录

数控车削编程与操作考证实训题例（中级）

建议课时分配表

名　称	课时（节）
附录 A　数控车削编程与操作中级实训一	12
附录 B　数控车削编程与操作中级实训二	12
附录 C　数控车削编程与操作中级实训三	12
附录 D　数控车削编程与操作中级实训四	12
附录 E　数控车削编程与操作中级实训五	12
合　计	60

附录 A　数控车削编程与操作考证实训题例一

【知识目标】

1）会识读零件图。

2）会选择加工各种表面的刀具。

3）会制订螺纹轴零件的加工工艺。

4）了解数控加工刀具卡、数控加工工序卡等工艺文件。

【技能目标】

1）掌握一般轴类零件的加工方法。

2）掌握尺寸控制及螺纹精度的控制方法。

3）完成如图 A-1 所示零件的加工，其三维效果如图 A-2 所示。材料为铝。

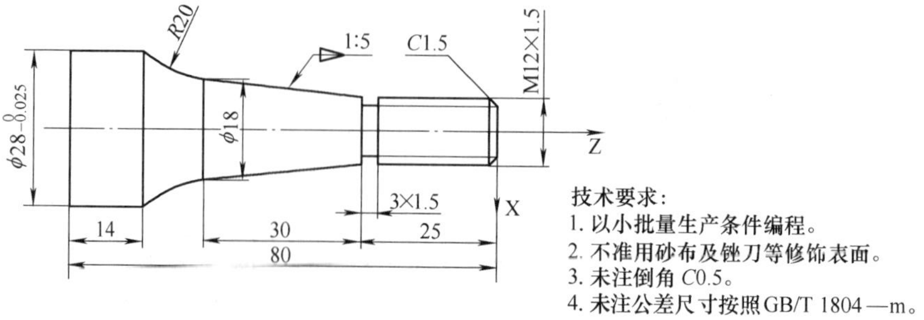

图 A-1 零件图样

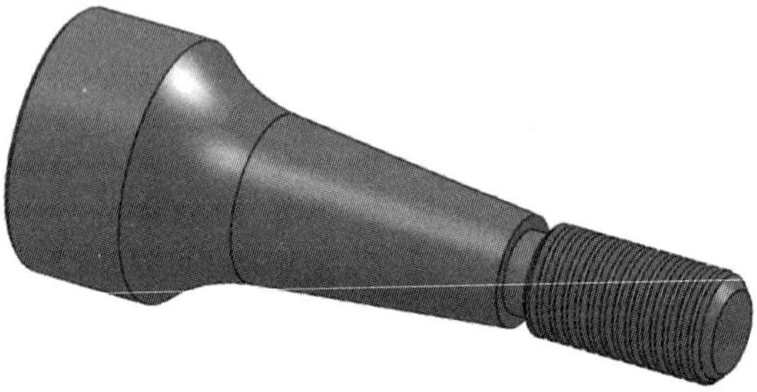

图 A-2 零件三维效果

【相关知识】

知识一 加工工艺分析

1. 工具、量具和刀具的选择

（1）工具的选择 工件装夹在自定心卡盘中，其余工具见表 A-1。

（2）量具的选择 外径用外径千分尺测量，长度用游标卡尺测量，锥度用游标万能角度尺测量，圆弧表面用半径样板测量，螺纹尺寸用螺纹环规检测，表面粗糙度用表面粗糙度样板比对。量具规格和参数见表 A-1。

（3）刀具的选择 粗、精车外圆选用90°偏刀车削，外圆粗、精加工车刀副偏角应足够大，避免副切削刃切削时与工件产生干涉。所有刀具规格和尺寸见表 A-2。

表 A-1 图 A-1 的加工工具和量具清单

工具和量具清单				图号	图 A-1	
种类	序号	名称	规格	精度	单位	数量
工具	1	自定心卡盘			个	1
	2	卡盘扳手			副	1
	3	刀架扳手			副	1
	4	垫刀片			块	若干

（续）

种类	序号	名称	规格	精度	单位	数量
量具	1	游标卡尺	0~150mm	0.02mm	把	1
	2	千分尺	0~25mm 25~50mm	0.01mm	把	1
	3	游标万能角度尺	0°~320°		把	1
	4	表面粗糙度样板			套	1
	5	螺纹环规	M12×1.5		副	1

表 A-2 图 A-1 的加工刀具卡

产品名称或代号			零件名称		零件图号	图 A-1
序号	刀具号	刀具名称	数量	加工表面	刀尖半径	刀尖方位
1	T01	90°硬质合金外圆车刀	1	粗、精车外轮廓	0.4mm	3
2	T02	硬质合金切槽车刀	1	切槽、切断	3mm	
3	T03	60°硬质合金外螺纹车刀	1	车削螺纹	0.2mm	2
编制		审核	批准		共1页	第1页

2. 加工工艺

夹住毛坯外圆，利用90°外圆车刀平端面并且加工工件的所有外圆尺寸；用3mm切槽车刀加工螺纹退刀槽；用60°外螺纹车刀加工外螺纹；4mm切断刀切断取总长。

3. 选择合理的切削用量参数值

加工材料为铝，该材料硬度较低，切削力较小，切削用量可选大些。具体参数见表A-3。

表 A-3 图 A-1 的加工工艺

单位名称		产品名称或代号		零件名称			零件图号
							图 A-1
工序号	程序编号	夹具名称		使用设备	数控系统		车间
001	O0001	自定心卡盘					实习车间
工步号	工步内容	刀具号	刀具规格/mm	背吃刀量 a_p/mm	进给速度 f/mm·r^{-1}	主轴转速 n/r·min^{-1}	备注
1	平端面	T01	20×20	1~2	0.2	800	手动
2	粗车所有外圆外轮廓，留余量0.5mm	T01	20×20	1~2	0.2	600	自动 O0001
3	精车所有外圆外轮廓至尺寸要求	T01	20×20	0.25	0.1	800	自动 O0001
4	粗、精车螺纹退刀槽3mm×1.5mm	T02	20×20	3	0.08	400	自动 O0001
5	粗、精车螺纹M12×1.5	T03	20×20	0.25	0.1	400	自动 O0001
6	切断取总长80mm	T02	20×20	3	0.08	800	自动 O0001
编制		审核		批准		共1页	第1页

知识二 编制参考程序

（1）建立工件坐标系 根据工件坐标系建立原则，工件坐标系设置在工件右端面的轴线上，如图 A-1 所示。

（2）计算基点坐标 （略）。

（3）参考程序 华中系统程序名为 O0001；FANUC 系统程序名为 O0001；广数系统程序名为 O0001（毛坯材料为 ϕ30mm×100mm）。参考程序见表 A-4。

表 A-4 图 A-1 的参考程序

程序段号	程序内容（华中）	程序内容（FANUC）	程序内容（广数）	程序说明
N10	G40 G95 G21	G40 G99 G21	G40 G99 G21	设置初始状态
N20	T0101	T0101	T0101	调用外圆车刀
N30	S600 M3	S600 M3	S600 M3	设定主轴转速
N40	G00 X30 Z3	G00 X30 Z3	G00 X30 Z3	刀具移动至切入点
N50	G71 U1.5 R1 P110 Q180 X0.5 Z0 F0.2	G71 U1.5 R1	G71 U1.5 R1	调用外圆粗加工指令
N60		G71 P70 Q140 U0.5 W0 F0.2	G71 P70 Q110 U0.5 W0 F0.2	
N70	G00 X100 Z100	G00 X9	G00 X9	
N80	S800 M3	G01 Z0 F0.1	G01 Z0 F0.1	
N90	T0101	X11.85 Z-1.5	X11.85 Z-1.5	
N100	G00 X30 Z3	Z-25	Z-25	
N110	G00 X9	X18 Z-55	X18 Z-55	
N120	G01 Z0 F0.1	G02 X28 Z-18 R20	G02 X28 Z-18 R20	
N130	X11.85 Z-1.5	G01 Z-83	G01 Z-83	
N140	Z-25	X31	X31	
N150	X18 Z-55	G00 X100 Z100	G00 X100 Z100	
N160	G02 X28 Z-18 R20	S800 M03 T0101	S800 M03 T0101	
N170	G01 Z-83	G00 X30 Z3	G00 X30 Z3	
N180	X31	G70 P70 Q140	G70 P70 Q140	
N190	G00 X100 Z100	G00 X100 Z100	G00 X100 Z100	
N200	S400 M03	S400 M03	S400 M03	
N210	T0202	T0202	T0202	
N220	G00 X14 Z-25	G00 X14 Z-25	G00 X14 Z-25	
N230	G01 X9 F0.08	G01 X9 F0.08	G01 X9 F0.08	
N240	X16 F0.5	X16 F0.5	X16 F0.5	
N250	G00 X100 Z100	G00 X100 Z100	G00 X100 Z100	
N260	S400 M03	S400 M03	S400 M03	
N270	T0303	T0303	T0303	
N280	G00 X13 Z4	G00 X13 Z4	G00 X13 Z4	

（续）

程序段号	程序内容（华中）	程序内容（FANUC）	程序内容（广数）	程序说明
N290	G76 C2 A60 X9.05 Z－23 K0.975 U0.1 V0.1 Q0.25 F1.5	G76 P020060 Q100 R0.1	G76 P020060 Q100 R0.1	
N300		G76 X9.05 Z－23 P975 Q250 F1.5	G76 X9.05 Z－23 P975 Q250 F1.5	
N310	G00 X100 Z100	G00 X100 Z100	G00 X100 Z100	
N320	M05	M05	M05	
N330	M00	M00	M00	
N340	S400 M03	S400 M03	S400 M03	
N350	T0202	T0202	T0202	
N360	G00 X35 Z－83	G00 X35 Z－83	G00 X35 Z－83	
N370	G01 X3 F0.08	G01 X3 F0.08	G01 X3 F0.08	
N380	X35 F0.5	X35 F0.5	X35 F0.5	刀具沿 X 轴退刀
N390	G00 X100 Z100	G00 X100 Z100	G00 X100 Z100	刀具退回换刀点
N400	M30	M30	M30	程序结束并返回起点

【技能训练】

1. 加工准备

1）检查毛坯尺寸。

2）开机（FANUC 系统、华中系统均需回机床零点）。

3）根据图样拟定好加工工艺。

4）根据图样输入加工程序（通过机床操作面板将程序输入到数控机床中）。

5）装夹工件。

6）装夹刀具：按照参考程序将外圆车刀、切断刀、螺纹车刀依次装入相对应的刀位号。

2. 对刀

每把车刀依次采用试切法对刀，通过对刀操作得到的零偏值分别输入到各自长度补偿中；对刀步骤同前文所述。

3. 空运行及仿真

对输入的程序进行空运行或仿真，以检测加工程序是否正确。

4. 零件自动加工及尺寸控制

打开程序，选择自动加工方式，调好进给倍率进行自动加工，加工过程中进行精度控制，具体方法如下：外圆控制，当程序运行到 N330 段时，停车测量；根据测量结果设置精加工外圆车刀 X、Z 方向刀具磨损，执行精加工程序直至达到尺寸要求为止；然后切断取总长。

5. 零件检测与评分

零件加工结束后进行检测。应把检测结果填写在表 A-5 中。

表 A-5 加工图 A-1 零件的评分表

<table>
<tr><td>工种</td><td>数控车床</td><td>图号</td><td>GDSKCZ020901</td><td>单位</td><td colspan="4">学校 学院 系
专业 级</td></tr>
<tr><td>准考证号</td><td></td><td>零件名称</td><td>考试件</td><td>姓名</td><td colspan="2"></td><td>学历</td><td></td></tr>
<tr><td>定额时间</td><td colspan="2">150min</td><td>考核日期</td><td></td><td>技术等级</td><td>中级</td><td>总得分</td><td></td></tr>
</table>

<table>
<tr><td>序号</td><td>考核项目</td><td colspan="2">考核内容及要求</td><td>配分</td><td>评分标准</td><td>检测结果</td><td>扣分</td><td>得分</td><td>备注</td></tr>
<tr><td>1</td><td rowspan="4">外圆</td><td rowspan="2">$\phi28_{-0.025}^{0}$mm</td><td>IT</td><td>10</td><td>超差 0.01mm 扣 2 分</td><td></td><td></td><td></td><td></td></tr>
<tr><td>2</td><td>Ra</td><td>4</td><td>降一级扣 2 分</td><td></td><td></td><td></td><td></td></tr>
<tr><td>3</td><td rowspan="2">$\phi18$mm</td><td>IT</td><td>10</td><td>超差 0.01mm 扣 2 分</td><td></td><td></td><td></td><td></td></tr>
<tr><td>4</td><td>Ra</td><td>4</td><td>降一级扣 2 分</td><td></td><td></td><td></td><td></td></tr>
<tr><td>5</td><td rowspan="2">锥度</td><td rowspan="2"></td><td></td><td>12</td><td>超差 0.01°扣 2 分</td><td></td><td></td><td></td><td></td></tr>
<tr><td>6</td><td>Ra</td><td>4</td><td>降一级扣 2 分</td><td></td><td></td><td></td><td></td></tr>
<tr><td>7</td><td rowspan="2">长度</td><td>80mm</td><td></td><td>6</td><td>超差 0.01mm 扣 2 分</td><td></td><td></td><td></td><td></td></tr>
<tr><td>8</td><td>14mm</td><td></td><td>6</td><td>超差 0.01mm 扣 2 分</td><td></td><td></td><td></td><td></td></tr>
<tr><td>9</td><td rowspan="3">球面</td><td>R20mm</td><td></td><td>10</td><td>超差 0.01mm 扣 2 分</td><td></td><td></td><td></td><td></td></tr>
<tr><td>10</td><td>过渡平滑</td><td></td><td>4</td><td></td><td></td><td></td><td></td><td></td></tr>
<tr><td>11</td><td></td><td>Ra</td><td>4</td><td>降一级扣 2 分</td><td></td><td></td><td></td><td></td></tr>
<tr><td>12</td><td rowspan="2">螺纹</td><td rowspan="2">M12×1.5</td><td></td><td>14</td><td>不合格不得分</td><td></td><td></td><td></td><td></td></tr>
<tr><td>13</td><td>Ra</td><td>4</td><td>降一级扣 2 分</td><td></td><td></td><td></td><td></td></tr>
<tr><td>14</td><td rowspan="2">几何公差</td><td>圆度</td><td></td><td>4</td><td>超差 0.01mm 扣 2 分</td><td></td><td></td><td></td><td></td></tr>
<tr><td>15</td><td>同轴度</td><td></td><td>4</td><td>超差 0.01mm 扣 2 分</td><td></td><td></td><td></td><td></td></tr>
<tr><td>16</td><td>文明生产</td><td colspan="7">按有关规定每违反一项从总分中扣 3 分，发生重大事故取消考试资格</td><td>扣分不超过 10 分</td></tr>
<tr><td rowspan="2">17</td><td rowspan="2">其他项目</td><td colspan="7">未注公差一般按照 GB/T 1804—m</td><td rowspan="2">扣分不超过 10 分</td></tr>
<tr><td colspan="7">工件必须完整，局部无缺陷（夹伤等）</td></tr>
<tr><td>18</td><td>程序编制</td><td colspan="7">程序中有严重违反工艺的则取消考试资格，小问题则视情况酌情扣分</td><td>扣分不超过 25 分</td></tr>
<tr><td>19</td><td>加工时间</td><td colspan="7">90min 后尚未开始加工则终止考试；150min 后，每超过 1min 扣 1 分，180min 时，停止考试</td><td></td></tr>
</table>

记录员		监考人		检验员		考评人	

附录 B　数控车削编程与操作考证实训题例二

【知识目标】

1）会识读零件图。

2）会选择加工各种表面的刀具。

3）会制订螺纹轴零件的加工工艺。

4）了解数控加工刀具卡、数控加工工序卡等工艺文件。

【技能目标】

1）掌握一般轴类零件的加工方法。

2）掌握尺寸控制及螺纹精度的控制方法。

3）完成如图 B-1 所示零件的加工，其三维效果如图 B-2 所示。材料为铝。

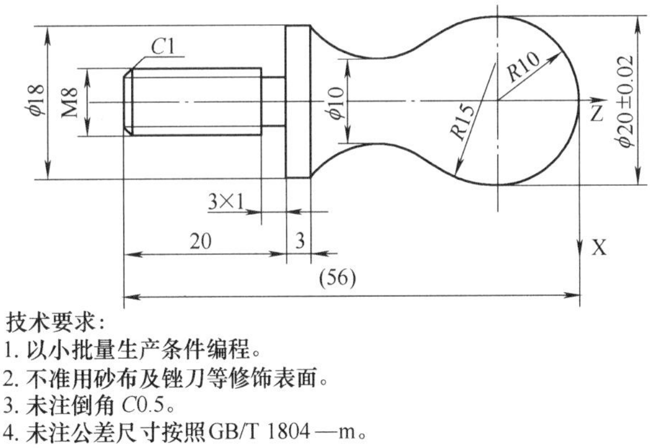

图 B-1　零件图样

图 B-2　零件三维效果

【相关知识】

知识一 加工工艺分析

1. 工具、量具和刀具的选择

（1）工具的选择 工件装夹在自定心卡盘中，其余工具见表B-1。

（2）量具的选择 外径用外径千分尺测量，长度用游标卡尺测量，锥度用游标万能角度尺测量，圆弧表面用半径样板测量，螺纹尺寸用螺纹中径千分尺检测，表面粗糙度用表面粗糙度样板比对。量具规格和参数见表B-1。

（3）刀具的选择 粗、精车外圆选用35°偏刀车削，外圆粗、精加工车刀副偏角应足够大，避免副切削刃切削时与工件产生干涉。所有刀具规格和尺寸见表B-2。

表B-1 图B-1的加工工具和量具清单

工具和量具清单				图号	图B-1	
种类	序号	名称	规格	精度	单位	数量
工具	1	自定心卡盘			个	1
	2	卡盘扳手			副	1
	3	刀架扳手			副	1
	4	垫刀片			块	若干
量具	1	游标卡尺	0～150mm	0.02mm	把	1
	2	千分尺	0～25mm 25～50mm	0.01mm	把	1
	3	半径样板	$R1$～$R7.5$mm $R7$～$R15.5$mm		套	1
	4	表面粗糙度样板			套	1
	5	螺纹中径千分尺	0～25mm		把	1

表B-2 图B-1的加工刀具卡

产品名称或代号			零件名称		零件图号	图B-1
序号	刀具号	刀具名称	数量	加工表面	刀尖半径	刀尖方位
1	T01	35°硬质合金外圆车刀	1	粗、精车外轮廓	0.4mm	3
2	T02	硬质合金切槽车刀	1	切槽、切断	3mm	
3	T03	60°硬质合金外螺纹车刀	1	车削螺纹	0.2mm	2
4	T04	90°硬质合金外圆车刀	1	平端面	0.4mm	3
编制		审核	批准		共1页	第1页

2. 加工工艺

夹住毛坯外圆，利用35°外圆车刀平端面并且加工工件的所有外圆尺寸；用3mm切槽车刀加工螺纹外圆部分及退刀槽；用60°外螺纹车刀加工外螺纹；3mm切断刀切断取总长。

3. 选择合理的切削用量参数值

加工材料为铝，该材料硬度较低，切削力较小，切削用量可选大些。具体参数见表B-3。

表 B-3 图 B-1 的加工工艺

单位名称		产品名称或代号			零件名称		零件图号
							图 B-1
工序号	程序编号	夹具名称		使用设备	数控系统		车间
001	O0001	自定心卡盘					实习车间
工步号	工步内容	刀具号	刀具规格 /mm	背吃刀量 a_p/mm	进给速度 f/mm·r^{-1}	主轴转速 n/r·min^{-1}	备注
1	平端面	T04	20×20	1~2	0.2	800	手动
2	粗车所有外圆外轮廓，留余量0.5mm	T01	20×20	1~2	0.2	600	自动 O0001
3	精车所有外圆外轮廓至尺寸要求	T01	20×20	0.25	0.1	800	自动 O0001
4	粗、精车螺纹处外圆与退刀槽3mm×1mm	T02	20×20	3	0.08	400	自动 O0001
5	粗、精车螺纹 M8	T03	20×20	0.25	0.1	400	自动 O0001
6	切断取总长56mm	T02	20×20	3	0.08	800	自动 O0001
编制		审核		批准		共1页	第1页

知识二 编制参考程序

（1）建立工件坐标系 根据工件坐标系建立原则，工件坐标系设置在工件右端面的轴线上，如图B-1所示。

（2）计算基点坐标 （略）。

（3）参考程序 华中系统程序名为O0001；FANUC系统程序名为O0001；广数系统程序名为O0001（毛坯材料为ϕ30mm×100mm）。参考程序见表B-4。

表 B-4 图 B-1 的参考程序

程序段号	程序内容（华中）	程序内容（FANUC）	程序内容（广数）	程序说明
N10	G40 G95 G21	G40 G99 G21	G40 G99 G21	设置初始状态
N20	T0101	T0101	T0101	调用外圆车刀
N30	S600 M3	S600 M3	S600 M3	设定主轴转速
N40	G00 X30 Z3	G00 X30 Z3	G00 X30 Z3	刀具移动至切入点
N50	G73 U10 W0.01 R10 P110 Q170 X0.5 Z0 F0.2	G73 U10 W0 R10	G73 U10 W0 R10	调用外圆粗加工指令
N60		G73 P70 Q130 U0.5 W0 F0.2	G73 P70 Q130 U0.5 W0 F0.2	
N70	G00 X100 Z100	G00 X0	G00 X0	

（续）

程序段号	程序内容（华中）	程序内容（FANUC）	程序内容（广数）	程序说明
N80	S800 M3	G01 Z0 F0.1	G01 Z0 F0.1	
N90	T0101	G03 X20 Z-10 R10	G03 X20 Z-10 R10	
N100	G00 X30 Z3	G03 X14 Z-19 R15	G03 X14 Z-19 R15	
N110	G00 X0	G02 X18 Z-33 R10	G02 X18 Z-33 R10	
N120	G01 Z0 F0.1	G01 Z-62	G01 Z-62	
N130	G03 X20 Z-10 R10	X31	X31	
N140	G03 X14 Z-19 R15	G00 X100 Z100	G00 X100 Z100	
N150	G02 X18 Z-33 R10	S800 M03 T0101	S800 M03 T0101	
N160	G01 Z-62	G00 X30 Z3	G00 X30 Z3	
N170	X31	G70 P70 Q130	G70 P70 Q130	
N180	G00 X100 Z100	G00 X100 Z100	G00 X100 Z100	
N190	M05	M05	M05	
N200	M00	M00	M00	
N210	S400 M03	S400 M03	S400 M03	
N220	T0202	T0202	T0202	
N230	G00 X30 Z-39	G00 X30 Z-39	G00 X30 Z-39	
N240	G01 X9 F0.08	G01 X9 F0.08	G01 X9 F0.08	
N250	X20 F0.5	X21 F0.5	X21 F0.5	
N260	G72 W-2.5 R1 P310 Q340 X0.2 Z0.2 F0.08	G72 W2.5 R1	G72 W2.5 R1	
N270		G72 P280 Q310 U0.2 W0.2 F0.08	G72 P280 Q310 U0.2 W0.2 F0.08	
N280	G00 X100 Z100	G00 Z-61	G00 Z-61	
N290	S400 M03	G01 X8 F0.08	G01 X8 F0.08	
N300	T0202	Z-39	Z-39	
N310	G00 X21 Z-39	X21	X21	
N320	G00 Z-61	G00 X100 Z100	G00 X100 Z100	
N330	G01 X8 F0.08	S400 M03 T0202	S400 M03 T0202	
N340	Z-39	G00 X21 Z-39	G00 X21 Z-39	
N350	X21	G70 P280 Q310	G70 P280 Q310	
N360	G00 X100 Z100	G00 X100 Z100	G00 X100 Z100	
N370	M05	M05	M05	
N380	M00	M00	M00	
N390	S400 M03	S400 M03	S400 M03	
N400	T0303	T0303	T0303	
N410	G00 X21 Z-38	G00 X21 Z-38	G00 X21 Z-38	
N420	X9	X9	X9	
N430	G76 C2 A60 X7.375 Z-57 K0.8125 U0.1 V0.1 Q0.25 F1.25	G76 P020060 Q100 R0.1	G76 P020060 Q100 R0.1	
N440		G76 X7.375 Z-57 P812.5 Q250 F1.25	G76 X7.375 Z-57 P812.5 Q250 F1.25	

（续）

程序段号	程序内容（华中）	程序内容（FANUC）	程序内容（广数）	程序说明
N450	G00 X100	G00 X100	G00 X100	
N460	Z100	Z100	Z100	
N470	M05	M05	M05	
N480	M00	M00	M00	
N490	S400 M03	S400 M03	S400 M03	
N500	T0202	T0202	T0202	
N510	G00 X35 Z-59	G00 X35 Z-59	G00 X35 Z-59	
N520	G01 X6 F0.08	G01 X6 F0.08	G01 X6 F0.08	
N530	X9 F0.5	X9 F0.5	X9 F0.5	
N540	W1	W1	W1	
N550	X8	X8	X8	
N560	X6 W-1	X6 W-1	X6 W-1	
N570	X2.5	X2.5	X2.5	
N580	X35 F0.5	X35 F0.5	X35 F0.5	刀具沿 X 轴退刀
N590	G00 X100 Z100	G00 X100 Z100	G00 X100 Z100	刀具退回换刀点
N600	M30	M30	M30	程序结束并返回起点

【技能训练】

1. 加工准备

1）检查毛坯尺寸。

2）开机（FANUC 系统、华中系统均需回机床零点）。

3）根据图样拟定好加工工艺。

4）根据图样输入加工程序（通过机床操作面板将程序输入到数控机床中）。

5）装夹工件。

6）装夹刀具：按照参考程序将外圆车刀、切断刀、螺纹车刀依次装入相对应的刀位号。

2. 对刀

每把车刀依次采用试切法对刀，通过对刀操作得到的零偏值分别输入到各自的长度补偿中，对刀步骤同前文所述。

3. 空运行及仿真

对输入的程序进行空运行或仿真，以检测加工程序是否正确。

4. 零件自动加工及尺寸控制

打开程序，选择自动加工方式，调好进给倍率进行自动加工，加工过程中进行精度控制，具体方法如下：外圆控制，当程序运行到每一部分程序暂停段时，停车测量；根据测量结果设置精加工外圆车刀 X、Z 方向刀具磨损，执行精加工程序直至达到尺寸要求为止；然后切断取总长。

5. 零件检测与评分

零件加工结束后进行检测。应把检测结果填写在表 B-5 中。

表 B-5 加工图 B-1 零件的评分表

工种	数控车床	图号	GDSKCZ020902	单位	学校 学院 系 专业 级		
准考证号		零件名称	考试件	姓名		学历	
定额时间	150min	考核日期		技术等级	中级	总得分	

序号	考核项目	考核内容及要求		配分	评分标准	检测结果	扣分	得分	备注
1	外圆	ϕ（20 ±0.02）mm	IT	10	超差 0.01mm 扣 2 分				
2			*Ra*	4	降一级扣 2 分				
3		ϕ18mm	IT	10	超差 0.01mm 扣 2 分				
4			*Ra*	4	降一级扣 2 分				
5		ϕ10mm	IT	10	超差 0.01mm 扣 2 分				
6			*Ra*	4	降一级扣 2 分				
7	长度	56mm		6	超差 0.01mm 扣 2 分				
8		20mm		6	超差 0.01mm 扣 2 分				
9	球面	*R*10mm	IT	10	降一级扣 2 分				
10		*R*15mm	IT	10	超差 0.01mm 扣 2 分				
11			*Ra*	4	降一级扣 2 分				
12	螺纹	M8		10	不合格不得分				
13			*Ra*	4	降一级扣 2 分				
14	几何公差	圆度		4	超差 0.01mm 扣 2 分				
15		同轴度		4	超差 0.01mm 扣 2 分				
16	文明生产	按有关规定每违反一项从总分中扣 3 分，发生重大事故取消考试资格							扣分不超过 10 分
17	其他项目	未注公差一般按照 GB/T 1804—m							扣分不超过 10 分
18		工件必须完整，局部无缺陷（夹伤等）							
19	程序编制	程序中有严重违反工艺的则取消考试资格，小问题则视情况酌情扣分							扣分不超过 25 分
20	加工时间	90min 后尚未开始加工则终止考试；150min 后，每超过 1min 扣 1 分，180min 时，停止考试							

记录员		监考人		检验员		考评人	

附录C　数控车削编程与操作考证实训题例三

【知识目标】

1）会识读零件图。

2）会选择加工各种表面的刀具。

3）会制订螺纹轴零件的加工工艺。

4）了解数控加工刀具卡、数控加工工序卡等工艺文件。

【技能目标】

1）掌握一般轴类零件的加工方法。

2）掌握尺寸控制及螺纹精度的控制方法。

3）完成如图C-1所示零件的加工，其三维效果如图C-2所示。材料为铝。

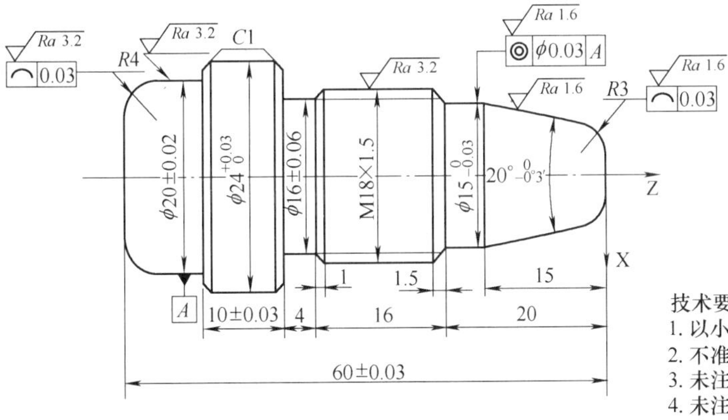

技术要求：
1. 以小批量生产条件编程。
2. 不准用砂布及锉刀等修饰表面。
3. 未注倒角C0.5。
4. 未注公差尺寸按照GB/T 1804—m。

图C-1　零件图样

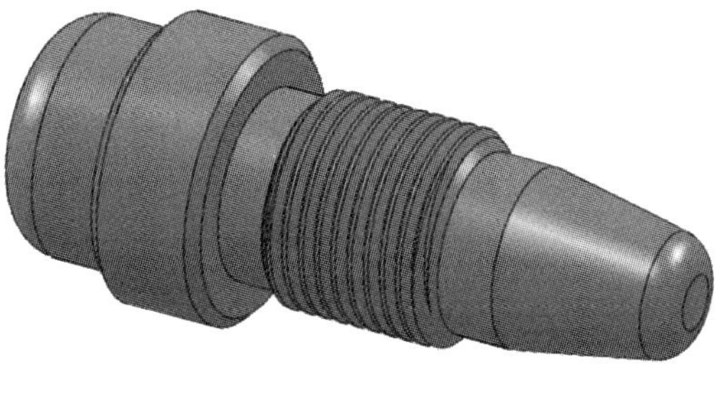

图C-2　零件三维效果

【相关知识】

知识一　加工工艺分析

1. 工具、量具和刀具的选择

（1）工具的选择　工件装夹在自定心卡盘中，其余工具见表 C-1。

（2）量具的选择　外径用外径千分尺测量，长度用游标卡尺测量，锥度用游标万能角度尺测量，圆弧表面用半径样板测量，螺纹尺寸用螺纹中径千分尺检测，表面粗糙度用表面粗糙度样板比对。量具规格和参数见表 C-1。

（3）刀具的选择　粗、精车外圆选用90°偏刀车削，外圆粗、精加工车刀副偏角应足够大，避免副切削刃切削时与工件产生干涉。所有刀具规格和尺寸见表 C-2。

表 C-1　图 C-1 的加工工具和量具清单

工具和量具清单				图号	图 C-1	
种类	序号	名称	规格	精度	单位	数量
工具	1	自定心卡盘			个	1
	2	卡盘扳手			副	1
	3	刀架扳手			副	1
	4	垫刀片			块	若干
量具	1	游标卡尺	0～150mm	0.02mm	把	1
	2	千分尺	0～25mm 25～50mm	0.01mm	把	1
	3	半径样板	$R1 \sim R7.5$mm $R7 \sim R15.5$mm		套	1
	4	表面粗糙度样板			套	1
	5	螺纹中径千分尺	0～25mm		把	1

表 C-2　图 C-1 的加工刀具卡

产品名称或代号			零件名称		零件图号	图 C-1
序号	刀具号	刀具名称	数量	加工表面	刀尖半径	刀尖方位
1	T01	90°硬质合金外圆车刀	1	粗、精车外轮廓	0.4mm	3
2	T02	硬质合金切槽车刀	1	切槽、切断	4mm	
3	T03	60°硬质合金外螺纹车刀	1	车削螺纹	0.2mm	2
编制		审核	批准		共1页	第1页

2. 加工工艺

夹住毛坯外圆，利用90°外圆车刀平端面并且加工工件的所有外圆尺寸；用4mm切槽车刀加工螺纹退刀槽及左端外圆部分；用60°外螺纹车刀加工外螺纹；4mm切断刀切断取总长。

3. 选择合理的切削用量参数值

加工材料为铝，该材料硬度较低，切削力较小，切削用量可选大些。具体参数见表 C-3。

表 C-3 图 C-1 的加工工艺

单位名称		产品名称或代号		零件名称			零件图号
							图 C-1
工序号	程序编号	夹具名称		使用设备	数控系统		车间
001	O0001	自定心卡盘					实习车间
工步号	工步内容	刀具号	刀具规格/mm	背吃刀量 a_p/mm	进给速度 f/mm·r^{-1}	主轴转速 n/r·min^{-1}	备注
1	平端面	T01	20×20	1~2	0.2	800	手动
2	粗车外圆 ϕ15mm、ϕ18mm、ϕ24mm 外轮廓，留余量 0.5mm	T01	20×20	1~2	0.2	600	自动 O0001
3	精车外圆外轮廓至尺寸要求	T01	20×20	0.25	0.1	800	自动 O0001
4	加工螺纹处外圆与退刀槽	T02	20×20	4	0.08	400	自动 O0001
5	粗车外圆 ϕ20mm 外轮廓，留余量 0.5mm	T02	20×20	4	0.08	400	自动 O0001
6	精车外圆外轮廓至尺寸要求	T02	20×20	4	0.08	400	自动 O0001
7	粗、精车 M18×1.5 外螺纹	T03	20×20	0.1	0.1	400	自动 O0001
8	切断取总长 56mm	T02	20×20	4	0.08	800	自动 O0001
编制		审核		批准		共 1 页	第 1 页

知识二 编制参考程序

（1）建立工件坐标系 根据工件坐标系建立原则，工件坐标系设置在工件右端面的轴线上，如图 C-1 所示。

（2）计算基点坐标 （略）。

（3）参考程序 华中系统程序名为 O0001；FANUC 系统程序名为 O0001；广数系统程序名为 O0001（毛坯材料为 ϕ30mm×100mm）。参考程序见表 C-4。

表 C-4 图 C-1 的参考程序

程序段号	程序内容（华中）	程序内容（FANUC）	程序内容（广数）	程序说明
N10	G40 G95 G21	G40 G99 G21	G40 G99 G21	设置初始状态
N20	T0101	T0101	T0101	调用外圆车刀
N30	S600 M3	S600 M3	S600 M3	设定主轴转速
N40	G00 X30 Z3	G00 X30 Z3	G00 X30 Z3	刀具移动至切入点
N50	G71 U1.5 R1 P110 Q210 X0.5 Z0 F0.2	G71 U1.5 R1	G71 U1.5 R1	调用外圆粗加工指令
N60		G71 P70 Q170 U0.5 W0 F0.2	G71 P70 Q170 U0.5 W0 F0.2	

（续）

程序段号	程序内容（华中）	程序内容（FANUC）	程序内容（广数）	程序说明
N70	G00 X100 Z100	G00 X5.68	G00 X5.68	
N80	S800 M3	G01 Z0 F0.1	G01 Z0 F0.1	
N90	T0101	G03 X10.58 Z-2.58 R3	G03 X10.58 Z-2.58 R3	
N100	G00 X30 Z3	G01 X15 Z-15	G01 X15 Z-15	
N110	G00 X5.68	Z-20	Z-20	
N120	G01 Z0 F0.1	X18 Z-21.5	X18 Z-21.5	
N130	G03 X10.58 Z-2.58 R3	Z-40	Z-40	
N140	G01 X15 Z-15	X22	X22	
N150	Z-20	X24 W-1	X24 W-1	
N160	X18 Z-21.5	Z-64	Z-64	
N170	Z-40	X31	X31	
N180	X22	G00 X100 Z100	G00 X100 Z100	
N190	X24 W-1	S800 M03 T0101	S800 M03 T0101	
N200	Z-64	G00 X30 Z3	G00 X30 Z3	
N210	X31	G70 P70 Q170	G70 P70 Q170	
N220	G00 X100 Z100	G00 X100 Z100	G00 X100 Z100	
N230	S400 M03	S400 M03	S400 M03	
N240	T0202	T0202	T0202	
N250	G00 X30 Z-40	G00 X30 Z-40	G00 X30 Z-40	
N260	G01 X16 F0.08	G01 X16 F0.08	G01 X16 F0.08	
N270	X18 F0.5	X18 F0.5	X18 F0.5	
N280	W1	W1	W1	
N290	X18 F0.08	X18 F0.08	X18 F0.08	
N300	X16 W-1	X16 W-1	X16 W-1	
N310	X26 F0.5	X26 F0.5	X26 F0.5	
N320	Z-64	Z-64	Z-64	
N330	G01 X11.5 F0.08	G01 X11.5 F0.08	G01 X11.5 F0.08	
N340	X26	X26	X26	
N350	G72 W-3.5 R1 P410 Q470 X0.2 Z0.2 F0.08 Z-39	G72 W3.5 R1	G72 W3.5 R1	
N360		G72 P370 Q430 U0.2 W0.2 F0.08	G72 P370 Q430 U0.2 W0.2 F0.08	
N370	G00 X100 Z100	G00 Z-53	G00 Z-53	
N380	S400 M03	G01 X24	G01 X24	
N390	T0202	X22 W-1	X22 W-1	
N400	G00 X26 Z-64	X20	X20	
N410	G00 Z-53	Z-60	Z-60	
N420	G01 X24	G03 X12 Z-64 R4	G03 X12 Z-64 R4	
N430	X22 W-1	G01 X26	G01 X26	
N440	X20	G00 X100 Z100	G00 X100 Z100	
N450	Z-60	S800 M03 T0202	S800 M03 T0202	
N460	G03 X12 Z-64 R4	G00 X26 Z-64	G00 X26 Z-64	

（续）

程序段号	程序内容（华中）	程序内容（FANUC）	程序内容（广数）	程序说明
N470	G01 X26	G70 P370 Q430	G70 P370 Q430	
N480	G00 X100 Z100	G00 X100 Z100	G00 X100 Z100	
N490	S400 M03	S400 M03	S400 M03	
N500	T0303	T0303	T0303	
N510	G00 X19 Z-15	G00 X19 Z-15	G00 X19 Z-15	
N520	G76 C2 A60 X16.05 Z-37 K0.925 U0.1 V0.1 Q0.25 F1.5	G76 P020060 Q100 R0.1	G76 P020060 Q100 R0.1	
N530		G76 X16.05 Z-37 P975 Q250 F1.5	G76 X16.05 Z-37 P975 Q250 F1.5	
N540	G00 X100 Z100	G00 X100 Z100	G00 X100 Z100	
N550	M05	M05	M05	
N560	M00	M00	M00	
N570	S400 M03	S400 M03	S400 M03	
N580	T0202	T0202	T0202	
N590	G00 X35 Z-64	G00 X35 Z-64	G00 X35 Z-64	
N600	G01 X2.5 F0.08	G01 X2.5 F0.08	G01 X2.5 F0.08	
N610	X35 F0.5	X35 F0.5	X35 F0.5	刀具沿 X 轴退刀
N620	G00 X100 Z100	G00 X100 Z100	G00 X100 Z100	刀具退回换刀点
N630	M30	M30	M30	程序结束并返回起点

【技能训练】

1. 加工准备

1）检查毛坯尺寸。

2）开机（FANUC 系统、华中系统均需回机床零点）。

3）根据图样拟定好加工工艺。

4）根据图样输入加工程序（通过机床操作面板将程序输入到数控机床中）。

5）装夹工件。

6）装夹刀具：按照参考程序将外圆车刀、切断刀、螺纹车刀依次装入相对应的刀位号。

2. 对刀

每把车刀依次采用试切法对刀，通过对刀操作得到的零偏值分别输入到各自长度补偿中；对刀步骤同前文所述。

3. 空运行及仿真

对输入的程序进行空运行或仿真，以检测加工程序是否正确。

4. 零件自动加工及尺寸控制

打开程序，选择自动加工方式，调好进给倍率进行自动加工，加工过程中进行精度控制，具体方法如下：外圆控制，当程序运行到 N560 段时，停车测量；根据测量结果设置精加工外圆车刀 X、Z 方向刀具磨损，执行精加工程序直至达到尺寸要求为止；然后切断取总长。

5. 零件检测与评分

零件加工结束后进行检测。应把检测结果填写在表 C-5 中。

表 C-5　加工图 C-1 零件的评分表

工种	数控车床	图号	GDSKCZ020903	单位					
准考证号		零件名称	考试件	姓名		学历			
定额时间	150min	考核日期		技术等级	中级	总得分			
序号	考核项目	考核内容及要求		配分	评分标准	检测结果	扣分	得分	备注
1	外圆	$\phi24^{+0.03}_{0}$ mm	IT	8	超差 0.01mm 扣 2 分				
2			*Ra*	4	降一级扣 3 分				
3		ϕ（20 ±0.02）mm	IT	8	超差 0.01mm 扣 2 分				
4			*Ra*	4	降一级扣 2 分				
5		$\phi15^{0}_{-0.03}$ mm	IT	8	超差 0.01mm 扣 2 分				
6			*Ra*	4	降一级扣 2 分				
7		ϕ（16 ±0.06）mm	IT	8	超差 0.02mm 扣 2 分				
8			*Ra*	4	降一级扣 1 分				
9	长度	（60 ±0.03）mm		4	超差 0.01mm 扣 2 分				
10		（10 ±0.03）mm		2	超差 0.01mm 扣 2 分				
11	球面	*R*3mm		8	降一级扣 2 分				
12		*R*4mm		8	降一级扣 2 分				
13	螺纹	M18		10	不合格不得分				
14			*Ra*	2	降一级扣 2 分				
15	几何公差	圆度	*R*3mm	2	超差 0.01mm 扣 2 分				
16			*R*4mm	2	超差 0.01mm 扣 2 分				
17		同轴度	A	2	超差 0.01mm 扣 3 分				
18	锥面	20°		8	超差 0.1°扣 2 分				
19			*Ra*	4	降一级扣 2 分				
20									
21	文明生产	按有关规定每违反一项从总分中扣 3 分，发生重大事故取消考试资格							扣分不超过 10 分
22	其他项目	未注公差一般按照 GB/T 1804—m 工件必须完整，局部无缺陷（夹伤等）							扣分不超过 10 分
23	程序编制	程序中有严重违反工艺的则取消考试资格，小问题则视情况酌情扣分							扣分不超过 25 分
24	加工时间	90min 后尚未开始加工则终止考试，150min 后，每超过 5min 扣 1 分							
记录员		监考人		检验员		考评人			

附录 D　数控车削编程与操作考证实训题例四

【知识目标】

1）会识读零件图。

2）会选择加工各种表面的刀具。

3）会制订螺纹轴零件的加工工艺。

4）了解数控加工刀具卡、数控加工工序卡等工艺文件。

【技能目标】

1）掌握一般轴类零件的加工方法。

2）掌握尺寸控制及螺纹精度的控制方法。

3）完成如图 D-1 所示零件的加工，其三维效果如图 D-2 所示。材料为铝。

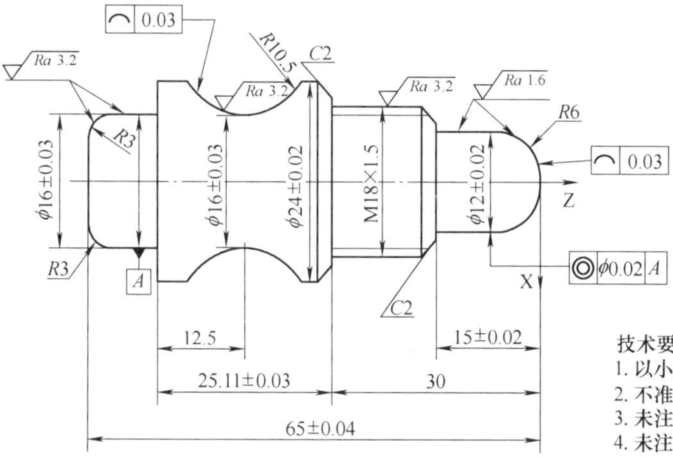

技术要求：
1. 以小批量生产条件编程。
2. 不准用砂布及锉刀等修饰表面。
3. 未注倒角 C0.5。
4. 未注公差尺寸按照GB/T 1804—m。

图 D-1　零件图样

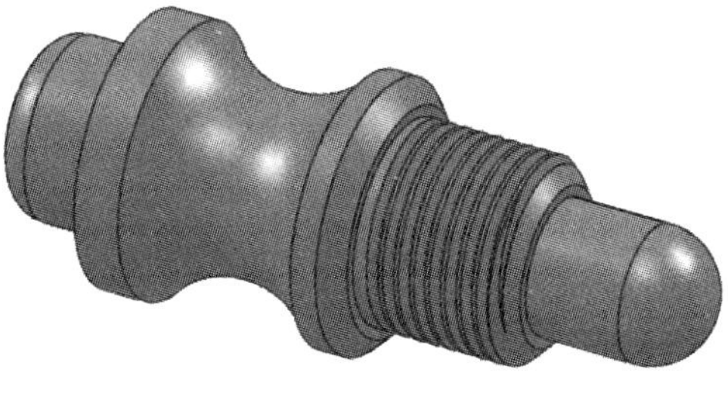

图 D-2　零件三维效果

【相关知识】

知识一 加工工艺分析

1. 工具、量具和刀具的选择

（1）工具的选择　工件装夹在自定心卡盘中，其余工具见表 D-1。

（2）量具的选择　外径用外径千分尺测量，长度用游标卡尺测量，锥度用游标万能角度尺测量，圆弧表面用半径样板测量，螺纹尺寸用螺纹中径千分尺检测，表面粗糙度用表面粗糙度样板比对。量具规格和参数见表 D-1。

（3）刀具的选择　粗、精车外圆选用90°偏刀车削，外圆粗、精加工车刀副偏角应足够大，避免副切削刃切削时与工件产生干涉。所有刀具规格和尺寸见表 D-2。

表 D-1　图 D-1 的加工工具和量具清单

工具和量具清单				图号	图 D-1	
种类	序号	名称	规格	精度	单位	数量
工具	1	自定心卡盘			个	1
	2	卡盘扳手			副	1
	3	刀架扳手			副	1
	4	垫刀片			块	若干
量具	1	游标卡尺	0～150mm	0.02mm	把	1
	2	千分尺	0～25mm 25～50mm	0.01mm	把	1
	3	半径样板	$R1 \sim R7.5$mm $R7 \sim R15.5$mm		套	1
	4	表面粗糙度样板			套	1
	5	螺纹中径千分尺	0～25mm		把	1

表 D-2　图 D-1 加工刀具卡

产品名称或代号			零件名称		零件图号	图 D-1
序号	刀具号	刀具名称	数量	加工表面	刀尖半径	刀尖方位
1	T01	90°硬质合金外圆车刀	1	粗、精车外轮廓	0.4mm	3
2	T02	硬质合金切槽车刀	1	切槽、切断	4mm	
3	T03	60°硬质合金外螺纹车刀	1	车削螺纹	0.2mm	2
编制		审核	批准		共 1 页	第 1 页

2. 加工工艺路线

夹住毛坯外圆，利用90°外圆车刀平端面并且加工工件的所有外圆尺寸；用60°外螺纹车刀加工外螺纹；用60°外螺纹车刀加工中间凹弧部分；用4mm切槽车刀加工左端的外圆部分；4mm切断刀切断取总长。

3. 选择合理的切削用量参数值

加工材料为铝，该材料硬度较低，切削力较小，切削用量可选大些。具体参数见表D-3。

表 D-3 图 D-1 的加工工艺

<table>
<tr><td rowspan="2">单位名称</td><td rowspan="2"></td><td colspan="2">产品名称或代号</td><td colspan="3">零件名称</td><td>零件图号</td></tr>
<tr><td colspan="2"></td><td colspan="3"></td><td>图 D-1</td></tr>
<tr><td>工序号</td><td>程序编号</td><td colspan="2">夹具名称</td><td>使用设备</td><td colspan="2">数控系统</td><td>车间</td></tr>
<tr><td>001</td><td>O0001</td><td colspan="2">自定心卡盘</td><td></td><td colspan="2"></td><td>实习车间</td></tr>
<tr><td>工步号</td><td>工步内容</td><td>刀具号</td><td>刀具规格/mm</td><td>背吃刀量 a_p/mm</td><td>进给速度 f/mm·r^{-1}</td><td>主轴转速 n/r·min^{-1}</td><td>备注</td></tr>
<tr><td>1</td><td>平端面</td><td>T01</td><td>20×20</td><td>1~2</td><td>0.2</td><td>800</td><td>手动</td></tr>
<tr><td>2</td><td>粗车外圆 ϕ12mm、ϕ18mm、ϕ24mm 外轮廓，留余量 0.5mm</td><td>T01</td><td>20×20</td><td>1~2</td><td>0.2</td><td>600</td><td>自动 O0001</td></tr>
<tr><td>3</td><td>精车外圆外轮廓至尺寸要求</td><td>T01</td><td>20×20</td><td>0.25</td><td>0.1</td><td>800</td><td>自动 O0001</td></tr>
<tr><td>4</td><td>粗、精车 M18×1.5 外螺纹</td><td>T03</td><td>20×20</td><td>0.1</td><td>0.1</td><td>400</td><td>自动 O0001</td></tr>
<tr><td>5</td><td>粗车外圆 ϕ16mm 凹弧部分廓，留余量 0.5mm</td><td>T03</td><td>20×20</td><td>1~2</td><td>0.2</td><td>600</td><td>自动 O0001</td></tr>
<tr><td>6</td><td>精车外圆 ϕ16mm 凹弧部分至尺寸要求</td><td>T03</td><td>20×20</td><td>0.25</td><td>0.1</td><td>800</td><td>自动 O0001</td></tr>
<tr><td>7</td><td>粗车外圆 ϕ16mm 外轮廓，留余量 0.5mm</td><td>T02</td><td>20×20</td><td>4</td><td>0.08</td><td>400</td><td>自动 O0001</td></tr>
<tr><td>8</td><td>精车外圆外轮廓至尺寸要求</td><td>T02</td><td>20×20</td><td>4</td><td>0.08</td><td>400</td><td>自动 O0001</td></tr>
<tr><td>9</td><td>切断取总长 65mm</td><td>T02</td><td>20×20</td><td>4</td><td>0.08</td><td>800</td><td>自动 O0001</td></tr>
<tr><td>编制</td><td></td><td>审核</td><td></td><td>批准</td><td></td><td>共 1 页</td><td>第 1 页</td></tr>
</table>

知识二 编制参考程序

（1）建立工件坐标系 根据工件坐标系建立原则，工件坐标系设置在工件右端面的轴线上，如图 D-1 所示。

（2）计算基点坐标 （略）。

（3）参考程序 华中系统程序名为 O0001；FANUC 系统程序名为 O0001；广数系统程序名为 O0001（毛坯材料为 ϕ30mm×100mm）。参考程序见表 D-4。

表 D-4 图 D-1 的参考程序

<table>
<tr><th>程序段号</th><th>程序内容（华中）</th><th>程序内容（FANUC）</th><th>程序内容（广数）</th><th>程序说明</th></tr>
<tr><td>N10</td><td>G40 G95 G21</td><td>G40 G99 G21</td><td>G40 G99 G21</td><td>设置初始状态</td></tr>
<tr><td>N20</td><td>T0101</td><td>T0101</td><td>T0101</td><td>调用外圆车刀</td></tr>
<tr><td>N30</td><td>S600 M3</td><td>S600 M3</td><td>S600 M3</td><td>设定主轴转速</td></tr>
<tr><td>N40</td><td>G00 X30 Z3</td><td>G00 X30 Z3</td><td>G00 X30 Z3</td><td>刀具移动至切入点</td></tr>
<tr><td>N50</td><td rowspan="2">G71 U1.5 R1 P110 Q210 X0.5 Z0 F0.2</td><td>G71 U1.5 R1</td><td>G71 U1.5 R1</td><td rowspan="2">调用外圆粗加工指令</td></tr>
<tr><td>N60</td><td>G71 P70 Q170 U0.5 W0 F0.2</td><td>G71 P70 Q170 U0.5 W0 F0.2</td></tr>
<tr><td>N70</td><td>G00 X100 Z100</td><td>G00 X0</td><td>G00 X0</td><td></td></tr>
<tr><td>N80</td><td>S800 M3</td><td>G01 Z0 F0.1</td><td>G01 Z0 F0.1</td><td></td></tr>
<tr><td>N90</td><td>T0101</td><td>G03 X12 Z-6 R6</td><td>G03 X12 Z-6 R6</td><td></td></tr>
<tr><td>N100</td><td>G00 X30 Z3</td><td>G01 Z-15</td><td>G01 Z-15</td><td></td></tr>
<tr><td>N110</td><td>G00 X0</td><td>X14</td><td>X14</td><td></td></tr>
<tr><td>N120</td><td>G01 Z0 F0.1</td><td>X18 Z-17</td><td>X18 Z-17</td><td></td></tr>
<tr><td>N130</td><td>G03 X12 Z-6 R6</td><td>Z-30</td><td>Z-30</td><td></td></tr>
<tr><td>N140</td><td>G01 Z-15</td><td>X20</td><td>X20</td><td></td></tr>
<tr><td>N150</td><td>X14</td><td>X24 W-2</td><td>X24 W-2</td><td></td></tr>
<tr><td>N160</td><td>X18 Z-17</td><td>Z-69</td><td>Z-69</td><td></td></tr>
<tr><td>N170</td><td>Z-30</td><td>X31</td><td>X31</td><td></td></tr>
<tr><td>N180</td><td>X20</td><td>G00 X100 Z100</td><td>G00 X100 Z100</td><td></td></tr>
<tr><td>N190</td><td>X24 W-2</td><td>S800 M03 T0101</td><td>S800 M03 T0101</td><td></td></tr>
<tr><td>N200</td><td>Z-69</td><td>G00 X30 Z3</td><td>G00 X30 Z3</td><td></td></tr>
<tr><td>N210</td><td>X31</td><td>G70 P70 Q170</td><td>G70 P70 Q170</td><td></td></tr>
<tr><td>N220</td><td>G00 X100 Z100</td><td>G00 X100 Z100</td><td>G00 X100 Z100</td><td></td></tr>
<tr><td>N230</td><td>S400 M03</td><td>S400 M03</td><td>S400 M03</td><td></td></tr>
<tr><td>N240</td><td>T0303</td><td>T0303</td><td>T0303</td><td></td></tr>
<tr><td>N250</td><td>G00 X10 Z-10</td><td>G00 X10 Z-10</td><td>G00 X10 Z-10</td><td></td></tr>
<tr><td>N260</td><td rowspan="2">G76 C2 A60 X16.05 Z-27 K0.925 U0.1 V0.1 Q0.25 F1.5</td><td>G76 P020060 Q100 R0.1</td><td>G76 P020060 Q100 R0.1</td><td></td></tr>
<tr><td>N270</td><td>G76 X16.05 Z-27 P975 Q250 F1.5</td><td>G76 X16.05 Z-27 P975 Q250 F1.5</td><td></td></tr>
<tr><td>N280</td><td>G00 X100 Z100</td><td>G00 X100 Z100</td><td>G00 X100 Z100</td><td></td></tr>
<tr><td>N290</td><td>S600 M03</td><td>S600 M03</td><td>S600 M03</td><td></td></tr>
</table>

（续）

程序段号	程序内容（华中）	程序内容（FANUC）	程序内容（广数）	程序说明
N300	T0303	T0303	T0303	
N310	G00 X26 Z-35.36	G00 X26 Z-35.36	G00 X26 Z-35.36	
N320	G73 U4 W0.01 R4 P380 Q410 X0.5 Z0 F0.2	G73 U4 W0 R4	G73 U4 W0 R4	
N330		G73 P340 Q370 U0.5 W0 F0.2	G73 P340 Q370 U0.5 W0 F0.2	
N340	G00 X100 Z100	G01 X24 F0.1	G01 X24 F0.1	
N350	S800 M03	G02 X24 Z-50.86 R10.5	G02 X24 Z-50.86 R10.5	
N360	T0303	G01 U0.5 W-0.5	G01 U0.5 W-0.5	
N370	G00 X26 Z-35.36	X27	X27	
N380	G01 X24 F0.1	G00 X100 Z100	G00 X100 Z100	
N390	G02 X24 Z-50.86 R10.5	S800 M03 T0303	S800 M03 T0303	
N400	G01 U0.5 W-0.5	G00 X26 Z-35.64	G00 X26 Z-35.64	
N410	X27	G70 P340 Q370	G70 P340 Q370	
N420	G00 X100 Z100	G00 X100 Z100	G00 X100 Z100	
N430	S400 M03	S400 M03	S400 M03	
N440	T0202	T0202	T0202	
N450	G00 X32 Z-69	G00 X32 Z-69	G00 X32 Z-69	
N460	G01 X9.5 F0.08	G01 X9.5 F0.08	G01 X9.5 F0.08	
N470	X26	X26	X26	
N480	G72 W-3.5 R1 P540 Q580 X0.2 Z0.2 F0.08	G72 W3.5 R1	G72 W3.5 R1	
N490		G72 P500 Q540 U0.2 W0.2 F0.08	G72 P500 Q540 U0.2 W0.2 F0.08	
N500	G00 X100 Z100	G00 Z-59.11	G00 Z-59.11	
N510	S400 M03	G01 X16 F0.08	G01 X16 F0.08	
N520	T0202	Z-66	Z-66	
N530	G00 X32 Z-69	G03 X10 Z-69 R3	G03 X10 Z-69 R3	
N540	G00 Z-59.11	G01 X31	G01 X31	
N550	G01 X16 F0.08	G00 X100 Z100	G00 X100 Z100	
N560	Z-66	S800 M03 T0202	S800 M03 T0202	
N570	G03 X10 Z-69 R3	G00 X32 Z-69	G00 X32 Z-69	
N580	G01 X31	G70 P500 Q540	G70 P500 Q540	

（续）

程序段号	程序内容（华中）	程序内容（FANUC）	程序内容（广数）	程序说明
N590	G00 X100 Z100	G00 X100 Z100	G00 X100 Z100	
N600	M05	M05	M05	
N610	M00	M00	M00	
N620	S400 M03	S400 M03	S400 M03	
N630	T0202	T0202	T0202	
N640	G00 X35 Z-69	G00 X35 Z-69	G00 X35 Z-69	
N650	G01 X2.5 F0.08	G01 X2.5 F0.08	G01 X2.5 F0.08	
N660	X35 F0.5	X35 F0.5	X35 F0.5	刀具沿 X 轴退刀
N670	G00 X100 Z100	G00 X100 Z100	G00 X100 Z100	刀具退回换刀点
N680	M30	M30	M30	程序结束并返回起点

【技能训练】

1. 加工准备

1）检查毛坯尺寸。

2）开机（FANUC 系统、华中系统均需回机床零点）。

3）根据图样拟定好加工工艺。

4）根据图样输入加工程序（通过机床操作面板将程序输入到数控机床中）。

5）装夹工件。

6）装夹刀具：按照参考程序将外圆车刀、切断刀、螺纹车刀依次装入相对应的刀位号。

2. 对刀

每把车刀依次采用试切法对刀，通过对刀操作得到的零偏值分别输入到各自长度补偿中；对刀步骤同前文所述。

3. 空运行及仿真

对输入的程序进行空运行或仿真，以检测加工程序是否正确。

4. 零件自动加工及尺寸控制

打开程序，选择自动加工方式，调好进给倍率进行自动加工，加工过程中进行精度控制，具体方法如下：外圆控制，当程序运行到 N610 段时，停车测量；根据测量结果设置精加工外圆车刀 X、Z 方向刀具磨损，执行精加工程序直至达到尺寸要求为止；然后切断取总长。

5. 零件检测与评分

零件加工结束后进行检测。应把检测结果填写在表 D-5 中。

表 D-5　加工图 D-1 零件的评分表

工种	数控车床	图号	GDSKCZ020904	单位			
准考证号		零件名称	考试件	姓名		学历	
定额时间	150min	考核日期		技术等级	中级	总得分	

序号	考核项目	考核内容及要求		配分	评分标准	检测结果	扣分	得分	备注
1	外圆	$\phi(24 \pm 0.02)$ mm		12	超差 0.01mm 扣 3 分				
2			Ra	3	降一级扣 2 分				
3		$\phi(12 \pm 0.02)$ mm		12	超差 0.01mm 扣 3 分				
4			Ra	3	降一级扣 2 分				
5		$\phi(16 \pm 0.03)$ mm		10	超差 0.01mm 扣 3 分				
6			Ra	2	降一级扣 2 分				
7	长度	(65 ± 0.04) mm		5	超差 0.01mm 扣 2 分				
8		(25.11 ± 0.03) mm		5	超差 0.01mm 扣 2 分				
9	球面	$R3$mm	Ra	3	降一级扣 2 分				
10		$R6$mm	Ra	3	降一级扣 2 分				
11		$R10.5$mm	$\phi16$mm	9	超差 0.01mm 扣 3 分				
12			Ra	3	降一级扣 2 分				
13	螺纹	M18 × 1.5		12	不合格不得分				
14			Ra	3	降一级扣 2 分				
15	几何公差	圆度	$R6$mm	5	超差 0.01mm 扣 2 分				
16			$R10.5$mm	5	超差 0.01mm 扣 2 分				
17		同轴度		5	超差 0.01mm 扣 2 分				
18	文明生产	按有关规定每违反一项从总分中扣 3 分，发生重大事故取消考试资格							扣分不超过 10 分
19	其他项目	未注公差一般按照 GB/T 1804—m							扣分不超过 10 分
20		工件必须完整，局部无缺陷（夹伤等）							
21	程序编制	程序中有严重违反工艺的则取消考试资格，小问题则视情况酌情扣分							扣分不超过 25 分
22	加工时间	90min 后尚未开始加工则终止考试，150min 后，每超过 5min 扣 1 分							

记录员		监考人		检验员		考评人	

附录E 数控车削编程与操作考证实训题例五

【知识目标】

1）会识读零件图。

2）会选择加工各种表面的刀具。

3）会制订螺纹轴零件的加工工艺。

4）了解数控加工刀具卡、数控加工工序卡等工艺文件。

【技能目标】

1）掌握一般轴类零件的加工方法。

2）掌握尺寸控制及螺纹精度的控制方法。

3）完成如图E-1所示零件的加工，其三维效果如图E-2所示。材料为铝。

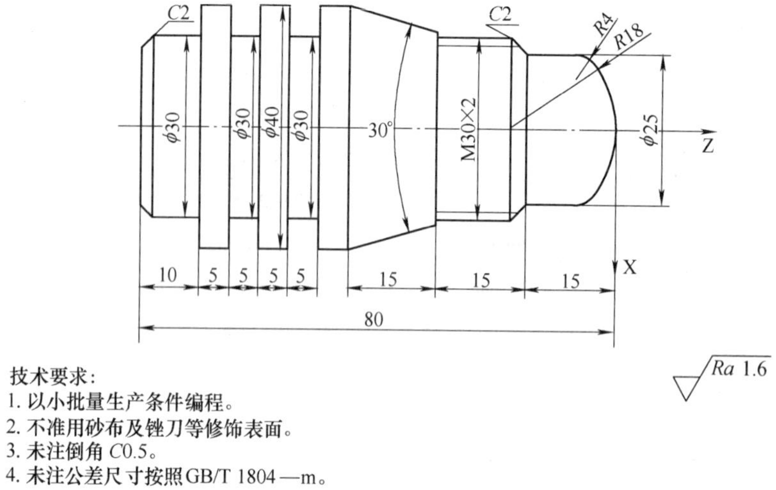

图E-1 零件图样

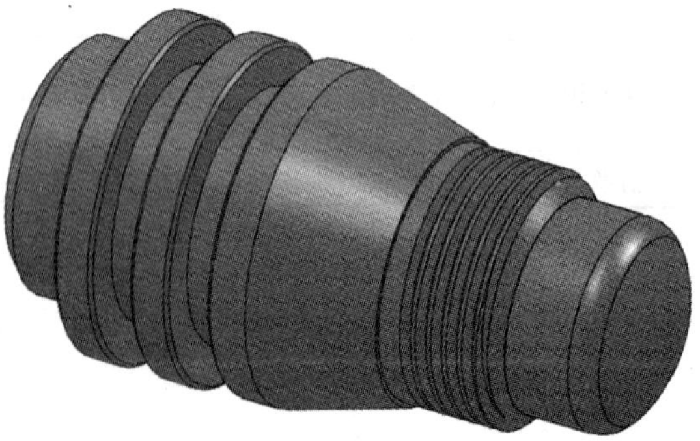

图E-2 零件三维效果

【相关知识】

知识一　加工工艺分析

1. 工具、量具和刀具的选择

（1）工具的选择　工件装夹在自定心卡盘中，其余工具见表 E-1。

（2）量具的选择　外径用外径千分尺测量，长度用游标卡尺测量，锥度用游标万能角度尺测量，圆弧表面用半径样板测量，螺纹尺寸用螺纹环规检测，表面粗糙度用表面粗糙度样板比对。量具规格和参数见表 E-1。

（3）刀具的选择　粗、精车外圆选用90°偏刀车削，外圆粗、精加工车刀副偏角应足够大，避免副切削刃切削时与工件产生干涉。所有刀具规格和尺寸见表 E-2。

表 E-1　图 E-1 的加工工具和量具清单

工具和量具清单				图号	图 E-1	
种类	序号	名称	规格	精度	单位	数量
工具	1	自定心卡盘			个	1
	2	卡盘扳手			副	1
	3	刀架扳手			副	1
	4	垫刀片			块	若干
量具	1	游标卡尺	0 ~ 150mm	0.02mm	把	1
	2	千分尺	25 ~ 50mm	0.01mm	把	1
	3	半径样板	$R1 \sim R7.5$mm $R7 \sim R15.5$mm		套	1
	4	表面粗糙度样板			套	1
	5	螺纹环规	M30 × 2		套	1

表 E-2　图 E-1 的加工刀具卡

产品名称或代号			零件名称		零件图号	图 E-1
序号	刀具号	刀具名称	数量	加工表面	刀尖半径	刀尖方位
1	T01	90° 硬质合金外圆车刀	1	粗、精车外轮廓	0.4mm	3
2	T02	硬质合金切槽车刀	1	切槽、切断	4mm	
3	T03	60° 硬质合金外螺纹车刀	1	车削螺纹	0.2mm	2
编制		审核		批准	共 1 页	第 1 页

2. 加工工艺

夹住毛坯外圆，利用90°外圆车刀平端面并且加工工件的所有外圆尺寸；用60°外螺纹车刀加工外螺纹；用4mm 切槽车刀加工所有的外槽尺寸及左端的外圆部分；4mm 切断刀切断取总长。

3. 选择合理的切削用量参数值

加工材料为铝，该材料硬度较低，切削力较小，切削用量可选大些。具体参数见表 E-3。

表 E-3 图 E-1 的加工工艺

单位名称		产品名称或代号		零件名称			零件图号
							图 E-1
工序号	程序编号	夹具名称		使用设备	数控系统		车间
001	O0001	自定心卡盘					实习车间
工步号	工步内容	刀具号	刀具规格/mm	背吃刀量 a_p/mm	进给速度 f/mm·r^{-1}	主轴转速 n/r·min^{-1}	备注
1	平端面	T01	20×20	1~2	0.2	800	手动
2	粗车外圆 ϕ25mm、ϕ30mm、ϕ40mm 外轮廓，留余量 0.5mm	T01	20×20	1~2	0.2	600	自动 O0001
3	精车外圆外轮廓至尺寸要求	T01	20×20	0.25	0.1	800	自动 O0001
4	粗、精车 M30×2 外螺纹	T03	20×20	0.1	0.1	400	自动 O0001
5	粗车 2mm×5mm 外槽及左端外圆 ϕ30mm 部分，留余量 0.5mm	T02	20×20	4	0.08	400	自动 O0001
6	精车 2mm×5mm 外槽及左端外圆 ϕ30mm 部分至尺寸要求	T02	20×20	4	0.08	400	自动 O0001
7	切断取总长 80mm	T02	20×20	4	0.08	800	自动 O0001
编制		审核		批准		共 1 页	第 1 页

知识二 参考程序

（1）建立工件坐标系 根据工件坐标系建立原则，工件坐标系设置在工件右端面的轴线上，如图 E-1 所示。

（2）计算基点坐标 （略）。

（3）参考程序 华中系统程序名为 O0001；FANUC 系统程序名为 O0001；广数系统程序名为 O0001（毛坯材料为 ϕ50mm×100mm）。参考程序见表 E-4。

表 E-4 图 E-1 的参考程序

程序段号	程序内容（华中）	程序内容（FANUC）	程序内容（广数）	程序说明
N10	G40 G95 G21	G40 G99 G21	G40 G99 G21	设置初始状态
N20	T0101	T0101	T0101	调用外圆车刀
N30	S600 M3	S600 M3	S600 M3	设定主轴转速
N40	G00 X50 Z3	G00 X50 Z3	G00 X50 Z3	刀具移动至切入点
N50	G71 U1.5 R1 P110 Q210 X0.5 Z0 F0.2	G71 U1.5 R1	G71 U1.5 R1	调用外圆粗加工指令
N60		G71 P70 Q170 U0.5 W0 F0.2	G71 P70 Q170 U0.5 W0 F0.2	
N70	G00 X100 Z100	G00 X0	G00 X0	
N80	S800 M3	G01 Z0 F0.1	G01 Z0 F0.1	

（续）

程序段号	程序内容（华中）	程序内容（FANUC）	程序内容（广数）	程序说明
N90	T0101	G03 X21.86 Z-3.7 R18	G03 X21.86 Z-3.7 R18	
N100	G00 X50 Z3	G03 X25 Z-6.88 R4	G03 X25 Z-6.88 R4	
N110	G00 X0	G01 Z-15	G01 Z-15	
N120	G01 Z0 F0.1	X30 Z-17.5	X30 Z-17.5	
N130	G03 X21.86 Z-3.7 R18	Z-30	Z-30	
N140	G03 X25 Z-6.88 R4	X31.96	X31.96	
N150	G01 Z-15	X40 Z-45	X40 Z-45	
N160	X30 Z-17.5	Z-85	Z-85	
N170	Z-30	X51	X51	
N180	X31.96	G00 X100 Z100	G00 X100 Z100	
N190	X40 Z-45	S800 M03 T0101	S800 M03 T0101	
N200	Z-85	G00 X50 Z3	G00 X50 Z3	
N210	X51	G70 P70 Q170	G70 P70 Q170	
N220	G00 X100 Z100	G00 X100 Z100	G00 X100 Z100	
N230	S400 M03	S400 M03	S400 M03	
N240	T0303	T0303	T0303	
N250	G00 X10 Z-10	G00 X10 Z-10	G00 X10 Z-10	
N260	G76 C2 A60 X27.4 Z-27 K1.3 U0.1 V0.1 Q0.25 F2	G76 P020060 Q100 R0.1	G76 P020060 Q100 R0.1	
N270		G76 X27.4 Z-27 P1300 Q250 F2	G76 X27.4 Z-27 P1300 Q250 F2	
N280	G00 X100 Z100	G00 X100 Z100	G00 X100 Z100	
N290	S400 M03	S400 M03	S400 M03	
N300	T0202	T0202	T0202	
N310	G00 X45 Z-54	G00 X45 Z-54	G00 X45 Z-54	
N320	G01 X30 F0.08	G01 X30 F0.08	G01 X30 F0.08	
N330	X45 F0.5	X45 F0.5	X45 F0.5	
N340	Z-55	Z-55	Z-55	
N350	G01 X30 F0.08	G01 X30 F0.08	G01 X30 F0.08	
N360	X45 F0.5	X45 F0.5	X45 F0.5	
N370	Z-64	Z-64	Z-64	
N380	G01 X30 F0.08	G01 X30 F0.08	G01 X30 F0.08	
N390	X45 F0.5	X45 F0.5	X45 F0.5	
N400	Z-65	Z-65	Z-65	
N410	G01 X30 F0.08	G01 X30 F0.08	G01 X30 F0.08	
N420	X45 F0.5	X45 F0.5	X45 F0.5	
N430	Z-74	Z-74	Z-74	

（续）

程序段号	程序内容（华中）	程序内容（FANUC）	程序内容（广数）	程序说明
N440	G01 X30 F0.08	G01 X30 F0.08	G01 X30 F0.08	
N450	X45 F0.5	X45 F0.5	X45 F0.5	
N460	Z-77.5	Z-77.5	Z-77.5	
N470	G01 X30 F0.08	G01 X30 F0.08	G01 X30 F0.08	
N480	X45 F0.5	X45 F0.5	X45 F0.5	
N490	Z-80	Z-80	Z-80	
N500	G00 X100 Z100	G00 X100 Z100	G00 X100 Z100	
N510	M05	M05	M05	
N520	M00	M00	M00	
N530	S400 M03	S400 M03	S400 M03	
N540	T0202	T0202	T0202	
N550	G00 X45 Z-84	G00 X45 Z-84	G00 X45 Z-84	
N560	G01 X25 F0.08	G01 X25 F0.08	G01 X25 F0.08	
N570	X45 F0.5	X45 F0.5	X45 F0.5	
N580	Z-82	Z-82	Z-82	
N590	X30 F0.08	X30 F0.08	X30 F0.08	
N600	X26 W-2	X26 W-2	X26 W-2	
N610	X2.5 F0.08	X2.5 F0.08	X2.5 F0.08	
N620	X55 F0.5	X55 F0.5	X55 F0.5	刀具沿 X 轴退刀
N630	G00 X100 Z100	G00 X100 Z100	G00 X100 Z100	刀具退回换刀点
N640	M30	M30	M30	程序结束并返回起点

【技能训练】

1. 加工准备

1）检查毛坯尺寸。

2）开机（FANUC 系统、华中系统均需回机床零点）。

3）根据图样拟定好加工工艺。

4）根据图样输入加工程序（通过机床操作面板将程序输入到数控机床中）。

5）装夹工件。

6）装夹刀具：按照参考程序将外圆车刀、切断刀、螺纹车刀依次装入相对应的刀位号。

2. 对刀

每把车刀依次采用试切法对刀，通过对刀操作得到的零偏值分别输入到各自长度补偿中；对刀步骤同前文所述。

3. 空运行及仿真

对输入的程序进行空运行或仿真，以检测加工程序是否正确。

4. 零件自动加工及尺寸控制

打开程序，选择自动加工方式，调好进给倍率进行自动加工，加工过程中进行精度控制，具体方法如下：外圆控制，当程序运行到 N520 段时，停车测量；根据测量结果设置精加工外圆车刀 X、Z 方向刀具磨损，执行精加工程序直至尺寸达到要求为止；然后切断取总长。

5. 零件检测与评分

零件加工结束后进行检测。应把检测结果填写在表 E-5 中。

表 E-5　加工图 E-1 零件的评分表

工种	数控车床	图号	GDSKCZ020905	单位	学校　学院　系 专业　级
准考证号		零件名称	考试件	姓名		学历	
定额时间	150min	考核日期		技术等级	中级	总得分	

序号	考核项目	考核内容及要求		配分	评分标准	检测结果	扣分	得分	备注
1	外圆	ϕ40mm	IT	10	每超差 0.01mm 扣 2 分				
2			*Ra*	4	降一级扣 2 分				
3		ϕ30mm	IT	10	每超差 0.01mm 扣 2 分				
4			*Ra*	4	降一级扣 2 分				
5		ϕ25mm	IT	10	每超差 0.01mm 扣 2 分				
6			*Ra*	4	降一级扣 2 分				
7	长度	80mm		4	超差 0.1mm 扣 2 分				
8	间隔均匀	5mm		10	超差 0.01mm 扣 2 分				
9	球面	*R*18mm		8	降一级扣 2 分				
10		*R*4mm		8	超差 0.01mm 扣 2 分				
11			*Ra*	2	降一级扣 2 分				
12	螺纹	M30×2		8	不合格不得分				
13			*Ra*	2	降一级扣 2 分				
14	锥度	30°		10	超 0.1°扣 2 分				
15	几何公差	圆度		3	超差 0.01mm 扣 1.5 分				
16		同轴度		3	超差 0.01mm 扣 1.5 分				
17	文明生产	按有关规定每违反一项从总分中扣 3 分，发生重大事故取消考试资格							扣分不超过 10 分
18	其他项目	未注公差一般按照 GB/T 1804—m							扣分不超过 10 分
19		工件必须完整，局部无缺陷（夹伤等）							
20	程序编制	程序中有严重违反工艺的则取消考试资格，小问题则视情况酌情扣分							扣分不超过 25 分
21	加工时间	90min 后尚未开始加工则终止考试；150min 后，每超过 1min 扣 1 分，180min 时，停止考试							

记录员		监考人		检验员		考评人	

参考文献

[1] 高枫，肖卫宁．数控车削编程与操作训练［M］．北京：高等教育出版社，2010.

[2] 唐萍．数控车削工艺与编程操作［M］．北京：机械工业出版社，2009.

[3] 朱明松．数控车床编程与操作项目教程［M］．北京：机械工业出版社，2008.

[4] 沈建峰，虞俊．数控车工（高级）［M］．北京：机械工业出版社，2007.